3D PRINTING ARCHITECTURE

# 3D 打印建筑

张少军　李家阳　杨晓玲　编著

中国电力出版社
CHINA ELECTRIC POWER PRESS

## 内 容 提 要

本书用通俗的语言为读者系统地介绍了 3D 打印建筑的基础知识。全书共分 11 章,包括:3D 打印技术与 3D 打印建筑的基础知识;3D 打印和 3D 打印建筑中的成型技术;3D 打印建筑与打印建筑的材料;3D 建筑打印机;3D 建筑打印机的软件及软件配置技术;3D 模型设计与建模工具;3D 打印建筑技术中的三维反求工程;BIM 与 3D 打印建筑;建筑模具的制造;3D 打印建筑技术在装配式建筑中的应用;3D 打印建筑面临的问题和挑战等。

本书可作为建筑类院校电气工程与自动化、建筑电气与智能化、自动化、建筑工程技术、工程管理、建筑类相关专业的本科生、研究生的 3D 打印建筑技术教材,也可以作为建筑行业设计、施工和管理人员学习 3D 打印建筑技术的参考书。

**图书在版编目(CIP)数据**

3D 打印建筑 / 张少军,李家阳,杨晓玲编著. —北京:中国电力出版社,2018.4
ISBN 978-7-5198-1160-0

Ⅰ. ①3… Ⅱ. ①张… ②李… ③杨… Ⅲ. ①立体印刷–印刷术–应用–模型(建筑)–制作
Ⅳ. ①TU205

中国版本图书馆 CIP 数据核字(2017)第 228125 号

出版发行: 中国电力出版社
地　　址: 北京市东城区北京站西街 19 号 (邮政编码 100005)
网　　址: http://www.cepp.sgcc.com.cn
责任编辑: 周　娟　杨淑玲 (010-63412602)
责任校对: 常燕昆
装帧设计: 王红柳
责任印制: 杨晓东

印　　刷: 北京雁林吉兆印刷有限公司
版　　次: 2018 年 4 月第 1 版
印　　次: 2018 年 4 月北京第 1 次印刷
开　　本: 787mm×1092mm　16 开本
印　　张: 15.75
字　　数: 375 千字
定　　价: 56.00 元

# 前　　言

3D 打印建筑技术是一种有着极强生命力的新技术,该技术已经引起了业内人士的高度关注,人们非常希望能够更加深入地了解和学习这项新技术,但目前关于 3D 打印建筑技术的书籍很少。为了能够较深入展示 3D 打印建筑技术的基本理论、技术体系和工程实现方法,我们组织编写了此书。

本书既重视基本理论、技术体系和技术路线方法的讲述,同时也注重贴近实际工程应用。本书采用了一个合理的技术体系,基于 3D 打印技术引申出 3D 打印建筑技术,力求技术体系完整,涉及的技术链条完整。

要掌握好 3D 打印建筑的基本理论和技术体系,作者建议:读者应完整地读完本书的前10 章,通过学习掌握 3D 打印建筑较完整的技术路线。

(1)3D 打印的几种主要成型技术,尤其是要熟悉与 3D 打印建筑关联非常紧密的熔融沉积成型的工艺过程,熟悉熔融材料喷墨三维打印成型工艺过程。

(2)较深入地了解 3D 打印建筑的基本概念、基本理论,同时不局限于将 3D 打印建筑理解为仅仅通过一个大型 3D 打印机一次性地将一幢房屋或楼宇整体地打印出来,而是能够从广义 3D 打印建筑的角度去理解和学习。

(3)学习和掌握 3D 打印和 3D 打印建筑中的软件配置方法和使用部分常用、免费的 3D 建模软件、分层切片软件,注意区别一般 3D 打印和 3D 打印建筑中使用的软件有哪些不同,有哪些是相同的,哪些方面是需要进一步去开发的。

第 11 章是关于 3D 打印建筑未来发展一些有待商榷的观点部分,是提高认识的部分,初学者可稍加浏览就行。

全书共分 11 章,第 1 章介绍 3D 打印技术与 3D 打印建筑的基础知识。第 2 章讲述 3D 打印和 3D 打印建筑中的成型技术。第 3 章介绍了国内外 3D 打印建筑与打印建筑的材料。第4 章专门讲解了 3D 建筑打印机。第 5 章介绍了 3D 建筑打印机的软件及软件配置技术,重点讲了上位机控制、切片分层软件和控制板固件;3D 建筑打印机使用软件及开发。第 6 章讲述了怎样进行 3D 建模,如何使用常用的建模工具;介绍了几款常用的 3D 打印用到的建模软件。第 7 章介绍了 3D 打印建筑技术中的三维反求工程。第 8 章讲述了 BIM 与 3D 打印建筑的关系以及 BIM 在 3D 打印建筑技术中的应用。第 9 章的内容是关于建筑模具的制造,以及怎样应用 3D 打印建造建筑模块及构件模具,提高建筑工程进度和生产效率。第 10 章介绍 3D 打印建筑技术在装配式建筑中的应用。作者在最后的第 11 章中,对一些关于 3D 打印建筑技术有争议的一些看法和认识提出了自己的观点,并重申:3D 打印建筑技术有着非常美好的未来。

本书可作为建筑类院校电气工程与自动化、建筑电气与智能化、自动化、建筑工程技术、工程管理、建筑等相关专业的大学生、研究生的教材,也可以作为建筑行业设计、施工和管理人员的参考书。

本书由北京建筑大学电信学院的张少军教授、北京市智能建筑协会秘书长李家阳和北京联合大学的杨晓玲副教授共同撰写。由于编者学识有限，加之时间仓促，不足之处恳请广大读者批评指正。

作者能够向从事 3D 打印建筑的教师、研究生和技术人员提出建议和提供一些研究课题，共同推进该技术的深入发展及提高工程应用水平。

作者也希望和进入 3D 打印建筑技术领域发展的企业一起合作开发新型 3D 建筑打印机、快速新型模具（使用 3D 打印技术开发建筑模块及构件模具）、新型 3D 建筑打印材料、3D 打印建筑同模块化建筑、装配式建筑、钢结构建筑结合的应用技术、3D 打印建筑同逆向工程方法结合形成的应用技术以及该领域的软件技术开发等，在多方面进行产学研合作。作者邮箱：zhangshaojun6776@163.com。

编著者

2018 年 3 月

# 目　　录

# 第1章　3D 打印技术与 3D 打印建筑的基础知识

## 1.1　概述

近年来，3D 打印技术得到了快速发展，该技术可以使用各种不同的原材料和相应的加工工艺生产消费电子产品、汽车部件、航天航空设备、医疗产品、军工产品，直接应用于房屋建筑的设计和施工、艺术制品生产设计，能够进行大量不同领域具有复杂结构的新产品设计。而且越是结构复杂的产品，其制造速度的提高和生产成本的降低幅度越大。

随着工艺、材料和装备的日益成熟，3D 打印技术的应用范围不断扩大，从制造设备向生活产品发展。3D 打印可以直接制造大量不同功能的零件和生活物品，如精美电子产品的外壳、高性能金属零件、金属结构件、高强度塑料零件、劳动工具、橡胶制品、汽车及航空用高温陶瓷部件及各类金属模具，直接生产房屋建造中各种功能砌块、建筑模具，甚至能够直接将整幢楼宇或别墅打印出来。尤其是在传统模具行业，模具制造费时、费力，成本很高，开发结构复杂的模具相当困难，开发费用也很高，3D 打印可以改变这种情况。3D 打印还可以制作食品、服装、首饰等日用产品。

对于直接生产高精度的金属零件，早在二十多年前人们就已经使用一种激光选区熔化 3D 打印设备生产出可成型接近全致密的精细金属零件和各种模具，其性能可与同质锻件相媲美。人们在 3D 打印中还使用电子束熔化、激光成型等技术面向航天航空、武器装备、汽车/模具及生物医疗等高端制造领域，直接成型复杂和高性能金属零部件，解决一些传统制造工艺难以加工甚至是无法加工的制造难题。

业界普遍认为 3D 打印技术通过全新的制造产品方式来改变未来生产与生活模式，与互联网一样能够深刻地影响和改变人类的生活方式。对于一个国家来讲，3D 打印技术的应用普及在一定程度上标志着这个国家的创新能力水平。

## 1.2　3D 打印技术

3D 打印也称为增材制造，制造过程中应用已经设计好的三维 CAD 数学模型，由计算机或微处理器控制一台 3D 打印机快速而精确地层层堆叠出具有较复杂结构的零件、不同成品的部件或完整的成品物件。3D 打印能够不受传统工艺加工难或无法加工的限制，大大缩短了具有复杂结构产成品的加工周期。

增材制造与通过雕刻过程制造一件物品正好相反。河北石头记雕塑有限公司在继承我国优秀传统雕刻艺术的基础上，学习吸取西洋雕刻和现代雕塑的各种技法，通过刻刀将不同区域的石材材质切削去除，换句话讲就是减材加工，得到一幅精美的人物石材浮雕如图 1-1 所

图 1-1　通过雕刻（减材）加工人物石材浮雕

示。通俗地讲，减材制造就是将一块材料一点一点切削（或用其他方法，如刻蚀等）加工而得到制成品。减材制造除了可以使用刀具去除毛坯中不需要的材料，还可以使用或电化学方法进行材料去除，余下的部分就是制成品。

增材制造是在一个空白的三维空间区域中，使用特定的熔融状材料进行一层又一层的顺序堆叠，并且每次堆叠层都受到计算机或微处理器的精确控制，精细地控制喷吐熔融材料的数量、喷吐方向、喷吐形状，最后得到一个三维成品物件，可以是一个机械零件，也可以是一个杯子或其他三维物品。通过增材制造加工机械零件的情况如图 1-2 所示，从图中看到：如果使用传统机床切削的工艺与方法加工这样的机械零件是很困难的，通过 3D 打印即增材加工，生产这样的机械零件是较为简单易行的。增材制造就是使用可塑性的材料一层一层堆叠积累加工成制成品。进行材料堆叠的过程完全受控于微处理器或计算机，是将计算机或微处理器中的数学模型在空间上实现出来。

图 1-2　增材制造（3D 打印）加工机械零件

相对于普通打印技术，3D 打印（增材制造）是一种三维物件快速成型制造技术。增材制造技术是依据三维 CAD 设计数据，采用离散材料逐层堆叠累加制造三维物件的技术。相对于传统的材料去除（如切削等）技术，增材制造是一种自下而上材料累加的制造工艺。增材制造中的离散材料可以是液体状、粉末状、丝状、片状、板状和块状的加工介质材料。

传统的产品制造技术除了上述的减材制造外，还有材料成型制造方式，该方式也称为等材制造技术，铸造、锻压、冲压等均属于此种方法，主要是指利用模具控形，将液体或固体材料变为所需结构的三维物件及产品。3D 打印加入制造技术行列极大地扩展了产品制造业的内涵和边界，从此人们能够在更低的成本下，更快地制造结构和功能更为复杂的技术产品。

## 1.3　增材制造过程中的 CAD 数字模型和精细控制

### 1.3.1　增材制造过程中的 CAD 数字模型

增材制造的过程是依据三维 CAD 数据将可塑性材料连续逐层堆叠累积的过程，直到获得三维制成品。这里的 CAD 是指：计算机辅助设计（Computer Aided Design），三维 CAD 数据是指：制成品的三维 CAD 模型。我们知道：二维空间是一个平面，任何有序的一对数在给定的平面中都表示为一个点，如（2，3.5）表示平面中的 A 点，如图 1-3 所示。平面中的一条曲线表示一个一个方程 $f(x,y)=0$，在图 1-4 中，曲线 $ABC$、$AB1C$ 分别对应曲线 $f_1(x,y)=0$、$f_2(x,y)=0$。

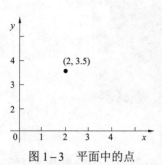

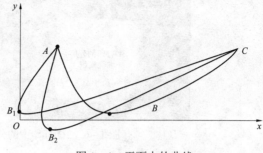

图 1-3　平面中的点　　　　　　　　　图 1-4　平面中的曲线

　　这些平面中的曲线就是数学模型。在三维空间中，一个给定的三维形状的物体一定有一个三元方程 $f(x,y,z)=0$ 与其对应，这个三元方程就是三维数学模型。当然在 3D 打印中的三维 CAD 数学模型的数学表达式尽管可能非常复杂，但一定能够在计算机中用适当形式的数学模型给以表示。图 1-5 中的三维机械零件和一座房屋在给定的三维坐标系中都有确定的 CAD 数学模型，数学模型有连续和离散模型之分。

图 1-5　三维机械零件和一座房屋

## 1.3.2　增材制造过程中的精细控制

　　3D 打印中，以数字设计为基础，将材料（包括液体、粉材、线材等）进行分层堆叠累积成为三维制成品。增材制造是数字化技术、新材料技术、光学处理等综合加工技术等多学科融合发展的产物。3D 打印过程分为两个阶段：第一阶段是数据处理过程，利用三维计算机辅助设计 CAD 模型，将三维 CAD 图形分割切成数量很大的薄层，在表示高度的 z 变量递增或递减的过程中（是离散一维变量的递增和递减变化过程），将三维 CAD 模型数据分为对应的二维数据组；第二个阶段是精细的控制制作过程，每一次有序地依据分层的二维数据，计算机或微处理器驱动打印设备（喷头）对分层的薄片进行堆叠累积，所有的分层薄片按序叠加完毕后，就构成了三维构件的制成品，实现了从二维薄层至三维实体制成品的制造过程。3D 打印实质上是依据给定的三维 CAD 模型数据对大量的切割薄层进行精细的控制堆叠累积，在 3D 打印建筑中，制成品是房屋，房屋的分层堆叠累积制作如图 1-6 所示。大量的三维制成品都是用这种分层堆叠累积制作出来的。

图 1-6   3D 打印中的分层堆叠累积

增材制造中的分层堆叠累积中的精细控制中，三维 CAD 模型的三维数据是被降维成为二维数据后来实现的。在三维 CAD 数据模型 $f(x,y,z)=0$ 中，将 $z$ 变量在给定高度值的情况下设定一个层数，在确定的层数 $n$ 层上，三维数据 $f(x,y,z_n)_n=0$ 变为二维数据 $f(x,y)_n=0$，完成 $n$ 层的打印后，在进行第 $n+1$ 层的打印，对应的有二维数据组阵列 $f(x,y)_{n+1}=0$，如此下去，由二维结构累加为三维结构，从而得到三维制成品。

实现分层堆叠累积的材料材质可以是多种多样的，实现的物理方法也是多钟多样的，例如：采用光化学反应的原理，使用光固化成型方法；采用喷胶黏结的原理，使用三维喷射成型方法；利用金属熔焊的原理使用金属熔覆成型方法等。

## 1.4   3D 打印的应用领域和优势

与传统的打印技术相比，3D 打印技术具有很多颇具特色的优势。

### 1.4.1   3D 打印的应用领域

3D 打印属于快速成型制造技术，制造过程采用分层加工、叠加成型，逐层增加材料来生成三维制成品。3D 打印可以制作任意复杂几何形状的三维结构制成品，不受传统加工方法的限制，尤其是很复杂的结构，3D 打印和传统方法相比具有很高的生产效率。作为一种备受关注的新技术，其应用领域，涵盖工业、农业、科研、医疗、消费电子、航空航天、汽车、政务和军事、建筑等，如图 1-7 所示。

3D 打印的应用分布情况如图 1-8 所示。

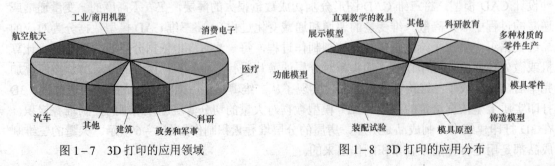

图 1-7   3D 打印的应用领域              图 1-8   3D 打印的应用分布

## 1.4.2　3D 打印的优势

已经分靡全球并有着巨大潜力的 3D 打印技术相对传统的技术有着很大的优势，尤其是在工业设计、数码产品开模、新型建筑开发等许多方面。

**1. 设计空间大大拓展**

传统制造技术能够制造的产品如果形状很复杂，制造成本会很高，比如机床加工一些复杂的机件，铸造模型铸造一些形状复杂的铸件、工业设计、制造中许多不同材质的模具开发都很复杂，而 3D 打印不受传统设计制造技术的限制，几乎任何复杂结构的三维物品都能设计与打印实现，并且实现成本要比传统技术要低得多、耗费时间短得多、生产制造容易得多。在如图 1-9 所示复杂结构的三维构件制造中，使用传统的技术制造出此类产品是不是不可思议的，但 3D 打印技术却可以轻松地实现。

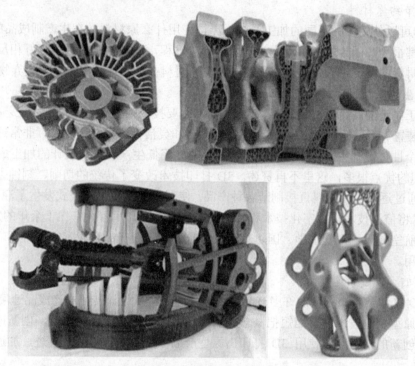

图 1-9　复杂结构的三维构件

与传统机加工和模具成型等制造工艺相比，3D 打印技术将三维实体加工通过数字化转变二维平面加工序列过程，大幅度降低了制造工艺的复杂程度。只要在计算机上设计出需要制造物品的数学模型，就可以快速地将设计转变为物理的三维制成品。制造过程大为简化，这是传统加工远不能与之抗衡的。利用 3D 打印技术可制造出传统加工技术很难加工，甚至是无法加工的复杂三维构件，如复杂内流道、内部镂空结构和具有内部精细结构的构件。

**2. 可以精确地复制大量的实体物品并且复制比例任意调节**

我们知道，数字音乐文件可以大量复制而声音的音质却能得到很好的保持，如同数字音乐文件一样，3D 打印也能高质量低成本地复制大量不同的实体物品，通过数字扫描，对实体物品进行数字化处理，得到实体物品的数学模型，即创造出实体物品的数字化副本，进而大量地进行复制。3D 打印中的数字化扫描和根据得到的数学模型进行复制将真实的物理世界和数字世界的形态转换变得异常容易。

3. 定制产品交付时间短、大幅降低库存和物流成本

3D 打印机生产制作产品是按照客户的订单生产，不会出现传统制造业的大量库存。由于 3D 打印机的体积灵巧，客户定制的产品完全可以就近生产，无需远距离的物流运输，因此大幅降低了物流成本。

4. 操作人员的培训成本大幅降低，生产效率获得很大提高

传统制造业和许多现代加工业对操作人员的要求较高，上岗前需要有较长时间的理论学习和实践培训。而对 3D 打印制作的产品制作流程进行了分解：负责三维 CAD 数学建模的工作由专业工程师来承担，现场进行 3D 打印的操作人员分担的工作所需的培训量相对较少，因此可以大幅降低培训成本，并且生产效率得到较大提高。

5. 大量节约原材料

3D 打印可以使用各种不同的加工原料，无论使用什么原材料，在生产制成品的过程中，材料的浪费都很少，因为加工过程本身是增材制造过程，同减材制造过程正好相反。传统金属加工过程材料浪费量惊人，百分比很高的金属原材料在加工过程中成为了废弃物。

6. 适合生产个性化定制产品

传统加工制造业中，较大批量生产产品时，必须要投入很大的工作量进行工艺技术准备、辅助设备、装置、工具的配套，3D 打印在快速生产和灵活性方面极具优势，非常适合许多领域中的各种个性化定制生产、小批量生产，并大幅度降低生产和创新设计的加工成本。

3D 打印的优点很多，这里不再赘述。3D 打印技术改变了传统的切削、刻蚀去除材料加工的模式，通过逐层堆积材料直接制造各种产品，使制造工艺和生产模式发生了深刻的变革。3D 打印技术将信息技术、数字化技术和制造技术高度融合，尽管才有二十余年的发展历史，但是已经在航空航天、生物医学、国防军工、科研教育、新产品开发等领域得到广泛和越来越深入的应用。

7. 产品的开发创新速度加快

使用 3D 打印，各个领域的许多产品设计速度加快，从设计转化成产成品速度加快。3D 打印的快速原型制造技术能够缩短把概念产品转化为成熟产品设计的时间，创新速度随之加快。在开发创新的初级阶段使用 3D 打印出原型产品，反复进行修改及改进，加速开发创新的过程。

# 1.5  3D 打印中使用的打印原材料

3D 打印技术是采用材料逐渐堆叠累加的方法来制造实体零件的技术，相对于传统的材料去除及切削加工技术，是一种自下而上分层堆叠累加的制造方法，3D 打印可以使用多种不同的原材料，具体地有 ABS 树脂、聚乳酸（PLA）、PVA 聚乙烯醇、弹性塑料、SL 树脂、光敏树脂、LayWOO-D3 材料、聚碳酸酯、大理石粉以及打印建筑房屋的多种不同材料等。

## 1.5.1  ABS 树脂

ABS 树脂是指丙烯腈-丁二烯-苯乙烯共聚物，ABS 是 Acrylonitrile Butadiene Styrene 的

首字母缩写，是一种强度高、韧性好、易于加工成型的热塑型高分子材料。

ABS 树脂是目前产量最大，应用最广泛的聚合物，兼具韧、硬、刚相均衡的优良力学性能。ABS 是丙烯腈、丁二烯和苯乙烯的三元共聚物，A 代表丙烯腈，B 代表丁二烯，S 代表苯乙烯。

ABS 树脂可以在 $-25℃\sim60℃$ 的环境下有很好的成型性，加工出的产品表面光洁，易于染色和电镀。因此它可以被用于家电外壳、玩具等日常用品。

ABS 树脂可用注塑、挤出、真空、吹塑及辊压等成型法加工为塑料，还可用机械、黏合、涂层、真空蒸着等方法进行二次加工。由于其综合性能优良，用途比较广泛，主要用作工程材料，也可用于家庭生活用具。由于其耐油和耐酸、碱、盐及化学试剂等性能良好，并具有可电镀性，镀上金属层后具有光泽好、密度小、价格低等优点，可用来代替某些金属。ABS 树脂是 3D 打印中常用的材料之一。

3D 打印中的 ABS 耗材如图 1-10 所示。ABS 树脂打印的模型和零件如图 1-11 所示。

图 1-10　3D 打印中的 ABS 耗材　　　　图 1-11　ABS 树脂打印的模型和零件

## 1.5.2　聚乳酸

聚乳酸简称 PLA，也称为聚丙交酯，是一种新型的生物降解材料，聚乳酸使用可再生的植物资源所提出的淀粉原料制成，单体来源丰富，具有可再生性，具有良好的生物可降解性，使用后能被自然界中微生物完全降解，最终生成二氧化碳和水，不污染环境，并且强度、透明度及对气候变化的抵抗能力超过传统生物可降解塑料。

聚乳酸同时具备良好的力学性能及物理性能，适用于吹塑、热塑等各种加工方法，加工方便，应用广泛。凭借最良好的抗拉强度及伸长率，聚乳酸产品可以各种普通加工方式生产，例如熔化挤出成型、射出成型、吹膜成型、发泡成型及真空成型。

聚乳酸薄膜具有良好的透气性、透氧性及透二氧化碳性，也具有隔离气味的特性，是唯一具有优良抑菌及抗霉特性的生物可降解塑料。并且焚化聚乳酸不会释放出氮化物、硫化物等有毒气体，安全性好。

ABS 树脂的产量要比 PLA 聚乳酸大很多，因此 ABS 树脂的价格较 PLA 聚乳酸的价格要低。由于 PLA 是生物可降解材料，常常用来生产一次性输液用具、免拆除手术缝合线等，PLA 比 ABS 树脂环保性好。

ABS 树脂比 PLA 更加耐高温，ABS 加工温度在 220℃ 以上，而 PLA 的加工温度在 200℃，如果使用 ABS 材料的 3D 打印机要更换 PLA 为打印材料，就要改为远程送丝。

ABS 材料制成的 3D 模型或零件强度较 PLA 材料高；PLA 材料比 ABS 材料更容易塑形，

模型光泽性好，而 ABS 材料制成的 3D 模型或零件一般情况下还要经历表面处理的流程。

在使用 ABS 材料做打印材料，当加温到一定温度时，ABS 会慢慢转换成凝胶液体；而 PLA 会直接有固体变为液体，非常容易造成 3D 打印机的喷嘴堵塞。

所以在使用 PLA、ABS 树脂作为 3D 打印原料时，要注意 PLA、ABS 树脂的以上性能差异。

着色后的 PLA 3D 打印耗材如图 1-12 所示，用 PLA 材料打印的建筑模型和玩具如图 1-13 所示。

图 1-12　着色后的 PLA 3D 打印耗材

图 1-13　PLA 材料打印的建筑模型和玩具

## 1.5.3　聚乙烯醇

聚乙烯醇（PVA）也是目前比较常见和环保性能佳的 3D 打印机耗材之一，PVA 材料收缩率低，与 3D 打印机耗材 ABS 相比，PVA 的加工温度稍低，成型产品刚度较低，广泛用于各种转角加固支架。

PVA（聚乙烯醇）是一种水溶性高分子聚合物，性能介于塑料和橡胶之间，具有强力黏结性，用途相当广泛。除了作维纶纤维外，还被大量用于生产涂料、黏合剂纤维浆料、纸品加工剂、乳化剂、分散剂等。

医学领域中，使用 PVA 打印半透明的器官模型、人体器官复制品效果被业界认可。图 1-14 是一个使用 3D 打印制作出来的学习人体结构解剖模型，使用了 PVA 材料。

## 1.5.4　3D 打印塑料

不同于普通的塑料材料，3D 打印技术对材料的性能和适用性提出了更高的要求，最基本的要求是通过熔融、液体状态或粉末化后具有流动性。打印成型后通过凝固、聚合和固化形成着满足要求的强度和性能。适合于 3D 打印的塑料材料有工程塑料、生物塑料、热固性塑料、光敏性树脂等。

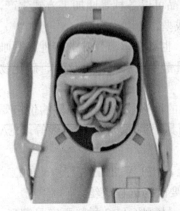

图 1-14　人体结构解剖模型

新推出的新型弹性 3D 打印塑料，支持 3D 激光打印机层层烧结成型。3D 打印成型之后，仍然具有一定的柔韧性，支持外界用力挤压、扭曲，甚至是拉扯等，并且弹性十足。

一个 3D 打印塑料材质的注塑模具如图 1-15 所示。由美国洛克汽车公司利用 3D 打印的代号为 LM3D Swim 塑料汽车如图 1-16 所示。

图 1-15　3D 打印注塑模具（塑料材质）　　　图 1-16　3D 打印的塑料汽车

## 1.5.5　光敏树脂

光敏树脂又称 UV 树脂，由聚合物单体与预聚体组成，其中加有光（紫外光）引发剂（或称为光敏剂），在一定波长的紫外光照射下立刻引起聚合反应，完成固化。光敏树脂一般为液态，用于制作高强度、耐高温、防水等材料的 3D 打印件。

常见的光敏树脂分为 SLA 工业级光敏树脂、SLA 桌面级光敏树脂和 DLP 桌面级光敏树脂。

1. SLA 工业级光敏树脂

SLA 工业级光敏树脂是专门针对 SLA 工业机开发的低黏度液态光敏树脂，可以制作坚固耐用、防水的功能零件。加工过程中树脂固化速度快，成型精度好，表面效果好，部分优良性能与 ABS 材料相同，机械强度高，气味小，适合国内主流应用的 SLA 快速成型设备。

应用范围涵盖汽车、电子产品、医疗器械、建筑模型等产品的制作。

2. SLA 桌面级光敏树脂

SLA 桌面级光敏树脂是专门针对 SLA 桌面机开发的低黏度液态材料，也具备 SLA 工业级光敏树脂的优点，同时可以长时间连续打印而不黏结硅胶或隔离型膜。

SLA 桌面级 3D 打印机适合选用这种光敏树脂。使用范围为小件模型、手板的制作、个性化设计 DIY、3D 教育推广等。这里的手板就是用 3D 制图软件按照图纸制作成 3D 数据档案。

3. DLP 桌面级光敏树脂

DLP 桌面级光敏树脂是一款专门和 DLP 桌面 3D 打印机配合使用的 3D 打印材料，固化速度快、模型或零件制作精度高、硬度较高、低灰分、无残留，也可以长时间连续打印不粘底。

DLP 桌面级光敏树脂又分为可铸造和非铸造类型。

SLA 光敏树脂及采用光敏树脂打印的零件如图 1-17 所示。

## 1.5.6　Laywoo-D3 材料

Laywoo-D3 是一种以木材为主要基础的木材/聚合物复合 3D 打印材料，其中木材在材料中占比 40%，其他就是无害的聚合物。这种材料具有 PLA 聚乳酸材料的耐久性，可以在

图 1-17 SLA 光敏树脂及采用光敏树脂打印的零件

175℃和 250℃之间进行 3D 打印。

用 LAYWoo-D3 材料打印的物件，外观具有木质的特征，气味上也与木质器件的气味类同。最大的特点是可以在不同的温度下，打印出不同的颜色，比如在 180℃下，打印出的颜色亮丽，在 245℃下打印的物件色彩变深变暗。用这种特性，可以打印出类似木材年轮的东西，让作品更加如同真正的木质材料一样。

使用 LAYWoo-D3 材料打印作品的工作完成后，打印出来的物件还可以用一般的木工工具来继续加工修改。

LAYWoo-D3 材料线缆如图 1-18 所示，使用该材料打印出来的 3D 作品如图 1-19 所示。

图 1-18 LAYWoo-D3 材料线缆

图 1-19 打印出来的 3D 作品

### 1.5.7 聚碳酸酯

聚碳酸酯（PC）是一种强韧的热塑性树脂，是目前 3D 打印机常用到的一种打印材料，该材料无色、透明并具有很好的抗冲击性。常见的应用有 CD/VCD 光盘、桶装水瓶、婴儿奶瓶、防弹玻璃、树脂镜片、银行防弹玻璃、车头灯罩、动物笼子、登月宇航员的头盔面罩以及智能手机的机身外壳等。

聚碳酸酯（PC）材料强度高、刚性、容易热成型，在工业领域诸如家用电器、餐具、汽车部件、DVD 光盘、安全玻璃等方面应用较多。该材料非常适合注塑成型，主要是因为一旦冷却它的强度就会非常高，可弯曲和变形而不产生断裂或龟裂。一个明显的缺点是：熔融温度较高，一般为 300～320℃，但最近国内一家 3D 打印材料制造商 Polymaker 与德国一家公司合作开发与推出用于桌面 3D 打印机的新型聚碳酸酯 3D 打印线材——Polymaker PC-Plus

和 Polymaker PC–Max。这两款线材经过特殊配方已经将打印温度从通常的 300～320℃下降到 50～270℃，目前大多数的桌面 3D 打印机都能够很方便地实现这个温度范围。打印温度的降低还减少了在打印过程中出现翘曲或变形的可能性。

聚碳酸酯材料比 PLA 和 ABS 材料具有更好的力学性能，适合打印对于力学性能要求比较高的部件，有着标准材料一样的弹性，可以很容易地进行打磨抛光或者喷漆等。

使用 PC 材料 3D 打印出来的部件主要的优势就是具有耐用性，而且其成品比使用标准材料的部件具有更强的力学性能，尤其是 PC–Max 能够显著提高耐冲击性和韧性，甚至要超过 PC–Plus。除此之外，聚碳酸酯材料也是天然的阻燃剂，可耐多种化学品和溶剂，并且经过开发还能提供透明度，其所具备的光学清晰度可用用于大量全新的领域，这是许多桌面 3D 打印机用户都难以想象的。

聚碳酸酯材料的耐热性也非常好，PLA 和 ABS 材料通常会在大约 60℃以上开始软化和变形，而新的聚碳酸酯 Polymaker PC 材料可承受的温度则超过 100℃或者 110℃，甚至可以泡在沸水中而不出现形变。

聚碳酸酯材料和 3D 打印作品如图 1–20 所示。

图 1–20　聚碳酸酯材料和 3D 打印作品

## 1.5.8　大理石粉

对于建筑行业大量使用着大理石材料。大理石生产和使用过程中的主要废弃物是颗粒很细的大理石粉。在大理石切割过程中产生的废料约 25%都是大理石粉，这些粉尘会对环境造成污染，并威胁到农产品和公众的健康。

作为废弃物的大理石粉末混合特殊树脂并使用紫外线催化，就可以应用到 3D 打印中，作为一种优良的 3D 打印材料，可以应用于产品设计，制造大量金属代用品的零件，广泛应用于艺术创作和时尚行业。

## 1.5.9　金属材料的 3D 打印

前面已经介绍了若干种 3D 打印制造三维物品的材料，使用这些材料可以打印各种各样的物品，但要打出机械强度很高的制成品，还需要使用金属材料。金属材料在 3D 打印过程中的使用与其他材料是类同的。在计算机中将数字化的 3D CAD 模型分成许多薄层，通过 3D 打印设备在一个平面上按照 3D CAD 层图形，将金属材料烧结融合在一起，然后再一层一层地叠加起来。通过每一层不同图形的累积，最后形成一个金属材质的三维物体。

在 3D 打印中使用金属材料主要用来制造金属零件和金属材质的模具，当然可以直接生产制造各种各样的金属产品。金属零件 3D 打印技术作为整个 3D 打印体系中最为前沿和最有潜力的技术，是先进制造技术的重要发展方向。随着科技发展及推广应用的需求，利用快速成型直接制造金属功能零件成为了快速成型主要的发展方向。目前可用于直接制造金属功能零件的快速成型方法较多，主要有直接金属粉末烧结成型、选区烧结成型、近净成型等，我们知道，激光束经过聚焦后，能够在焦点区域处生成很高的功率密度，用高功率的激光照射试件表面，熔化金属粉末，形成液态的熔池，然后移动激光束，熔化前方的粉末而让后方的金属液冷却凝固。用这种方式加工制造出各种金属材质的 3D 打印零件和产品。

金属材料的 3D 打印制造技术较使用其他材料打印技术来的复杂，因为金属材料的熔点较高，涉及金属的固、液态相变，要考虑一些技术参数，如生成的晶体组织情况、内部杂质和孔隙的生成，快速的加热和冷却引起热应力与残余应力等。

3D 打印中常用的金属材料有具有不同性能的多种不锈钢、轻质增材制造金属粉末、铝镁合金、铝硅合金、青铜合金和铁镍合金材料等。使用金属粉末熔化快速成型的 3D 打印金属零件如图 1-21 所示，使用金属材料打印的金属模具如图 1-22 所示。

图 1-21　3D 打印金属零件

图 1-22　使用金属材料打印的金属模具

北京航空航天大学的科研人员使用金属材料激光快速成型技术制造火箭和卫星的复杂零件如图 1-23 所示。

图 1-23　使用金属材料制造的火箭和卫星的复杂零件

## 1.5.10　材料的选择

打印一件作品，如何选择适合的打印材料？通常会在下面几个方面考虑：用途是什么？用途决定了要使用什么打印材料，除此而外，还要考虑成本、外观、细节、力学性能、机械性能、化学稳固性以及特殊应用环境等因素。

如果制作 3D 模型，由于模型大致可分为外观验证模型和结构验证模型。在打印外观验证模型时选择打印材料要考虑：优先选用光敏树脂类 3D 打印（包括高精高韧 ABS 和透明 PC 材料）。进行新产品研制开发时，要制作出样品，按照传统的方法，需要开发模具，一旦涉及开发结构较为复杂的模具，费用成本就很高，3D 打印结构验证模型避免了传统模具的开发环节，大量地节省费用。打印这类模型选择材料时，如果对精度和表面质量要求不高，优先建议选择机械性能较好、价格低廉的材料，比方说 PLA、ABS 等材料。此外，还有部分特殊要求，例如对导电性有要求，则需要金属材料，或者要应用逆向工程方法制作一个精美的首饰，则建议使用石蜡。

总而言之，各种三维打印工艺对其成型材料的要求一般是能够快速、精确地成型，原型件具有较好的力学性能，这也是选择 3D 打印材料时的重要依据。

# 1.6　3D 打印建筑使用的打印材料

3D 打印建筑的含义较为广泛，3D 打印建筑模型，建筑沙盘模型，实际打印整幢的房屋、别墅，直接 3D 打印制作建筑砌块、构件，通过打印制作建筑砌块、构件模具等都属于 3D 打印建筑。

## 1.6.1　建筑模型的 3D 打印材料

建筑模型的应用非常广泛，可以将建筑设计师的设计作品非常直观地展现在众人面前，能准确地展现建筑的外部结构，还能够很好地展示建筑的内部构造，能够将设计师所设计的作品清晰地展示出来。

可以选用各种材料打印建筑模型，但不同材料打印的建筑模型外观效果、打印费用等方面有较大的差别。比如可以采用 ABS 材料打印建筑模型，也可以使用光敏树脂来打印建筑模型。如果使用光敏树脂材料打印，则材质细腻，但是价格偏贵；如果使用 ABS 材料打印，则由于 ABS 材料的流动性差，导致模型略显粗糙，但打印成本较低。由于 ABS 材料有橡胶成分存在，材料吸少量水分，热稳定性差，比较容易分解，打印模型时，需烘干。使用光敏树脂打印建筑模型时，使用紫外光（250～300nm）照射材料，立刻会引起聚合反应，完成固化。光敏树脂一般为液态，一般用于制作高强度、耐高温的建筑模型。

3D 打印的分层打印方式非常适合展现建筑的每一层设计，可以很好地展示内部布局方案，其局部效果，如图 1-24 所示。3D 打印建筑还可以方便地从不同角度（俯视、正视、左视、右视、侧视）表现建筑，通过建筑模型沟通不会有交流障碍，人人看得懂，易于理解。

(a)

(b)

(c)

图 1-24　3D 打印的模型展示每一层结构、内部布局和特写
（a）展示各层设计；（b）展示内部布局；（c）特写局部效果

部分建筑模型如图 1-25 所示。

图 1-25　部分建筑模型

## 1.6.2　3D 打印建筑的基础

### 1. 什么是 3D 打印建筑

3D 打印建筑是通过 3D 打印技术生产制造房屋及建筑物，3D 打印建筑设备系统中有一个很大的三维挤出机械，这个机构就是 3D 打印中的喷头，不过这个喷头喷出的不是前面介绍过的其他 3D 打印材料，而是混凝土或建造建筑模块及预制构件的材料。3D 打印建筑设备系统中还要有一个大型支架，另外还要打印材料输运存储等配套装置。

3D 打印建筑设备如图 1-26 所示，装置中有 3D 打印头、打印臂、打印机轨道、打印机输运管道、打印材料输运动力装置和小型搅拌机。

大型建筑房屋打印机如图 1-27 所示。

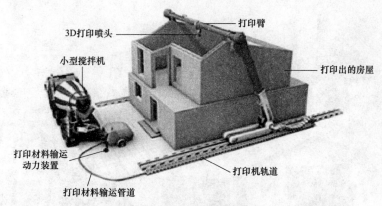

图 1-26　3D 打印建筑设备

图 1-27　国内开发的大型建筑房屋打印机

采用 3D 打印技术打印出漂亮的建筑，如图 1-28 所示。

图 1-28　采用 3D 打印技术打印出的建筑（一）

图 1-28 采用 3D 打印技术打印出的建筑（二）

### 2. 3D 打印建筑设备的结构组成

3D 打印建筑设备就是 3D 建筑打印机，其构成主要有硬件设备与软件系统构成，其组成如图 1-29 所示。

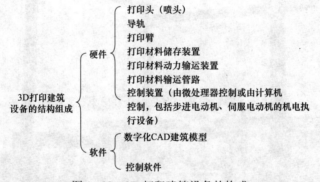

图 1-29 3D 打印建筑设备的构成

3D 建筑打印机中有一个很大的打印头，或者叫喷头，如图 1-30 所示，其作用就是将流体状的打印材料（混凝土）由喷嘴流出，一层一层地进行堆叠累加建筑的墙体，直至打出房屋成品。

图 1-30 3D 建筑打印机的打印头

其他的一些硬件装置的作用为：

导轨：为打印头提供了一个维度移动的轨道，打印头移动是三个维度的，另外两个维度是竖直方向维度和与轨道垂直方向维度。

打印臂：支撑打印头的机械臂。

打印材料存储装置：为打印头提供打印材料（混凝土）。

打印材料动力输运装置：3D 建筑打印机打印头所需流体状的混凝土必须有加压装置并能够保证为打印头源源不断地提供打印材料。

打印材料输运管路：通过柔性输运管路为打印头输运流体状混凝土。

控制装置：由微处理器或计算机控制，执行电机是步进电动机、不调速的电动机或可调速的电动机作为打印头部的控制驱动电机，控制打印头的流体状混凝土的喷出，同时控制打印头的三个方向上的移动。

软件则包括确定要打印的建筑房屋的 3D CAD 数字化模型，没有这个模型，3D 打印建筑无法工作；有了这个模型，并在此基础上，可以编制驱动打印头喷嘴喷吐半流质混凝土的控制程序，可以编制控制打印头的三个维度精确移动的控制程序。

# 第2章 3D打印和3D打印建筑中的成型技术

## 2.1 3D打印技术与离散－堆叠成型

3D打印技术综合了材料、机械、激光、控制及软件等多学科知识和技术体系，是多学科交叉的先进制造技术。由于增材制造技术本质上是打印材料的按层堆叠累积的受控复杂工艺，按照材料堆积方式可以将 3D 打印的成型技术分为若干类，如光固化成型、激光选区烧结、激光选区熔化、熔融沉积成型、激光近净成型、电子束选区熔化、电子束熔丝沉积成型和三维打印成型等，每一类都有特定的应用范围。

3D打印技术实质上是一种基于离散－堆积成型原理，根据3D模型数据，将材料一层一层地堆积，而形成3D实体，简言之，是一种离散堆叠成型技术，如图2-1所示。将打印材料离散成点、线、面，然后堆积起来而成型。

离散－堆积成型的工艺流程如图2-2所示。

图2-1 离散堆叠成型

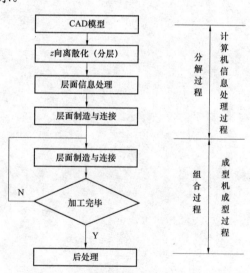

图2-2 离散－堆积成型的工艺流程

## 2.2 光敏树脂固化成型技术

### 2.2.1 光敏树脂固化成型的原理

3D打印光敏树脂固化成型（Stereo Lithography，SL 或 SLA）技术，即用特定波长与强

度的紫外激光聚焦到光固化材料表面，逐点
加工并进行程序设定好的曲线移动，具有一
定宽度的曲线在光敏树脂槽中的一个平面
上完成一个薄层的加工，然后升降台在垂直
方向向上移动一个层片的高度。接着又开
始上一个层面光敏树脂的加工固化……以
后的过程类同，通过层层叠加直到完成整个
三维实体物件的打印加工，光敏树脂固化成
型的工作原理如图 2-3 所示。

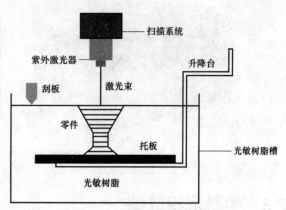

图 2-3　光敏树脂固化成型

　　在光敏树脂固化成型的打印过程中，树
脂槽中的光敏树脂在一定波长和功率
（30mW）的聚焦态的紫外激光束的照射下，
发生光聚合反应，在紫外激光束的照射点上，液态材料迅速转变为固态材料。紫外激光束在
偏转镜的作用下，在液态树脂的表面上扫描，扫描轨迹及激光束照射由计算机控制，激光束
扫描到的点及曲线轨迹逐点固化。加工打印开始的初始时刻，放置三维打印件的托板在树脂
液面下的一个确定的深度上，整个打印薄层与激光束的聚焦平面是重合的，经过聚焦的紫外
激光束按计算机的程序指令进行控制，聚焦光束逐点沿着给定的曲线轨迹扫描，扫描过的点
及曲线轨迹逐点固化，没有被聚焦激光束扫描照射的点及区域内树脂仍然是液态。然后控制
机构驱动升降台沿竖直方向向下下降一层（约 0.1mm），第二层的树脂初始状态还是液态，刮
板对要进行下一层被扫描的薄层液态树脂液面刮平处理，新的一层扫描又开始了。这个过程
就这样持续下去，最后将原型作品从液态树脂中取出，进行最终固化、打光、电镀、喷漆或
着色处理，即得到要求的产品，完成一个物理三维物件的打印。

　　打印的材料可以是透明色光敏树脂，也可以是乳白光敏树脂等。

## 2.2.2　光敏树脂固化成型工艺的优缺点

　　光敏树脂固化成型的优点：成型过程自动化程度高，加工开始后，成型过程可以完全
自动化，直至三维物件打印制作完成；打印成品尺寸精度高（精度可以达到±0.1mm）；三
维物件成品外观及外表面质地优良；使用该成型方式可以制造形状复杂、结构精细的零
件等。

　　光敏树脂固化成型也存在着一些缺点：成型过程中由于打印材料的物理、化学性能发生
变化，引起三维打印物件容易弯曲和变形；设备、材料费用及维护成本较高；液态树脂具有
低气味和无毒性，需要避光保护；在很多情况下，经快速成型系统光固化后的原型树脂并未
完全被激光固化，所以通常需要二次固化等。

　　光敏树脂固化成型方式中控制系统的预处理软件与驱动软件运算量大，与加工效果关联
性很高。复杂物件往往需要添加一些辅助结构比如支撑，打印完成后需要去除。

　　一台光敏树脂 3D 打印机的外形和加工出来的作品如图 2-4 所示。

　　光固化成型广泛应用于航空航天、工业制造、生物医学、大众消费、艺术等领域的精密
复杂结构零件的快速制作，精度可达 0.05mm。

图 2-4　一台光敏树脂 3D 打印机的外形和加工出来的作品

## 2.3　熔融沉积成型

熔融沉积制造（Fused Deposition Manufacturing，FDM），又称熔丝沉积，与光敏树脂固化成型一样，也是一种应用比较广泛的 3D 打印的快速成型工艺。

### 2.3.1　熔融沉积成型原理

FDM 的 3D 打印过程也是以数字 CAD 模型设计为基础，通过软件将被打印三维物件进行离散化分层，将三维物件分解为许多有一定厚度的 2 维平面层，利用热熔喷嘴等方式将丝材热塑性材料进行逐层堆积黏结，最终叠加成型，制造出三维实体产品。

FDM 工艺 3D 打印机和打印原理如图 2-5 所示。

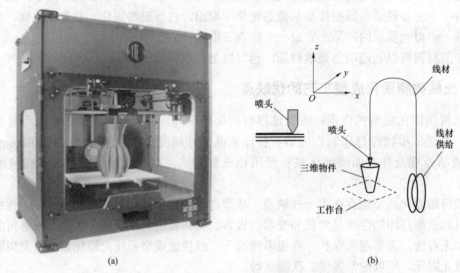

图 2-5　FDM 工艺 3D 打印机和打印原理

FDM 制作工艺过程是将丝状原料通过送丝机构输送给热熔喷头，材料在喷头内被加热融化，在电脑控制下喷头沿着零件截面轮廓和填充轨迹运动，将半流动状态的材料送到指定位置并最终凝固，同时与周围材料黏结，一层完成后，喷头上升一个层高，再进行下一层的材料喷涂，如此循环，逐层堆叠最后形成 3D 打印成品。FDM 加工工艺使用的主要为热塑性材料，并且预制成丝状形态卷曲成环状，向喷头输运丝状材料的工作由小巧的输运机械完成。

　　FDM 工艺的成型材料多为 ABS、PLA 等热塑性材料，因此性价比高。

　　FDM 工艺的关键是保持半流动成型材料刚好在凝固温度点上，通常控制在比凝固温度高 1℃左右。半流动熔丝材料从 FDM 喷嘴中挤压出来，很快凝固，形成精确的薄层。每层厚度一般为 0.25～0.75mm，层层叠加，最后形成原型产品。FDM 工艺打印卷材和打印作品（奥斯卡小金人）如图 2-6 所示。一个开放结构的 FDM3D 打印机如图 2-7 所示。

图 2-6　FDM 工艺打印卷材和打印作品　　　图 2-7　一个开放结构的 FDM3D 打印机

## 2.3.2　熔融沉积成型使用的材料

　　FDM 打印材料主要包括成型材料和支撑材料。成型材料主要为热塑性材料，包括 ABS、PLA、人造橡胶、石蜡等；支撑材料主要为水溶性材料。

　　支撑材料在熔融沉积过程中对成型材料起一个支撑的作用，在打印完成后，支撑材料需要进行剥离，因此也要支撑材料满足一定的性能要求，支撑材料主要选择水溶性材料，在水中能够溶解，方便剥离。由于支撑材料与成型材料直接接触支撑，所以支撑材料必须能够承受成型材料的高温，熔融的成型材料不能够融化或分解支撑材料。在打印一个动物模型时，使用了支撑材料，如图 2-8 所示。

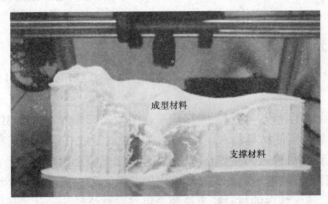

图 2-8　支撑材料的使用

FDM 对支撑材料的具体要求是能够承受一定的高温，与成型材料不浸润，具有水溶性或者酸溶性，具有较低的熔融温度，流动性要好等。

熔融沉积成型的 3D 打印设备包括硬件系统和软件系统，硬件系统主要指 3D 打印机本身，利用 FDM 技术的 3D 打印机包括工作平台、送丝装置、加热喷头、储丝设备和控制设备几大部分组成。

### 2.3.3 熔融沉积成型技术的优缺点

与其他 3D 打印成型技术方法相比，熔融沉积成型技术具有成本低、可以使用的原料较多等优点，同样也存在成型加工时间较长、支撑材料难以剥离等特点，其优缺点如图 2-9 所示。

熔融沉积成型技术优点较多。熔融沉积成型技术（FDM 技术）的打印成本低、设备运营维护成本也较低，成型材料的选择范围也较大，如 ABS 材料、PLA 材料、PC 材料、人造橡胶、石蜡等，成本也较低。这里的 PC 材料是指聚碳酸酯，大量使用的光盘材料就是 PC 材料。使用熔融沉积成型技术生产制作 3D 打印产品对环境污染也很小。因为在整个打印制作过程中只涉及热塑材料的熔融和凝固，加工制作是在封闭的 3D 打印室内进行的，不涉及高温、高压，没有有毒有害物质排放，环保性能好。使用熔融沉积成型技术的 3D 打印设备体积小，打印材料是成卷的丝材，体积小，占用空间小，搬运、携带方便，原料利用率高，使用过程中产生废弃的成型材料和支撑材料很少。后处理较为简单，由于支撑材料多为水溶性材料，剥离较为容易。

熔融沉积成型优缺点 {
  优点 {
    成本低
    成型材料选择范围较大
    环境污染小
    设备、材料体积小
    原料利用率高
    后处理过程较简单
  }
  缺点 {
    打印成型时间较长
    需要支撑材料
  }
}

图 2-9 熔融沉积成型技术的优缺点

不足的是：打印产品成型时间较长，不适于制造大型部件。产品制作需要支撑材料，在打印完成后要进行剥离，对于一些复杂构件来说，剥离存在一定的困难。

## 2.4 选择性激光烧结成型技术

选择性激光烧结成型（Selective Laser Sintering，SLS）也叫选域激光烧结成型，常用 SLS 代替。

### 2.4.1 选择性激光烧结成型的工艺过程

SLS 3D 打印机（又称为 SLS 成型机）结构如图 2-10 所示。图 2-11 是 SLS 打印机简化的说明图。

选择性激光烧结加工过程：通过激光振镜（也叫激光扫描器）按照 3D 数学模型导出的平面轨迹精确导引激光束使材料粉末烧结或熔融后凝固形成三维原型或制件的一个薄层。SLS 3D 打印机按照计算机输出的原型分层轮廓，导引激光束在指定路径上有选择性地扫描并熔融工作台上很薄且各点高度较为均匀材料粉末层。激光束扫描的平面区域仅限于 CAD 模型分层选择的区域，该区域内的材料粉末被激光束熔融被烧结为一体，该区域外的材料粉末不会被激光束熔融烧结，仍然是松散未被加工的粉末材料。当一个薄层的扫描完成，向上（或下）移动工作台，再进行新一个薄层的扫描熔融烧结，以后的过程是完全相同的，直到打印

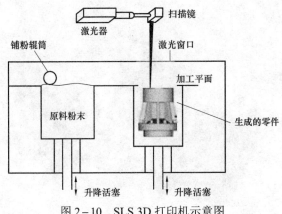

图 2-10　SLS 3D 打印机示意图

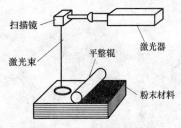

图 2-11　SLS 打印机简图

出完整的三维物件（3D 制品）后，去掉没有被熔融烧结且多余的粉末，再进行打磨、烘干等处理，便获得原型或零件。

选择性激光烧结成型技术中的激光束扫描控制系统是自动化程度很高的系统，使用该技术制成 3D 打印制品的速度较快，一般制品仅需 1～2 天即可完成打印。

选择性激光烧结成型中，还包括系统其他功能的配合，通过红外线加热板将粉末材料加热到略低于熔融烧结点的温度，然后开始精确控制导引激光束，按原型或零件的截面形状扫描平台上的粉末材料，使其受热熔化或烧结，完成一个薄层的加工。之后平台下降一个薄层的厚度，用平整辊平整粉末材料薄厚形成一个均匀分布待烧结层，完成这些工作后，在开始控制精确导引激光束进行烧结，生成新的一个薄层。这个过程用这种方式持续进行下去，逐层烧结成型，直到最后完整的三维物件制作完成。

在成型过程中，没有被烧结的粉末对加工制作的三维物件起着支撑作用，加工完毕后，可用刷子细心地刷去非加工部分的粉末，也可以使用压缩空气吹去余留的材料粉末。

如果被加工材料是金属粉末，使用选择性激光烧结成型，要在烧结过程开始前，对托举三维物件的工作台要先行加热到设定温度，这样就可以减少成型中的热变形，并有利于层与层之间更细密地结合。

由国内的华曙高科技有限公司开发的选择性激光烧结成型大型 3D 打印机如图 2-12 所示。该设备采用高分子粉末材料激光烧结成型技术。主要技术特点有采用了单缸供粉双向铺粉系统，多区加热智能温控系统，拥有自主知识产权的控制软件 all star v1.0，负压抽气和气体保护系统，可以烧结多种材料。

东莞市李氏模型有限公司使用选择性激光烧结成型技术生产结构复杂的模型制品如图 2-13 所示。

开发模具耗时耗力，在制造业中开发模具的成本很高，世界上著名的阿迪达斯公司在开发新产品的过程中，通过与传统的注塑成型技术制造鞋模成本、时间、费用的比较，使用了选择性激光烧结成型技术花费较低耗时

图 2-12　一种选择性激光烧结
成型大型 3D 打印机

又短，开发出了性能更为优良的运动鞋模具，如图 2-14 所示。

图 2-13　结构复杂的模型制品

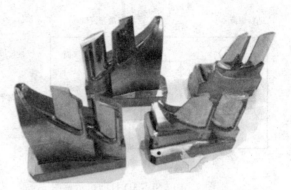

图 2-14　金属粉末烧结技术生产的跑鞋模具

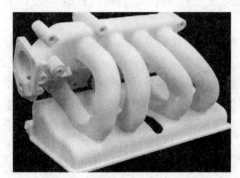

图 2-15　激光金属粉烧结生产的进气歧管配件

在汽车工业中，使用着大量价格高昂的模具，有了激光烧结技术，很多汽车配件无需模具就可以直接生产了。对于化油器式或节气门体汽油喷射式发动机，进气歧管指的是化油器或节气门体之后到气缸盖进气道之前的进气管路。它的功用是将空气、燃油混合气由化油器或节气门体分配到各缸进气道。过去某个车型的发动机的进气歧管的生产制造，需要花费几十万美元来制造硬模具，每次设计变更还得花几千美元来对模具进行更改，而每次进行更改的时间都长达几个星期。如果设计改动比较大，可能还得重新设计模具。使用选择性激光烧结成型技术使用 3D 打印仅仅花费很少的费用就生产出了进气歧管配件，制造周期很短。由东莞市李氏模型有限公司使用 SLS 激光 3D 打印进气歧管，一次成型，价格低廉，采用激光分层烧结固体粉末，并使烧结成型的固化层层叠加成型，进气歧管实物配件如图 2-15 所示。

## 2.4.2　选择性激光烧结成型使用的材料

与其他快速成型方法相比，选择性激光烧结成型技术所使用的成型材料较多。目前，可成功进行择性激光烧结成型加工的材料有石蜡、高分子材料、金属、陶瓷粉末和它们的复合粉末材料。由于该技术能够选用的成型材料品种多，用料节省，适合多种用途以及在打印 3D 产品的工艺过程中无须设计和制造复杂的支撑系统，使得择性激光烧结成型技术与系统应用越来越多。

如果成型材料选用塑料粉末、尼龙、聚苯乙烯、聚碳酸酯等均可作为塑料粉末的原料，一般直接用激光烧结，不做后续处理。

成型材料选用金属粉末时，由于金属粉末在激光烧结过程中温度很高，为防止金属氧化，烧结时必须将金属粉末密闭在充有保护气体（氮气、氩气、氢气等）的容器中。

使用陶瓷粉末材料进行烧结时，陶瓷粉末在烧结时要在粉末中加入黏结剂。

使用金属铁粉材料的烧结成型举例：采用金属铁粉末、环氧树脂粉末、固化剂粉末混合，其体积比为 67%、16%、17%；在激光功率 40W 下，取扫描速度为 170mm/s，扫描间隔在 0.2mm 左右，扫描层厚为 0.25mm 时烧结。后处理二次烧结时，控制温度在 800℃，保温 1h。

### 2.4.3　金属粉末烧结成型中的一些工艺措施和改进方法

选择性激光烧结成型加工的材料如果是金属粉末，进行成型打印之前，首先将金属粉末和某种黏结剂按一定比例混合均匀，进行成型打印时，激光束对混合粉末进行扫描熔融，聚焦的激光束能量使混合粉末中的黏结剂熔化并将金属粉末黏结在一起，形成金属零件的胚体。将成型加工所得的金属零件坯体再适当地进行后处理，进一步提高金属零件的强度和相关的性能。某公司采用金属铁粉末作基体材料，加入适量的黏结剂，烧结成型得到原型件，然后进行后续处理，包括烧失黏结剂、高温焙烧、金属熔渗（如渗铜）等工序，最终制造出具有特种用途的机械加工零件。

选择性激光烧结成型加工工艺中，研究较多的是两种熔点不同的金属粉末混合烧结。聚焦的激光烧结将低熔点的金属粉末熔融，使用低熔点熔融状态的金属与高熔点金属粉末黏结在一起，成型三维物件。采用不同熔点混合金属粉末烧结加工的零件不够高，多数情况下要经过后处理才能达到较高的强度。国内公司使用镍基合金混铜粉进行烧结成型，成功地制造出具有较大角度的倒锥形状的金属零件。

仅使用一种金属粉末的 SLS 技术中，实现使用高熔点金属直接烧结成型零件，该项技术的研究和应用也越来越深入和广泛。与单元体系金属零件烧结成型不同的是，多元合金材料零件烧结成型的应用领域延伸到前者没有进入的一些领域，如制造机械加工很难生产的硬质合金零件、模具等。

### 2.4.4　选择性激光烧结工艺的特点

（1）优点：
1）可直接制作金属材料的 3D 打印制品。
2）可选用多种材料进行成型加工。
3）成型工艺中不需要额外的支撑结构。
4）如果不考虑对激光束进行精确地沿加工平面上聚焦照射点的扫描控制，该技术制造工艺比较简单。
5）材料利用率高。
（2）缺点：
1）制成品原型表面粗糙。
2）烧结过程有较强的异味。
3）有时需要比较复杂的辅助工艺。

### 2.4.5　选择性激光烧结 3D 打印机的硬件

目前国内外生产的选择性激光烧结 3D 打印机在硬件上的结构特点有以下几个方面：
（1）扫描系统：多采用振镜式动态聚焦系统，具有高速度和高精度的特点。
（2）激光器：采用 $CO_2$ 激光器，功率较高且运行稳定。
（3）送粉系统：烧结成型的配合机械装置。

（4）排烟除尘系统：及时充分地排出成型加工过程中产生的烟尘，防止烟尘对烧结过程和工作环境的影响。

（5）工作腔结构：全封闭式，防止粉尘和高温对设备关键元器件的影响。

## 2.5 三维打印成型

三维打印成型（Three Dimensional Printing，3DP）也叫 3DP 打印。所谓的三维打印成型是指：采用液滴喷射成型的快速成型技术。液滴喷射成型是指在计算机控制下，使喷嘴工作腔内的液态材料在瞬间形成液滴或者由液滴组成的射流，以一定的频率和速度从喷嘴喷出，并喷射到指定位置，逐层按序列堆积，形成三维实体零件。

三维打印成型工艺之所以称之为打印成型，是因为该成型工艺中的喷头运动方式与喷墨打印机的打印头类似，在台面上做 $x-y$ 平面运动，所不同的是喷头喷出的不是传统喷墨打印机的墨水，而是黏结剂、熔融材料或光敏材料等，通过层层堆叠的建造方式，实现原型的快速制作。

依据其使用材料不同及固化方式不同，3DP 快速成型技术可分为粉末材料三维喷涂黏结成型、熔融材料喷墨三维打印成型两大类工艺。

### 2.5.1 三维打印成型的原理和工艺特点

粉末材料三维打印黏结（3DP 或 3DPG－Three Dimensional Printing Gluing）成型是一种快速成型工艺，其工艺过程类似于喷墨打印机。这种技术主要使用诸如陶瓷粉末、金属粉末、塑料粉末等材料，在成型过程中，通过做二维受控移动的喷头用喷涂黏结剂将材料粉末一层一层印制在工艺成型平台上。由于使用黏结剂黏结工艺成型零件，因此零件的机械强度不高，一般情况下还需进行后处理。

1. 三维喷涂黏结成型的原理及工艺

下面分析三维喷涂黏结成型技术来说明 3DP（三维打印成型）技术的原理及工艺过程。以粉末作为成型材料的 3DP 的工艺原理如图 2－16 所示。成型工艺开始的时候，根据三维 CAD 模型、算法及控制程序设定的层厚铺开第一层材料粉末，在确定的 $z$ 轴取值上，喷头根据当前叠层的截面信息，按程序确定的路径将液态黏结剂喷在已铺好厚度均的粉层上，进行均匀黏结。上一层黏结完毕后，托举待加工零件的升降台下降一个层厚距离，供给粉末材料的机构在已经黏结的材料层上再铺出一层材料粉末，并被铺粉辊铺平压实，喷头在计算机控制下，按新的一层截面的成型数据对改层材料粉末进行喷涂黏结，完成三维物件新一层的堆叠，以后的过程完全相同，如此周而复始地送粉、铺粉和喷射黏结剂，最终完成一个三维粉末材料成型制品。成型过程中没有被喷射黏结剂的材料粉末均为干粉，在成型过程中起支撑作用，成型结束后，能够较容易地去除。通过这样一个过程，完成了 3D 打印制品，如图 2－16 所示。

使用陶瓷粉末材料三维喷涂黏结成型 3D 打印制品的工艺过程：

→首先进行数字三维 CAD 建模。

→数字三维 CAD 建模完成后，在计算机中将模型生成用三角网格来表现三维 CAD 模型的 STL 文件，将三维模型进行分层切片，并设定分层的厚度，一般情况下，厚度越薄，模型打印精度越高。

→对 3D 模型的分层，经过数字运算得到各层的矢量数据，控制黏结剂喷头的移动轨迹和速度。

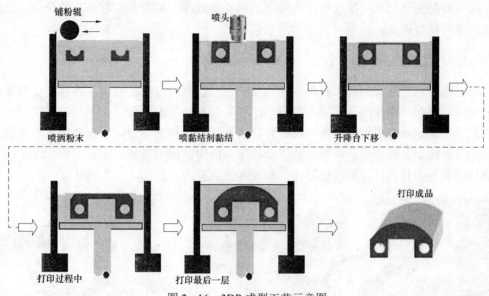

图 2-16　3DP 成型工艺示意图

→通过陶瓷粉末材料输运装置将陶瓷粉末铺在可升降的工作平台上，使用铺粉辊将陶瓷粉末碾压滚平，粉末的厚度是对三维 CAD 模型切片处理中片层的厚度。

→由计算机精确控制喷射头在要打印的三维制品的第一分层按照数字运算给出的路径进行黏结剂扫描喷涂黏结，将陶瓷粉黏结成实体的陶瓷体，没有被扫描到的陶瓷粉末没有任何变化，仅起到支撑黏结层的作用。

→完成上一层的陶瓷材料粉末的黏结成型后，计算机控制工作平台下降一个层高度。

→以后的整个过程是前面成型第一层、第二层的循环重复，就这样一层层地将整个陶瓷零件坯体制做出来。

→打印完成后，取出零件坯体，去除未黏结的粉末，并将这些粉末回收。

→为使零件有足够的机械强度及耐热强度，对陶瓷零件坯体进行后处理。

2. 三维喷涂黏结成型工艺的特点

三维喷涂黏结成型技术使用固态粉末材料分成黏结生成三维零件的技术方法与工艺的主要优点是：成本低；选用成型材料较多；成型速度快；安全性较好；应用范围广。

但该技术也存在一些明显的缺点：因为使用粉状成型材料，导致模型精度较低和三维物件表面较为粗糙；零件易变形甚至出现裂纹；模型强度较低，易碎等。

3. 三维喷涂黏结成型技术对材料的要求、工艺参数

（1）对成型材料和黏结剂的基本性能要求。三维喷涂黏结成型工艺对所使用的粉末材料部分要求：粉末材料颗粒小，大小较均匀；在输运槽路中，流动阻尼小，确保粉末材料的输运槽路保持畅通；熔融状态的黏结剂从喷嘴中喷射冲击时不产生凹坑、溅散；与黏结液作用后固化迅速。

三维喷涂黏结成型工艺对黏结液的基本要求如下：熔融状态均匀稳定，能较长时间的存储不产生化学反应而变质；不腐蚀喷头；黏度低，表面张力高；在喷口处由流质液态凝固的时间基本不会造成喷头堵塞。

（2）部分工艺参数。三维喷涂黏结成型技术主要工艺参数有喷头到粉末层的距离、粉层厚度、喷嘴喷射黏结剂和扫描速度、铺粉辊的移动参数等。模型分层越多，就是分层越薄，三维物件成型精度越高。

### 2.5.2　3DP 技术的应用实例

3DP 三维打印工艺采用粉末材料成型，（如陶瓷、金属、石膏、淀粉以及各种复合粉末等），成型材料通过喷头用黏接剂将零件的截面"印刷"在材料粉末上面。3DP 三维打印工艺的主要应用领域，主要适合成型较小的三维物件，可用于打印概念模型、彩色模型、教学模型和铸造用的石膏原型，在工业、科研、医学、教学领域中的应用较多。

使用陶瓷粉末材料打印发动机缸体的砂模和建筑模型，如图 2-17 所示。

图 2-17　陶瓷粉末材料打印的发动机缸体砂模和建筑模型

3DP 三维打印使用全彩石膏打印的产品也较多，打印材料是石膏基粉末，通过三维打印的产品坚硬，稍脆，但它是可以打印全彩色的材料，打印出来的样品色彩亮丽，栩栩如生。全彩石膏材料的三维打印较多地应用于产品设计、个性化定制、建筑、医疗和教育多个领域。

国内某家 3D 打印创新应用中心使用全彩石膏作为打印材料的 3DP 打印机及打印出的建筑模型，如图 2-18 所示。

图 2-18　全彩石膏 3DP 打印机及打印出的建筑模型

### 2.5.3　熔融材料喷墨三维打印成型

在三维喷涂黏结成型工艺中，使用喷涂黏结剂将一层一层成型粉末材料黏接成型，并一层一层地堆叠，最后完成三维制品，而喷墨式三维打印成型工艺过程不是这样。喷墨式三维打印成型过程是：打印喷头像喷墨式打印机的打印头一样，从喷嘴喷射出的不是黏结液流，而是直接用于成型的热塑性半流质材料，热塑性半流质材料从喷嘴喷射出去后很短的时间就凝固成型，成型方式依然是根据三维 CAD 模型进行分层，使用半流质成型材料一层一层地堆叠成型，许多这样的薄层构造出完整的 3D 打印成品。

喷墨印刷成型打印机多采用两个喷嘴，其中一个喷嘴用于喷射成型堆叠三维制品的热塑性半流质材料，另一个喷嘴用于喷射支撑成型零件的热塑性半流质材料。两个喷嘴被计算机精确控制在平面上协同喷射半流质材料进行打印。两个喷嘴协同完成一个薄层的打印成型后，通过机械平整装置平整薄层上表面，保证设定的截面高度，每个薄层成型后，工作平台下降一个薄层的高度，再进行下个薄层的协同打印，如此循环往复，直到完成整个三维制品。

除了采用两个喷嘴的喷墨印刷成型打印机外，多喷嘴喷射成型为喷墨式三维打印设备的主要成型方式。喷嘴数量越多，打印精度（分辨率）越高，多喷嘴喷射成型喷墨式 3D 打印机的主要结构如图 2-19 所示。

在三维喷涂黏结成型工艺中，使用喷涂黏结剂将一层一层成型粉末材料黏接成型，并一层一层地堆叠，最后完成三维制品。而喷墨式三维打印成型工艺过程不是这样，喷墨式三维打印成型过程是：打印喷头像喷墨式打印机的打印头一样，从喷嘴喷射出的不是黏结液流，而是直接用于成型的热塑性半流质材料，热塑性半流质材料

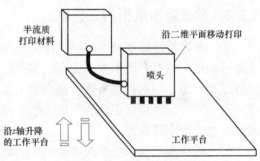

图 2-19　多喷嘴喷射成型喷墨式 3D 打印机结构

从喷嘴喷射出去后很短的时间就凝固成型，成型方式依然是根据三维 CAD 模型进行分层，使用半流质成型材料一层一层地堆叠成型，许多这样的薄层构造出完整的 3D 打印成品。

某型多喷嘴喷射成型喷墨式 3D 打印机在特清晰打印模式中，打印薄层厚为 0.05mm。

## 2.6　激光近净成型

近净成型技术是指零件成型后，仅需少量加工或不再加工，就可用作机械构件的成型技术。通过近净成型的机械构件具有精确的外形，较高的尺寸精度，形位精度和好的表面粗糙度。激光近净成型（Laser Engineering Net Shaping，LENS）是将激光熔覆技术和快速成型技术结合发展起来的一项新技术，也叫 LENS 技术，能够实现多种材料高效、低成本、全致密、近净制造。

### 2.6.1　激光近净成型的原理

激光近净成型技术（LENS 技术）也是一种激光直接沉积技术。该技术是基于离散/堆积原理，通过对被加工零件的三维 CAD 模型进行切片分层处理，将零件的三维形状信息转换成一系列二维轮廓信息，并确定出每一层激光束和材料输运的加工路径，在惰性气体保护环境中，以高能量密度的激光束，熔化金属材料，在基体上形成熔池的同时，将沉积材料（粉末材料或丝材）送入，随着熔池移动实现材料在基体上的沉积，工艺过程如图 2-20 所示。完成一个分层的成型后，接着又开始一个新的分层的成型，直到整个零件的完成。

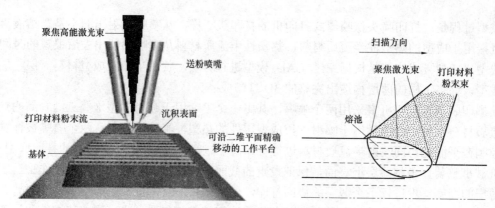

图 2-20　激光近净成型技术原理图

### 2.6.2　激光近净成型的工艺特点

采用激光近净成型技术可以打印出质地致密的金属零件，与传统的使用金属切屑工艺加工零件相比，材料利用率大幅提高，生产周期缩短。LENS 技术可使用多种不同的金属材料进行成型加工，与选择性激光烧结成型工艺相比，该技术的加工效率要高。但是该成型技术中没有采取任何对目标零件的支撑措施，因此要制作成型结构很复杂的 3D 打印制品较为困难，且成型精度降低。

激光近净成型技术成型效率高，可直接成型高性能金属零件，因此在直接制造航空航天、船舶、机械、动力等领域中大型复杂整体构件方面具有突出优势。LENS 技术是无需后处理的金属直接成型方法，可以用该技术制造多种金属材料构件，制造过程金属材料能够快速熔凝。通过高能量密度激光束的聚焦熔融，使金属粉末材料逐层堆积，最终形成复杂形状和质量优良的零件或模具，但制造成本较高。另外该技术可对损伤零件进行快速修复。

## 2.7　电子束熔丝沉积成型和 3D 打印成型技术分类

### 2.7.1　电子束熔丝沉积成型

电子束熔丝沉积技术又称为电子束自由成型制造技术（Electron Beam Freeform Fabrication，EBF3）。电子束熔丝沉积快速成型是一种较晚出现的 3D 快速成型技术，可以用于航空航天、医疗、工业、建筑、教育科研等多个领域和行业。

1. 电子束熔丝沉积成型技术的原理与工艺过程

电子束烧结成型工艺类似于激光烧结成型工艺。与激光光束携带的能量相比，电子束可以携带更大的能量，因此融化金属粉末的速度更快；对于表面反光的零件，电子束更有优势；电子束的能量转换效率高，能源利用率就高。与激光烧结成型技术相同，电子束熔丝沉积成型（EBF3）也能制造出质量很高的三维金属零件。但是 EBF3 工艺过程必须要在真空环境中进行，因为电子束的控制需要在真空环境中进行，与激光烧结成型需要惰性气体保护相比，EBF3 工艺环境要求更高。

EBF3 成型技术原理如图 2-21 所示。

通过电磁线圈对电子束进行聚焦和控制，使其进行偏转，通过对电子加速提高电子束携载的能量，在真空环境中，高能量密度的电子束轰击金属表面形成熔池，金属丝材通过送丝装置送入熔池并熔化，同时按照三维数字 CAD 模型的切片分层，对确定的分层使熔池按照规划的路径移动，金属材料逐层凝固堆积，形成致密的金属凝固体，直到完成三维金属制件的成型，制造出金属零件或毛坯。

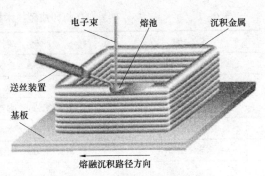

图 2-21　EBF3 成型技术原理

2. 电子束熔丝沉积快速成型的优点

电子束熔丝沉积快速成型技术具有一些独特的优点：

（1）由于电子束输出功率大，生产三维制品的速度快。对于大型金属结构的成型，电子束熔丝沉积成型速度优势十分明显。

（2）电子束熔丝沉积成型在真空环境中进行，能有效避免空气中有害杂质在高温状态下混入金属零件，因此能够加工出质量优良的 3D 金属打印制品。

3. 电子束选区熔化成型

与择性激光烧结成型相类似，也有电子束选区熔化成型技术，该技术的原理如图 2-22 所示。这种技术在真空环境下，电子束在偏转线圈驱动下按三维 CAD 模型切片分层后，在每一个分层平面上按照预先规划的路径扫描设定区域的金属粉末层；完成一个模型分层的扫描后，支撑工件的工作平台下降一层高度，铺粉器重新铺放一层粉末，如此反复进行，层层堆叠烧结直到制造出需要的金属零件。

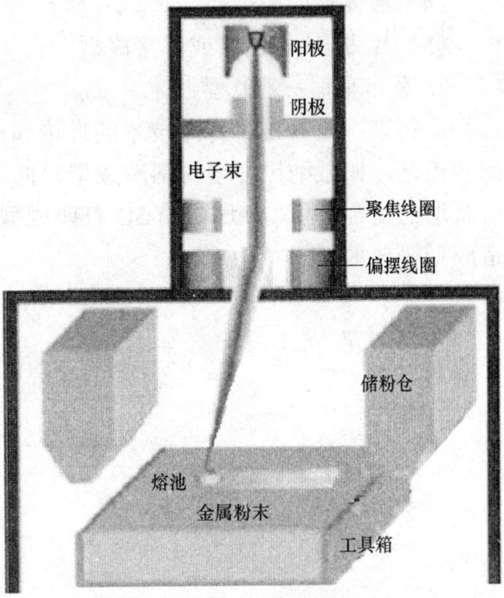

该技术的主要部分优缺点：成型加工空间是真空环境，能避免空气中杂质混入材料；电子束扫描控制依靠电磁场，控制灵活；成型速度快；加工制作的三维物品尺寸精度高；可加工钛合金、镍基合金等材料。

图 2-22　电子束选区熔化成型原理

该成型方法的缺点在于需要在真空环境中使用，比起激光所需要的惰性气体保护，要求更为复杂；电子束枪的使用没有激光器方便。

## 2.7.2　3D 打印成型技术分类

1. 增材制造技术分类

美国材料与试验协会（ASTM）国际标准组织 F42 增材制造技术委员会按照 3D 打印材料的堆积方式，将增材制造技术分为七大类，见表 2-1。

表 2-1                                  3D 打印成型技术按材料堆积方式的分类

| 工艺方法 | 材料 | 用途 |
|---|---|---|
| 容器内光固化 | 光敏聚合物 | 模型制造、零部件直接制造 |
| 材料喷射 | 聚合物 | 模型制造、零部件直接制造 |
| 黏结剂喷射 | 聚合物、砂、陶瓷、金属 | 模型制造 |
| 材料挤压成型 | 聚合物 | 模型制造、零部件直接制造 |
| 粉末床烧结/熔化 | 聚合物、砂、陶瓷、金属 | 模型制造、零部件直接制造 |
| 片层压成型 | 纸、金属、陶瓷 | 模型制造、零部件直接制造 |
| 定向能量沉积 | 金属 | 修复、零部件直接制造 |

根据采用的材料形式和工艺实现方法的不同，目前广泛应用且较为成熟的典型增材制造技术可总结为如下五大类：

（1）粉末/丝状材料高能束烧结或熔化成型。

（2）丝材挤出热熔成型。

（3）液态树脂光固化成型。

（4）液体喷印成型。

（5）片/板/块材黏接或焊接成型。

2. 新出现的一些成型技术

近年来，随着 3D 打印技术的理论和应用越来越深入，又出现和发展了一些新的成型理论和工艺，如微纳尺度增材制造成型、低温沉积制造成型、细胞三维结构增材制造、高效增材制造的复合沉积、金属微滴 3D 打印成型、微电子元件 3D 打印新技术和扩散焊叠层实体制造成型等技术。

# 第3章　3D打印建筑与打印建筑的材料

3D打印建筑是3D打印技术在建筑领域应用的一个分支，是通过3D打印技术生产制造房屋及建筑物。

## 3.1　3D打印建筑在国内外的发展及应用现状

3D打印技术出现在20世纪90年代中期，刚开始更多的是利用光固化和纸层叠等方式实现三维物品的快速成型。3D打印机与普通打印机工作原理基本类似，打印机内装有粉末状金属或塑料、陶瓷粉末状等可黏合材料，通过建立一个目标打印物的三维CAD数学模型，再经过离散化的切片分层，将一个空间三维立体由连续态数学模型转换为离散的数学模型，通过的计算机的控制，打印材料一层又一层的堆叠成型，最终把计算机上的蓝图变成三维立体实物。随着3D打印技术更深入地发展和完善，越来越多的物品都可以由3D打印完成，很自然地，3D打印技术就延伸进入建筑行业，直接使用该技术打印人们居住和应用于各种用途的房屋或建筑。

### 3.1.1　3D打印建筑的起源与国外的应用情况

1. 荷兰建筑师的作品

3D打印建筑出现在世界上仅仅是近几年的事情。2013年1月，荷兰建筑师简加普·鲁基森纳斯（Janjaap Ruijssenaars）与意大利发明家迪尼（Enrico Dini）一同合作，他们计划使用能够打印建筑材料的打印机打印出一些包含砂子和无机黏合剂的6m×9m的建筑框架，然后用纤维强化混凝土进行填充，到完成一幢充满着艺术气息但又确实是一幢真材实料拥有流线型设计的两层现代建筑，如图3-1所示。

图3-1　简加普·鲁基森纳斯设计的3D建筑

鲁基森纳斯设计的建筑颇具特色：建筑的顶棚延伸成为地板，建筑内部延伸成为外墙。该项目使用一种叫D-shape的3D打印机打印主要的建筑部件，然后再用这些部件组装为一个完整的建筑。D-shape 3D打印机是由意大利发明家迪尼设计的，它的主要原料是砂子，利用特制的无机黏结剂将砂子粘成坚固的固体，并形成特定的形状，另外在建筑中使用了钢筋和混凝土，使该建筑更加坚固。

2. 美国奥克兰设计工作室的3D打印建筑物

早在2013年8月，美国加州奥克兰的设计工作室完成了世界上第一个3D打印建筑物，建筑物的长宽均为 3m，高 2.44m，如图 3-2 所示。该建筑由 585 个模块组件构成，所有组件都采用聚乳酸这种生物塑料制成，可以随着时间分解，属于完全绿色环保型的建筑。

图 3-2　世界上第一个 3D 建筑体

美国南加州大学工业与系统工程教授比洛克·霍什内维斯一直在研究一种被称为轮廓的新工艺。这种新工艺能够在很短的时间内建造一幢面积数千平方英尺的建筑。轮廓工艺在工程上的实现是依靠一个巨型的三维挤出机械及配套的机械、电子控制装置还有支持软件进行的。换句话讲，轮廓工艺中使用了一个能够喷出混凝土的大喷嘴。在轮廓工艺系统的大喷嘴上使用齿轮传动装置来为房屋创建基础和墙壁。霍什内维斯认为使用该工艺，不仅造价便宜、建造速度快，而且对环境友好。

3. 迪拜的 3D 打印办公楼

2015 年 6 月，阿联酋的迪拜宣布将利用 3D 打印技术建造全世界第一个办公楼。这栋办公建筑建筑面积为 186m²，室内所用家具都是使用 3D 打印技术建造。施工方将会采用一台近 2m 高的 3D 打印设备，所使用的打印耗材是一种新型建筑材料，融合了混凝土、石膏和塑料。迪拜官员表示，如果采用 3D 打印技术，可以将建筑施工时间和人工成本至少降低一半，另外可以将建筑垃圾减少三成到六成。

图 3-3　迪拜的 3D 打印办公建筑

2016 年 5 月 24 日，全球首座 3D 打印的办公室在阿联酋迪拜国际金融中心落成，如图 3-3 所示。这座 3D 打印的建筑占地面积为 250m²，打印材料为一种特殊的水泥混合物，施工时长仅为 17 天，总造价 1.4 万美元（约合 9.3 万元人民币）。该建筑的各个部件由一台高 6m、长 36m、宽 12m 的巨型 3D 打印机制造。在这样一个全球首创的 3D 打印办公建筑的设计和施工中，中国国内一家公司参与和承担了部分重要的设计和施工工作。需要强调的是，该建筑的内部设施也全由 3D 打印而成。

4. 国外出现的部分 3D 打印建筑设备

荷兰阿姆斯特丹的建筑师们使用了一台 3.5m 高的建筑 3D 打印机来生产塑料材质建筑部件，最后搭建完成一栋由 13 间房间组成的建筑群。法国南特大学的 3D 打印建筑的研究者们使用 3D 打印机能 30h 打印一幢房屋。

国外的研究者使用 3D 建筑打印机打印出占地面积数百平方米的别墅式酒店，打印时间仅仅为 100 个小时。

法国南特大学的研究人员开发了一款 3D 建筑打印机，能够打印出 3m×3m×3m 体量的建筑物，包括所有的墙壁甚至屋顶。打印建造过程仅耗时半个小时左右，如图 3-4 所示。

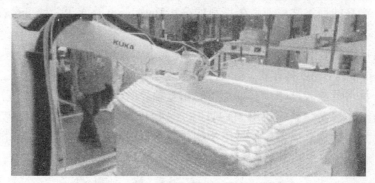

图 3-4    打印包括屋顶和墙壁的房屋

瑞典 Lund 大学一位教授和他的团队开发出了一台可移动的混凝土轮式 3D 打印机，该团队分成两个小组，第一个专门负责 3D 打印机的框架设计、软件和机器人编程；第二个小组则负责设计和制造混凝土打印头。新开发的混凝土 3D 打印机使用了铝质材料，并且集成了一个可去除的底部装置，使得机器在移动过程中更加牢固和安全，混凝土打印头采用 100mm 孔镗削螺旋钻来向打印头输送混凝土。在使用镗削螺旋钻向打印头输送混凝土这种方式，会出现这样的问题：用单一的镗削螺旋钻供给混凝土，螺旋钻向前推进时处于供给状态，螺旋钻向后退进时则处于停止供给混凝土的状态，因此要使用两个螺旋钻轮流工作，一个螺旋钻处于后退状态时，另一个螺旋钻处与前进供给状态。

5. 国外对 3D 打印建筑的研发

国外对 3D 打印建筑的研究开发工作一直以来如火如荼地进行着。其中由美国海军研究实验室（ONR）和国家自然科学基金（NSF）轮廓设计组资助的一家公司研究利用混凝土为原料"打印"出建筑。项目负责人介绍说：利用混凝土打印机可以在一天之内造出一座 2500ft（约合 232m²）的建筑。这对军队来说意义重大，意味着士兵们可以在基础设施缺乏的偏远地区迅速拥有永久性的建筑，只需要战斗工程部队利用 C-17 等运输机将建筑打印机和混凝土材料运送到位，建筑就可以很快建成。

荷兰埃因霍温技术大学新近开发出了一款新型的混凝土 3D 打印机，不但有着很高的打印精度，而且有着 11m×5m×4m 的较大的构建空间。该设备是由荷兰 ROHACO 公司开发研制的，目前已经投入了实际使用。

麻省理工学院实验室正在研发大型 3D 打印机打印建筑物。通过移动打印的新方法进行，让小型机器人代替大型设备的试验。该实验室开发的机器人可以挤出一种快速固化的双层混凝土材料来建造结构墙体和保温层。这种技术比传统的建筑施工法可以节约大量的成本和建造速度,同时可以在打印过程中直接集成一些建筑设施,比如电线和水管等。

全球最大的建筑开发商之一 Skanska 公司和英国一所大学合作开发、制造一种 3D 混凝土打印机。

西班牙巴塞罗那工程师制造了一系列 Minibuilders 机器人,体型小,可进入到狭小的墙缝空间里进行作业。通过分工合作,可以实现共同目标。只要材料足够,想打印多大的建筑都可以。

Branch Technology 来自田纳西州 Chattanooga 的一家创业公司开发了能够打印大型建筑的自由式 3D 打印机,并成功地打印出大尺寸建筑墙体。

位于巴尔干半岛的斯洛文尼亚克尔斯科的公司 BetAbram 公布了 3 款可进行 3D 打印房子的新型打印机并开始进入商业应用。

2015 年 10 月份在莫斯科举办的 3D 打印世博会上,俄罗斯 Spetsavia 公司将展示其独特的 3D 打印建筑技术以及 3D 打印机。Spetsavia 公司称该系统可以安装在建筑工地上,并且能够一次打印出一栋房屋或者打印一系列更小的相互独立的建筑构件,然后将它们组合成最终结构。Spetsavia 公司表示,其建筑用 3D 打印机最大打印体积高达 12m³,非常适合中小企业在建筑中使用。迄今为止,该系统已被用于创建景观设计应用的较小对象,比如打印单个的建筑砌块,打造诸如凉亭、凉廊、避暑别墅或车库上的整体设计元素等。

### 3.1.2  3D 打印建筑在国内的发展和应用现状

1. 盈创 3D 打印建筑公司的研究开发及产业化应用

说起 3D 打印建筑在国内的发展和应用情况,必须要说的是盈创建筑科技公司。该公司在国内的 3D 打印建筑研究和开发工作是走在行业前列的。

盈创 3D 打印建筑公司诞生于 2002 年,专注于将 3D 打印技术用于传统建筑领域。2015年初,在苏州举行的盈创 3D 打印新绿色建筑全球发布会上,该公司向公众开放和展示了一套 3D 打印的别墅以及 3D 打印的一幢五层楼的楼房,如图 3-5 所示。

图 3-5  一幢 3D 打印别墅和五层楼房

　　这幢别墅由 3D 建筑打印机打印了许多模块构件，然后再经装配完成，打印以上两座建筑所使用的 3D 打印机高达 6.6m，整个设备及框架宽 10m、长 32m，原理与一般的 3D 打印机基本相同，打印材料是高标号水泥和玻璃纤维的混合物，而这种特殊的建筑材料还可回收利用，绿色环保性好。

　　国内某大型建筑公司在西安也建造了一套由 3D 模块新材料搭建的二层别墅，建造方在 3h 完成了别墅的搭建，别墅外观如图 3-6 所示。盖别墅内有独立的客厅、卧室、厨房、卫生间等不同的房间，要强调的是：这幢别墅主要是采用了 3D 打印方式制作出来的，但较多的是首先打印了许多不同的房屋模块组件，然后将这些模块组件运输到施工现场拼接安装，完成整个二层别墅的制作，耗时很短。

图 3-6　一幢通过 3D 打印模块组装成的二层别墅

　　盈创公司 3D 打印建筑房屋的墙壁在经久耐用性上不亚于砖混结构房屋，如图 3-7 所示。

图 3-7　3D 打印建筑的墙壁经久耐用性

　　盈创公司使用 3D 打印建筑技术还快捷方便地打印出了苏州园林风格的中式别墅，如图 3-8 所示。业内人士知道，使用传统的工艺技术方法制造苏州园林风格建筑的成本越来越高，而 3D 打印建筑能很好地解决这个问题。

　　与普通建筑的墙体不同，这两幢园林中式别墅的墙体呈现出年轮蛋糕般的螺纹结构，用手指敲敲墙体，可以听到空空的声音。使用 3D 打印的墙体强度比普通水泥墙的强度高，而且是中空的，可以填充很多保温材料。

图 3-8　3D 打印苏州园林风格的中式别墅

由于 3D 打印建筑使用自动化的方法，程序性的控制，工厂化的生产方法，建造房屋的速度较传统建筑工艺要快很多，尤其是在建造小型建筑方面，从基础到墙体，再到房屋封顶，都可以快速地批量化加工生产，盈创公司快速建造小型房屋时首先建造房屋地基的情况如图 3-9 所示。

图 3-9　3D 打印小型房屋的基础部分

2. 华商陆海科技公司的 3D 混凝土建筑打印

3D 打印的建筑完全能够保证和传统工艺建造的房子一样牢固结实，北京华商陆海科技有限公司在国内的 3D 打印建筑领域也崭露头角。该公司通过自己独立自主开发的 3D 建筑打印机，该设备长 20m，宽和高均为 6m，配有可移动的巨型喷头（打印头），用 45 天的时间，现场打印出 400m² 的双层别墅，打印过程中几乎没有人力介入，只需技术专家监督建造过程。据称该建筑物的抗震性能能够达到较高的级别。图 3-10 给出了这幢别墅在打印过程中的情况。

这栋别墅在打印建造的方法上采用整体打印，相当多的 3D 打印房屋是通过各部分单独打印然后再拼装成成品房的，3D 打印建筑的工艺多种多样，建造房屋的工艺路线也多种多样。

图 3-10　一幢别墅在打印建造过程中

　　华商陆海科技公司 3D 打印建造的别墅共两层，每层楼高 3m，所有的墙体厚 250mm，约 20t 的 C30 级混凝土作为墙壁和地基的材料，建筑的基础和墙体坚固结实，其性能不逊色于传统工艺建造的同类别墅。别墅的基础如图 3-11 所示。

　　华商陆海科技公司使用具有自主知识产权的 3D 打印房屋成套设备打印出的别墅所用原料就是用当前建筑工地普通标号的混凝土，墙体楼层板都是按规范要求用钢筋绑扎，能有效地保证抗拉、抗压、抗震、抗剪切的建筑强度。成套设备可以打印一般的民用平房、别墅和高层建筑，在打印施工当中越是结构复杂，越能

图 3-11　别墅的基础

发挥它的优势，3D 打印机直接浇筑成型技术，取消了模板工序，降低工程造价成本，用机械施工代替人工，缩短施工工期，加快施工速度。

　　别墅的墙体和成品如图 3-12 所示。别墅所用的 3D 打印建筑设备结合了四个独立的系统，电子配料配系统、混凝土搅拌系统、传输系统和 3D 打印系统。打印制造工艺中使用了

图 3-12　别墅的墙体和成品

普通的混凝土材料及普通钢筋作为建造材料；浇筑混凝土没有添加任何的添加剂；材料也不需要特别定制，用户可以直接使用本地生产的水泥，可以降低材料的运输成本。

打印这幢别墅按照传统建筑方式的话起码需要三个月的时间来建造，但是通过 3D 打印仅仅需要 45 天。用户通过软件设计很容易地设计一些非常复杂的外墙装饰和结构并加以实施，从而能大幅降低使用传统建筑技术建造不能避免的高成本。

这套 3D 打印房屋设备专门按照传统建筑要求进行设计，打印出来的墙体符合现有的国家的规范和标准。

3D 打印建筑的工艺过程中，业主首先要为施工方提供建筑图纸，施工企业将纸质的建筑图纸处理成数字三维 CAD 模型，按照通常 3D 打印机打印其他三维物品的方法将数字化的 CAD 模型切片分层，使用稀释状的水泥一层一层地叠加累积，直到打出房屋成品。根据数字化的模型可以在工厂将要打印打建筑的模块、组件打印好，然后运到现场拼装。另外，也可以在现场直接打印，效率高。

3D 打印建筑建造的房子完全能够满足安全的要求。因为 3D 打印建筑并没有改变建筑材料本质，使用的还是混凝土，但是混凝土的品质要更高。盈创公司在混凝土里加入很多的纤维，安全性、耐久性很好，而且按照国家现有规范进行打印。

3D 打印建筑中的墙体多数可成型为空心墙体，空心墙体可以大幅度减轻建筑本身的重量，还能在空心墙体中填充保温材料，使之成为自保温墙体，夏季自保温墙体可以隔热降低室内温度，冬季可以保温，较好地阻隔室内热能通过外墙散逸出去，产生较好的节能效果，同时通过 3D 打印建筑中高质量的承重结构保证打印房屋的质量。

3. 国内企业的 3D 打印建筑开发应用

国内目前从事 3D 打印建筑的企业数量不多，除了盈创、卓达、华商陆海做的各具特色以外，许多从事轻钢结构房屋、钢结构房屋、集成模块化房屋建造的企业也开始越来越多地介入到 3D 打印建筑的开发工作中来。

2014 年 6 月 19 日，世界 3D 打印技术产业大会暨世界 3D 打印技术博览会在青岛开幕。博览会上，青岛尤尼科技有限公司自主研发的世界最大 3D 建筑打印机，打印机上的巨大打印头（打印喷口）如图 3-13 所示。

图 3-13　尤尼科技研发的大型 3D 建筑打印机的打印头

## 3.2　3D 打印建筑技术

### 3.2.1　3D 打印建筑的内容

3D 打印建筑技术包括的内容较为丰富：3D 打印建筑的硬件技术；3D 打印建筑的软件控制技术；直接使用大型 3D 打印机打印成套房屋的应用模式；使用多台中小型 3D 打印机各自分工地打印成套房屋结构的各个不同部分，通过组装方式完成完整的房屋成品；和钢结构结合的打印房屋模块构件的应用模式；和集成模块化建房结合的打印房屋模块构件的应用模式；和传统建房结合的打印房屋模块构件的应用模式；3D 打印建筑中的模具开发技术；新型 3D 打印建筑材料技术等。

### 3.2.2　3D 打印建筑设备及原理

1. 3D 打印建筑设备

3D 打印建筑设备就是 3D 建筑打印机。说起 3D 打印建筑，对此有了一些概念的读者会马上想起这样一个场景：一台巨大的 3D 打印机耸立在施工现场的工地上，机器上有一个很大的打印头，这个打印头是一个喷吐打印材料的一个挤出机构，换句话讲，打印建筑材料就像通常所说 3D 打印机进行打印作品的油墨，现场必须有一台计算机作为控制中心通过程序对现场的建筑打印过程进行精细的控制，当然除了计算机作为一个控制核心设备以外，使用微处理器也能实现控制的目的。

现场使用的打印机可能外观上看似不同，其实基本结构是相同的，一个 3D 打印建筑的设备及配套装置如图 3-14 所示，另一个 3D 打印建筑的类似结构如图 3-15 所示。从两个图中看到，现场打印建筑的装置结构组成是很类似的。

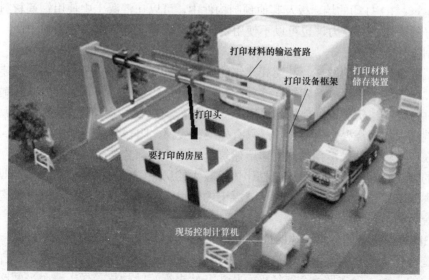

图 3-14　现场 3D 打印建筑的设备配套装置

图 3-15　现场 3D 打印建筑装置的类似结构

### 2. 3D 打印建筑的原理

3D 打印建筑是通过 3D 打印技术生产制造房屋及建筑物，3D 打印建筑设备中有一个较大的供给和挤出半流质打印材料的喷头，也叫打印头。3D 打印建筑设备喷头将半流质的建筑材料一层一层地打印喷涂在一定的轨迹路径上。半流质打印材料可以是不同材质的混合材料，也可以是特殊混凝土，普通混凝土也常用作打印材料，盈创公司的 3D 打印建筑较多地使用了"混凝土加玻璃纤维"混合材料。

如果使用混凝土材料打印房屋建筑，一般情况下首先对要打印的建筑进行模块化设计，然后用 3D 打印机将房屋的模块构件打印制造出来，再运输到施工现场进行拼装，装配成一幢完整的建筑。3D 打印的墙、板及其他预制构件中，可以在混凝土中使用钢筋材料，使成品建筑有很好的受压抗拉能力，也可以不使用钢筋材料，前者是有配筋的预制构件，后者是无配筋的预制构件。

随着现代建筑技术的发展，装配式建筑的应用也越来越广泛和深入，装配式建筑是指用预制的构件在工地装配而成的建筑。这种建筑的优点是建造速度快，受气候条件制约小，节约劳动力并可提高建筑质量。全装配式建筑结构的梁、柱、剪力墙都是现浇，作为承重结构；楼板为预制楼板加现浇叠合层半预制；只有外墙、楼梯、阳台为全预制构件。

而现在应用较多的是半预制结构建造建筑，这是一种部分装配式结构。

现有的 3D 打印建筑设备系统要打印体量较大的房屋，采用框架结构居多，即整个设备有一个较大的支架结构，将喷头、输运混凝土的管道、能够进行三维移动的机械构架等不同的部分结合为一个整体。

使用 3D 打印机打印建筑墙体的过程是：3D 打印建筑设备打印头不间断地向一个平面上的特定轨迹路径上喷吐半流质的建筑材料，打印头完成一个封闭路径的扫描后，打印头要抬起一个设定的高度，确定另一个路径平面从头开始进行喷吐扫描，像上一个平面路径的扫描一样，打印头又开始新一轮的平面路径喷吐扫描，不过这里的扫描路径可能和上一个平面路径相同，也可能不同。

打印头在一个平面按给定轨迹路径扫描喷涂半流质材料，叠加堆积出墙体的一个层，接着打印头升高一个高度。在另一个平面上扫描喷涂半流质材料，再叠加堆积出墙体的另外一个层，如此循环直到打印完成一段墙体。整个房屋墙体就是用这种方式一层一层地叠加堆积而成。

一台 3D 建筑打印机打印一幢房屋的过程如图 3-16 所示。

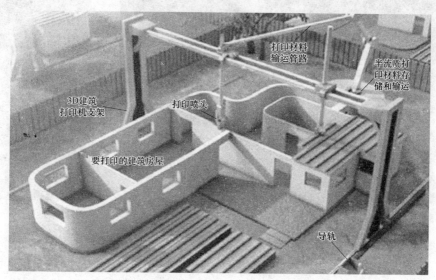

图 3-16　一个 3D 建筑打印机正在打印一幢房屋的过程

3. 3D 打印建筑过程中打印头的扫描方式

在打印建筑的过程中，如果建筑物的截面由多个不同的部分组成，打印头在平面上的扫描喷涂是按照不同的轨迹路径分别完成的，这种同平面多路径扫描喷涂的情况如图 3-17 所示。或者由于建筑面积较大，为便于打印施工要对建筑进行分割，分成几个或若干个不同的部分，一个一个地打印，然后再进行拼接组装。

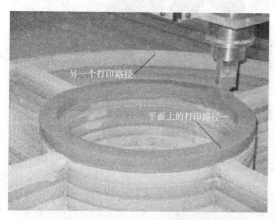

图 3-17　打印头的同平面多路径扫描喷涂

如果被打印的建筑截面只有一个封闭的轨迹路径，打印头在给定的平面上仅仅完成一个封闭的路径扫描喷涂就可以了,这种情况如图 3-18 所示。

打印过程中打印头喷吐混凝土的扫描轨迹可以是一个封闭的图形,扫描轨迹上打印头移动速率与打印头喷口的半流质材料的喷吐速度有关,关于这方面的控制可由控制程序很方便地确定。也可以是几段相接的折线为扫描轨迹,直到完成一层的混凝土材料的叠加堆积,如图 3-19 所示。

图 3-18　打印头在平面内的一个封闭轨迹路径扫描喷涂　　　　图 3-19　打印一段墙体

4. 墙体和建筑构件打印建造的工艺

目前,3D 打印建筑中墙体和建筑预制构件的打印建造工艺有若干种,这里仅介绍轮廓构筑打印和黏结沉淀成型两种。还有几种 3D 打印建筑的成型工艺在后续章节中介绍。

(1)轮廓构筑打印。轮廓构筑打印又分为平行多打印头打印,单打印头打印和单打印头圆喷嘴打印。

1)平行多打印头打印情况如图 3-20 所示。

图 3-20　平行多打印头打印

图中的外轮廓打印头还加装了能够对半流质混凝土外形刮平的抹刀。

2)单打印头打印带内外侧抹刀的情况如图 3-21 所示。

3)单打印头圆形喷嘴无侧抹刀的打印如图 3-22 所示。这种打印方式依靠打印材料自身的可塑性和流动性成型。

轮廓构筑打印中的成型轮廓,完全可以起到现浇混凝土模板的作用,成型轮廓打印完毕后,可以在空腔中配筋并浇灌混凝土。

图 3-21　单打印头带内外侧抹刀的打印　　　　图 3-22　单打印头圆形喷嘴的打印

（2）黏结沉淀成型。黏结沉淀成型工艺过程是：对建筑房屋或建筑构件的三维 CAD 模型进行切片分层，在平整的砂石层上，按照 CAD 模型在这个砂石层平面上确定的打印头运动轨迹喷涂黏结胶水，将打印轨迹上的砂石凝结为整体，一层打印完毕后，接着敷设下一层砂石，又确定一个打印平面，打印头继续在该层平面的打印轨迹上喷涂黏结胶水，使这一层的砂石凝结成型，一直将要打印的建筑墙体或建筑构件完成打印，清除没有和凝结胶水的砂石。

如上所述 3D 打印建筑的工艺不仅适合打印墙体，而且也适用于打印建筑预制构件。

5. 房屋门窗的处理

房屋的门窗一般多由其他材质组成，如木质门、复合材质的门、铁质材料门、木质窗户、钢窗、PVC 塑料窗等，但建造房屋时，必须要为安装门窗预留门窗孔洞，3D 建筑打印机打印房屋，包括预留这些门窗孔洞，这就要在三维 CAD 模型中准确地加入这些门、窗的数据信息，控制程序将控制喷头喷吐半流质材料时，预留出这些门窗孔洞，如图 3-23 所示。

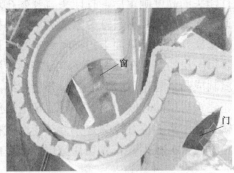

图 3-23　打印房屋时预留门窗孔洞

在预留的门窗孔洞位置处，还要设置一些城中的结构，如在安装窗户的预留孔洞的墙体中放入承重钢板，支撑后续工程中的窗户安装，如图 3-24 所示。

6. 空心墙体的保温材料填充和打印材料的一些特点

3D 打印房屋使用的"水泥"是快速成型的可黏结材料，它可由砂浆、特制水泥与玻璃纤维等材料组合而成。打印材料是经过特殊玻璃纤维强化处理的混凝土材料，也可以就使用普通混凝土材料，还可以使用多种不同的新型复合材料，但强度和使用年限必须要满足一定的要求。

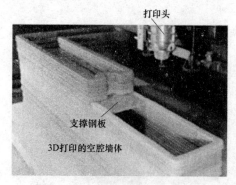

图 3-24　放入钢板支持窗台打印

很多情况下，3D 打印的房屋中包括部分空心墙体，空心墙体能够大大减轻了建筑本身重量，还可以按照设计要求填充保温材料，并可任意设计墙体结构。建筑节能的理念体现在 3D 打印的房屋中，就是有很好的保温性，因此在空心墙体中填充多种不同的能较好的保温材料是 3D 打印房屋进行设计、施工中要注意的问题。使用环保材料、保温材料，可以使墙体更坚固，更环保，且保温系数更高，同时满足建筑房屋强度要求。

3D 打印混凝土与传统混凝土有所不同，但要满足快速成型的要求，即从打印喷头出来后快速凝结而不向周围流淌，又要满足层层混凝土之间的紧密连接，而不至于产生冷缝，3D 打印混凝土构件或建筑才是浑然一体的。此外，还要满足混凝土在管道内和喷头内自由流动而不堵塞管道和喷头。3D 打印混凝土与传统混凝土有所不同，其原材料和质量要求也不一样。

### 3.2.3　打印头喷嘴的位置控制方式和喷头的流量控制

1. 打印头喷嘴的位置控制方式

3D 建筑打印机喷头可以安装在导轨、机器人臂式结构和移动车辆上，于是就有导轨式打印头、机器人臂式打印头和车载式打印头。

（1）导轨式打印头的位置控制。几种不同结构的导轨式打印头如图 3-25 所示。

导轨式打印头的工作方式：打印头空间位置的控制通过三个变量进行，$z$ 轴方向的控制就是高度的控制是控制打印头的升降，$xOy$ 平面的二维控制是通过两个方向的导轨进行控制的。当打印头的高度确定后，打印头就开始在这个高度的平面上进行扫描喷吐半流质材料打印了，该平面的半流质材料堆叠累加完毕后，打印头升高一个高度，又确定一个新的平面，打印头又重新开始在新平面上扫描喷涂半流质材料打印新的一层，一直到完成整个房屋制成品为止。每一层的厚度在控制程序中设定，分层精细，打印的房屋制成品就越精致，分层越粗，房屋制成品就越粗放。要注意：分层越细，打印时间越长；分层较厚，打印速度快。因此在打印建筑房屋的时候，模型分层适度是很重要的。

导轨式打印头的位置控制是一个三变量控制，三个变量分别为 $x, y, z$，通过被打印建筑房屋的三维 CAD 模型，首先切片分层，即完成一个房屋实体的打印需要分成多少层，确定一个层高向量：$z = \begin{bmatrix} z_1 \\ z_2 \\ \vdots \\ z_n \end{bmatrix}$，打印头的升降控制就是高度控制，高度变量就是 $z$ 变量，其中

$z_2 - z_1 = z_3 - z_2 = \cdots = z_n - z_{n-1}$，当然控制方式完全可以根据实际工程需求确定，也可以是变层高的切片分层。

打印头在首层时，$z = z_1$，打印头在 $z = z_1$ 平面上按照三维 CAD 模型给出的平面轨迹路径 $f(x,y)_{z=z_1} = 0$ 进行扫描喷涂半流质材料，打印头在第二层时，$z = z_2$，打印头在 $z = z_2$ 平面上

图 3-25　几种不同结构的导轨式打印头

按照三维 CAD 模型给出的平面轨迹 $f(x, y)_{z=z_2} = 0$ 进行扫描喷涂半流质材料，以后的过程是类同的，直到完成整个打印过程。

（2）机器人臂式打印头位置控制。一个有着机器人臂式打印头的 3D 建筑打印机如图 3-26 所示，这种结构的打印头由于没有导轨约束，控制复杂程度较高，在打印的过程中，打印头在三维空间中走过的路径是一条空间曲线 $x = [x_1(t), x_2(t), x_3(t)]$，这里的 $x$ 是一个向量变量，$x_1(t)$ 相当于 $x$ 变量，$x_2(t)$ 相当于 $y$ 变量，$x_3(t)$ 相当于 $z$ 变量。这里的 $z$ 变量是高度变量，$x$、$y$ 变量是平面控制变量。

机器人臂式打印头的空间位置控制也是首先根据要打印建筑的三维 CAD 模型确定一个

高度控制序列 $z = \begin{bmatrix} z_1 \\ z_2 \\ \vdots \\ z_n \end{bmatrix}$，在不同的 $z_i$（$i = 1, 2, \cdots, n$）值下，确定不同的平面轨迹路径

$f(x, y)_{z=z_i} = 0$，打印头在不同的高度上沿 $f(x, y)_{z=z_i} = 0$，扫描喷吐半流质打印材料或混凝土材料。

图 3-26　机器人臂式打印头在打印较简单的三维建筑实体

一个有着机器人臂式打印头的 3D 建筑打印机在打印一个具有较复杂结构的三维建筑，如图 3-27 所示。

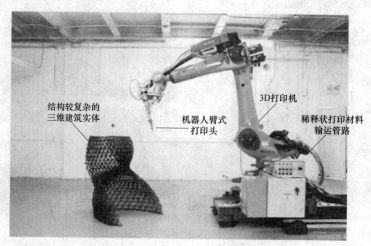

图 3-27　打印一个复杂的建筑结构

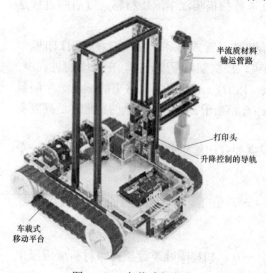

图 3-28　车载式打印头

（3）车载式打印头的位置控制。一个 3D 建筑打印机处于车载方式，如图 3-28 所示。车载式打印头的承载平台是一个可以移动的车辆。车载式打印头不适合打印大型建筑房屋，适合打印一些小型的建筑构件，其打印头的控制方式与导轨式打印头的控制方式基本相同。

2. 打印头喷嘴的流量控制

3D 建筑打印机打印过程中，打印头沿特定轨迹路径用一定的速度移动，同时喷吐半流质的打印材料，喷嘴喷吐半流质材料的速度即流量的大小与打印头移动速度、打印建筑构件的宽度大小、打印层的厚度有紧密的关系。打印头移动速度越快，要求打印头喷嘴流量越大，能够提供的半流质材料越多；被加工制作的建筑构件宽度越大，要求打印头喷嘴流量越大；打印层的厚度越厚，也要求打印头喷嘴流量越大。在打印头喷嘴流量的控制中，一般情况下流量大小和打印头移动速度、建筑构件的宽度以及打印层的厚度不一定就是线性控制关系，在具体的 3D 打印建筑系统中，打印头喷嘴流量和上述几个变量的控制函数关系需要通过计算、建模才能得到。有了这样的控制关系，才能转换成控制程序用于实际过程控制。

3D 建筑打印设备系统中，由电动机拖动的输运泵负责半流质打印材料的输运，打印头喷嘴流量可使用多种不同的控制方法：① 计算机或微处理器控制定速拖动的电动机起动或停止来控制喷嘴半流质材料的流量；② 计算机或微处理器控制一台变频器的交流电源输出频率来控制材料输运装置中的电动机转速，从而控制喷嘴半流质材料的流量；也可以通过计算机或微处理器来控制螺旋挤压装置（镗削螺旋钻来向打印头输送混凝土）来控制喷嘴半流质材料的流量等。

## 3.3　打印建筑的材料

### 3.3.1　打印建筑使用材料的要求

1. 打印建筑使用材料的要求

赢创公司打印的多幢建筑使用了玻璃纤维增强混凝土，其特点是抗拉、抗弯和抗裂强度比普通混凝土的高，韧性和抗冲击性能也比普通混凝土有所提高，我们将这种添加了玻璃纤维的增强型混凝土称为玻璃纤维混凝土。玻璃纤维混凝土可较多地适用于建筑外墙板、顶棚、隔墙板等非承重构件。

作为数字化建筑的 3D 打印建筑对打印材料有如下基本要求：

（1）成本适宜和较好的打印性能。由于建筑房屋体量很大，使用的打印材料和黏结材料价格不能太高，否则建筑成本无法接受。这是 3D 打印建筑使用材料的一个基本条件，如果仅仅打印一个或若干个小型展出型建筑，可以接受成本较高的打印材料和黏结材料，但用于推出供销售的可居住建筑房屋，就必须满足这个条件。当然既要保证材料价格适宜，同时又要保证打印建造的房屋及建筑构件具有坚固耐用、强度及优良的性能。

（2）有较大流量的输运供给。在打印较大体量的建筑房屋时，使用的半流质打印材料必须能够满足有较大流量的输运供给，否则打印速度过低，无法实现较大体量建筑正常的建造生产。

（3）使用掺杂混凝土打印建筑需要满足的条件。使用混凝土打印建造房屋的情况非常多，而且是一种主流应用的情况，但使用的混凝土有较特殊的混凝土，如掺有玻璃纤维的混凝土即玻璃纤维混凝土，还有普通混凝土。将掺有其他辅料成分的混凝土称为掺杂混凝土。

使用掺杂混凝土打印建筑时，由于不使用模板，并且要满足快速成型的要求，即从打印喷头出来后快速凝结而不是无序地向周围流淌；又要满足层层混凝土之间的紧密连接，而不至于产生冷缝，这样建造的建筑及混凝土构件才是浑然一体的。此外还要满足混凝土在管道内和喷头内自由流动而不堵塞管道和喷头。

2. 关于混凝土

混凝土是指由胶凝材料将骨料胶结成整体的工程复合材料的统称。通常讲的混凝土是指

图 3-29  运输商混凝土的搅拌车

用水泥作胶凝材料，砂、石作为骨料与水（可含外加剂和掺合料）按一定比例配合，经搅拌而得的水泥混凝土，也称普通混凝土，它广泛应用于土木工程。在很多场所都能看到运输商混凝土用的搅拌车，如图 3-29 所示。

混凝土的分类情况如下：

按表观密度分为重混凝土、普通混凝土、轻质混凝土。轻质混凝土又分为轻集料混凝土、多空混凝土（泡沫混凝土、加气混凝土）、大孔混凝土（普通大孔混凝土、轻骨料大孔混凝土）。

按使用功能分为结构混凝土、保温混凝土、装饰混凝土、防水混凝土、耐火混凝土、水工混凝土、海工混凝土、道路混凝土、防辐射混凝土等。

按施工工艺分为离心混凝土、真空混凝土、灌浆混凝土、喷射混凝土、碾压混凝土、挤压混凝土、泵送混凝土等。

按配筋方式分为素（即无筋）混凝土、钢筋混凝土、钢丝网水泥、纤维混凝土、预应力混凝土等。其中一些混凝土适用于 3D 打印建筑，如泵送混凝土、纤维混凝土等。

按拌合物分为干硬性混凝土、半干硬性混凝土、塑性混凝土、流动性混凝土、高流动性混凝土和流态混凝土等。

混凝土按掺和料分为粉煤灰混凝土、硅灰混凝土、矿渣混凝土和纤维混凝土等。

在 3D 打印建筑房屋的过程中，常常要使用高强度混凝土材料，对于配兑高强度混凝土时，要选好原材料及配合比，具体地讲要进行以下几个方面的配兑：水灰比的确定、集料用量、用水量、水泥用量、试拌调整、配合比的确定等。

3. 可以使用哪些打印材料来打印房屋

在 3D 打印建筑中可以使用多种不同的材料，有玻璃纤维混凝土材料、玻璃纤维加强石膏板、再造石材料、混凝土材料等。

（1）盈创公司使用的建筑打印材料。在国内的 3D 打印建筑领域做了许多开创性工作的盈创公司已经成功生产制作了一些 3D 打印建筑的制成品，该公司主要使用了特殊玻璃纤维增强水泥、玻璃纤维加强石膏板、特殊纤维复合材料（FRP）、盈恒石材料。

（2）适合用于 3D 打印建筑的一些结合辅料的复合混凝土。材料组成中有特殊用途辅料加入的复合混凝土，如纤维混凝土、泡沫混凝土、轻骨料混凝土、水泥—树脂基混凝土、聚合物混凝土、水玻璃混凝土等种类的混凝土，将会得到更大规模的应用，甚至可能出现新型材料混凝土。

我们把具有以上性质适合打印建筑房屋的复合混凝土称为 3D 打印混凝土。

3D 打印混凝土可以使用的胶凝材料也较多，水泥、树脂、水玻璃、石膏、地聚合物等都是很好的 3D 打印混凝土胶凝材料，其中聚合物加入混凝土后使混凝土能够加快硬化和凝固，是 3D 打印混凝土一种很好的配兑材料。地聚合物是一种由 $AlO_4$ 和 $SiO_4$ 四面体结构单元组成三维立体网状结构的无机聚合物，属于非金属材料。这种材料具有优良的力学性能和耐酸碱、耐火、耐高温的性能，有取代普通硅酸盐水泥的可能和可利用矿物废物和建筑垃圾作为原料的特点，在建筑材料、高强材料应用较多。在混凝土中加入这种材料可加快混凝土的硬化快凝。

（3）"砂子＋无机黏合剂"和玻璃材料。可以直接使用砂子和无机黏合剂作为 3D 打印建筑材料，为了强化结构的坚固程度，还可以考虑使用纤维强化混凝土进行填充。使用"砂子＋无机黏合剂"打印建筑及建筑构件已经成为现实。

另外还可以使用玻璃作为打印建筑的打印材料，研究开发人员已经在实验室里完成了这样的打印工作。

### 3.3.2　几种新开发的 3D 建筑打印材料

1. 特殊玻璃纤维增强水泥 SRC

俄罗斯国家科学院玻璃研究所的科学家们研制出一种高强度的水泥。在用它修筑大型建筑物时，不用加钢筋，即可达到钢筋混凝土般的坚固程度。在这种新型水泥中掺有一种特殊的玻璃纤维，故称这种水泥为特殊玻璃纤维增强水泥。赢创公司对 SRC 材料在材料配兑上做了改进。

SRC 材料主要应用在室内外异形装饰构件。其特点是使用纤维技术，强度高；使用 3D 打印，轻松实现复杂设计。使用了新的原材料配方，品质高，耐久性强。

系统规避传统 GRC 缺陷。这里的 GRC 材料是指玻璃纤维增强水泥制品，是由抗碱玻璃纤维与低碱度水泥组成的一种水硬性的新型复合材料，其主要特点是高强、抗裂、耐火、韧性好、不怕冻、易成型，可制作成薄壁、高强、形状复杂的各种建筑构件和制品。

盈创公司在国内多项工程中已经使用改进的 SRC 材料，其中在上海虹桥协信中心建筑中使用了 SRC 构件，如图 3-30 所示。

2. 特殊玻璃纤维增强石膏板（GRG）

GRG 是玻璃纤维加强石膏板，它是一种特殊装饰改良纤维石膏装饰材料，造型的随意性使其成为要求个性化的建筑师的首选，它独特的材料构成方式足以抵御外部环境造成的破损、变形和开裂。

此种材料可制成各种平面板、各种功能型产品及各种艺术造型。材质性能优良，表现在

图 3-30　建筑中使用了 SRC 构件

强度高、质量轻、GRG 产品的弯曲强度、拉伸强度值都较高，能满足大板块吊顶分割需求的同时，减轻主体重量及构件负荷。

GRG 材料制作的建筑构件烤漆效果及仿实木效果如图 3-31 所示。

图 3-31　GRG 建筑构件烤漆及仿木效果

赢创公司开发的 GRG 产品最薄可做到 3.2mm，重量轻；成本低，通过加入纤维实现材料强度大幅提高的目的。采用脱硫石膏、柠檬酸石膏等工业废料作为原材料，能较好地使用在 3D 打印建筑的美化装饰中。

3. 特殊纤维复合材料（FRP）

像传统建筑一样，3D 打印的建筑内也要放置数量较多的家具等物品。3D 打印建筑其内涵也包括室内家具的打印，通过 3D 打印的家具，实用性强，并具有独特的风格，尤其是制作艺术家具方面优势较大，品质高，耐久性强。

使用特殊纤维复合材料（FRP）打印出的造型颇具特色的艺术家具如图 3-32 所示。

图 3-32　使用 FRP 打印出的造型颇具特色的艺术家具

4. 盈恒石材料

仿天然的盈恒石材料，用于室内外墙面，原材料取材于矿山尾矿、建筑垃圾，具有成本低，节省资源，无辐射，一级防火，抗弯、抗拉强度高于天然石材数倍的优点，已经应用于国内的部分工程中。3D 打印盈恒石构件用于精美建筑中，如图 3-33 所示。

图 3-33　3D 打印盈恒石构件用于精美建筑中

### 3.3.3　再造石材料

国内有一位艺术家发明创造了一种新型再造石装饰艺术品，制作这种高度仿真自然石材再造石的方法是使用特种水泥与不同颜色的石粉搅在一起，并配上特种材料分层次往模具里浇注，也就是说，以水泥为胶凝材料，以天然石渣为集料，并通过模具成型。

再造石是一种由水泥和天然石渣混合制成的新型装饰材料，它的外观与真石头极为相似，价格大大低于真正的石刻。作为一种新颖的装饰材料，再造石装饰制品比石膏、玻璃钢制品在室外应用寿命长，比石雕制品和铸铜制品造价低，比一般的水泥制品像石头更具有艺术效果。它以天然石渣石粉为集料，因此具有很好的环保特性。

艺术感很强的鄂尔多斯大剧院建设中就用了许多再造石材料构件，如图 3-34 所示。

图 3-34　鄂尔多斯大剧院使用再造石制品

天津市蓟县地质博物馆如图 3-35 所示，整个建筑外层也用了不少再造石构件，看上去显得古朴，层次感鲜明，凸现了地质博物馆的特色，同时体现了"层的地质、叠的历史、层层叠叠建筑、层层叠叠岩石"的特点。

图 3-35　天津市蓟县地质博物馆

再造石材料完全可以被用于 3D 打印建筑，如果采用 3D 打印的工艺，无需制作模具就可以直接将目标建筑构件、模块的三维物品打印出来。

当然也可以使用 3D 打印的方法首先制作出金属的模具或其他硬质材料的模具，使用模具制作出各种再造石的建筑构件用于建筑中。

### 3.3.4　混凝土材料

在 3D 打印建筑中所使用的材料中，有各种掺入辅料的复合材料，如前面所讲到过的再造石材料、盈恒石材料、特殊纤维复合材料（FRP）、特殊玻璃纤维增强石膏板（GRG）、特殊玻璃纤维增强水泥 SRC，也有组成较为单一的材料，如砂石、玻璃等。混凝土材料应该是最重要的 3D 打印建筑材料。混凝土种类多，有各种不同的分类方法，如按表观密度分类、按用途分类、按强度等级分类、按生产和施工方法分类等。其中能够较好地作为 3D 打印建筑材料的不是很多，将适合于做 3D 打印建筑的混凝土材料称为 3D 打印混凝土。

现有的一般混凝土材料正常的初凝时间 6～10h，终凝时间 24h 左右，而 3D 打印建筑的过程中要求材料能在短时间内快速凝结。普通股混凝土在半流质状态呈现的流动性无法满足 3D 打印过程中的竖直堆积性能，所以不适宜作为 3D 打印材料使用。但并不是说，普通混凝土完全不能够打印建筑房屋，只要打印设备进行特殊设计、半流质混凝土的输运环节、打印头的喷嘴经过特殊设计，也能够使用普通混凝土来打印建筑房屋。

使用 3D 打印混凝土打印的建筑房屋的一部分如图 3-36 所示。

图 3-36　使用 3D 打印混凝土打印的建筑房屋的一部分

多数情况下，通过打印建筑的不同构件或模块，在现场再将这些构件装配成完整的建筑房屋，使用打印构件在现场进行拼接装配的情况如图 3-37 所示。

图 3-37　使用打印构件（墙体）在现场进行拼接装配

### 3.3.5　砂石材料

砂石也可以做 3D 打印建筑的打印材料，砂子作为一种原材料在自然界中取之不竭。意大利发明家恩里克·迪尼（Enrico Dini）在工作室里使用 3D 打印机使用砂子作为原材料打印出了艺术化的建筑作品，如图 3-38 所示。

图 3-38　使用砂子做原料打印出的艺术化建筑作品

在打印这个作品的时候，采用的黏结剂是一种叫镁基胶的类环氧树脂胶，打印机采用了多喷嘴方式工作。当打印机开始工作时，它的多个喷嘴中会同时喷出砂子和镁基胶在一个平面上并完成黏结。镁基胶将砂粒黏结成像岩石材料一样的固体，这个打印过程一次又一次地重复着，即一层一层地堆叠累积，直到最后形成艺术化的建筑成品。

### 3.3.6　玻璃材料

俄罗斯的科学家计划使用玻璃作为 3D 打印房屋的打印材料，这些科学家认为玻璃比常用的建筑材料混凝土打印建筑更加实用和灵活，环保且成本低廉。

目前世界上已经有企业和科研机构在玻璃 3D 打印技术上取得了一定的进展，以色列的研究开发人员就已经成功实现了在 850℃下打印普通玻璃，以及在更高的 1640℃下打印硼硅酸盐玻璃的构件。

玻璃用于 3D 打印时，它熔融后具有很高的黏度，不像混凝土，必须混合某些额外的纤维或化学物质才能在层层挤出时保证足够的层间黏结性。而且玻璃在熔融挤出成型后的固化速度非常快，密度也可以灵活掌控，还可以具有很良好的表面结构、光反射性和导热性。除此之外，玻璃还有许多其他优点，比如环保，容易大量生产，价格便宜，耐腐蚀，维护成本低廉等。

但实现使用玻璃打印建筑需要有一个玻璃熔炉，很短的软性输运管路连接着打印头喷嘴。因此这样的玻璃熔炉体积不能很大和重量不能很重，因为炉体和打印头喷嘴要一起移动。实际上这个设想要真正在工程中大量使用，还需要一段时日。玻璃打印制品的情况如图 3-39 所示，同样可以用于打印建筑预制构件。

图 3-39　使用玻璃打印建筑构件

# 3.4　使用混凝土打印建筑

在这里主要介绍使用 3D 打印混凝土打印建筑房屋的情况。

## 3.4.1　美国、荷兰的 3D 打印混凝土建筑项目

1. 美国海军资助的 3D 打印混凝土建筑项目

由美国海军研究实验室（ONR）和国家自然科学基金（NSF）轮廓设计组资助的一家公司使用混凝土为原料"打印"出优质的建筑。负责该项目设计及实施的霍什内维斯教授说：利用混凝土打印机可以在一天之内造出一座 2500ft$^2$（约合 232m$^2$）的建筑。这就意味着军队的作战士兵们可以在基础设施缺乏的偏远地区迅速拥有永久性的建筑，只要通过诸如大型运输机等高速运输机械将建筑打印机和混凝土材料运送到位，建筑就可以很快建成。该项目打印的永久性建筑如图 3-40 所示。

图 3-40　打印的永久性建筑

据霍什内维斯介绍，他所研制的打印机制造的混凝土墙壁抗压强度已经达到了 68.95MPa，是一种高强度混凝土建筑。霍什内维斯同时承认，混凝土基础设施已经是现在唯一不能实现自动化批量生产的东西了，3D 打印建筑对于各种不同的混凝土基础设施的打印还存在很多问题。

2. 荷兰埃因霍温技术大学 3D 混凝土打印建筑项目

直接使用混凝土进行 3D 打印建筑，这是近几年人们非常热衷的事情。前不久，荷兰埃因霍温技术大学又在这方面取得了新的突破：他们首先研发了一台新型的混凝土 3D 打印机，并有较高的打印精度，机器具有一个 11m×5m×4m 的建筑打印空间，可以打印较大型的建筑房屋及各种不同的建筑构件。这一款混凝土 3D 打印机目前已经投入了实际工程使用。该款设备有一个较大的框架和一个硕大的打印头喷嘴，框架内部就是建筑打印空间，如图 3-41 所示。

图 3-41　一台新型的混凝土 3D 打印机

这款混凝土 3D 打印机的打印头通过输运管路连接混凝土搅拌机和输送泵，打印头喷嘴可以 360° 旋转。

在研发这台 3D 混凝土打印机时，由于研发费用较高，因此由几家公司和埃因霍温技术大学共同分担。参与开发的埃因霍温技术大学研究团队和参与合作的公司表示：使用这款设备用于开发一系列的建筑创新项目，进行各种风格建筑项目的 3D 打印设计制造。

### 3.4.2　使用 3D 打印混凝土打印房屋

1. 对 3D 打印混凝土的性能要求

作为 3D 打印建筑的打印材料——3D 打印混凝土，在性能上必须满足一些要求，否则无法胜任打印建筑房屋的任务，这些条件是：

（1）3D 打印混凝土的凝固和均质性。打印建筑的 3D 打印混凝土一定是半流质状态的，因为流质状态和固态情况下，无法完成一层一层混凝土材料的累积堆叠。完成一层一层混凝土的精准打印，必须保证有一定的强度支撑上一层。另外，各层混凝土之间要自然咬合和融合得很好，既不能出现有些层凝固得太快，也不能出现有些层凝固的太慢，否则会坍塌。还有在打印的过程中要保证每层不能变形，若出现变形，也不能超过一定范围，即经过打印头喷嘴喷出的各层混凝土材料的变形误差只能在毫米级范围。

3D 建筑打印机使用 3D 打印混凝土建造房屋的过程中，打印头在持续的工作，需要混凝土输运装置不断地为打印头供给半流质状混凝土，打印材料输运环节的前端，配置有混凝土搅拌机，而且对搅拌出的打印混凝土的均质性要求较高。

（2）3D 打印混凝土的部分性能参数。钢筋混凝土成型是属于混凝土浇筑概念，而 3D 打印建筑成型是基于墨状材料的印刷，靠材料自身的黏性，分层堆叠。混凝土材料的成型一般需要模板，混凝土要在模板中浇注、振捣和成型，等混凝土硬化后拆除模板，完成施工，而 3D 打印无需模板，直接打印成型。

推荐的 3D 打印混凝土材料的部分材料参数见表 3-1。

表 3-1　　　　　　　　　　　　3D 打印混凝土材料部分性能参数　　　　　　　　　　　　　　　　m

| 材　　料 | 混凝土 | 细石混凝土 |
| --- | --- | --- |
| 集料粒径 | 20 | 8.0 |
| 单层厚度 | 150 | 50 |
| 打印头喷口直径 | 80 | 50 |

（3）3D 打印混凝土和打印设备之间的配合关系。3D 打印建筑设备系统就是一台功能完善的 3D 建筑打印机，它的硬件包括整个机械架构和打印头喷嘴，半流质打印材料的输运装置，包含输运管路、半流质打印材料的生产与存储部分、各部分协调工作运行的控制装置，将半流质材料从存储容器经过输运管道输运到打印头喷嘴的动力机构、打印头喷嘴喷吐半流质材料的流量控制装置、控制打印头喷嘴三维运动的控制及传动装置。最核心的部分是计算机或功能很强的微处理器，处理要打印建筑房屋的三维 CAD 模型，对 CAD 模型进行数字化切片分层并转化为协调的打印控制程序，这一部分是软件部分，我们放在后面的章节去讲，这里我们主要关注的是 3D 打印建筑设备系统的硬件部分。

3D 打印混凝土必须能够在输运管路里流畅地流动，经打印头喷嘴实现不间断的层间打印，和整个半流质材料的供料系统一起，不能出现任何类似供料系统堵塞的问题，如果出现堵塞，打印建筑制成品的工作将无法进行。

（4）3D 打印混凝土的胶凝材料、骨料和外加剂。3D 打印混凝土所使用的胶凝材料种类较多，换言之，它也是广义上的混凝土，不是普通的水泥混凝土。如前所述，选好和配兑好水泥，树脂、水玻璃、石膏、地聚合物等这些使用最为广泛的 3D 打印混凝土的胶凝材料。

在材料占比方面，3D 打印混凝土和普通混凝土一样，骨料占比最大，3D 打印混凝土对骨料的要求比普通混凝土的更高。强度高、密度小、颗粒形状接近球形的骨料是最适合 3D 打印混凝土使用的，因为这样对于半流质混凝土在输运管路中流动和流经打印头喷嘴是最适宜的。同时打印混凝土建筑是由一层一层的混凝土堆叠而成的，每一层混凝土都比较薄，加上 3D 打印机喷头的结构复杂，因而要求混凝土中的骨料粒径比传统混凝土的更小，骨料最大粒径应在 10mm 以下。3D 打印混凝土的特殊性决定混凝土中骨料的情况。

外加剂是配兑各种不同种类混凝土必须要使用的成分，尽管使用量小，但却明显改善了混凝土的性能，3D 打印混凝土的应用环境和场所决定了要使用一些特殊的外加剂，保证半流质的混凝土在输运管道内具有良好的流动性和低黏附性，同时从喷头出来后又能在空气中快速凝结，这就要求配兑混凝土的外加剂具有多种功能，必须是一种复合型的超塑化剂。还有 3D 打印混凝土所使用的材料复杂多样，更要求其外加剂具有良好的适应性。

调节配兑外加剂可以很好地调节混凝土的性能参数，如为了调节 3D 打印混凝土的凝结时间，可以通过调节硫铝酸盐水泥系列材料的复合调凝剂来进行，对缓凝剂的掺量进行微调能够制备出凝结时间 10min～1h 任意控制的硫铝酸盐水泥基的建筑 3D 打印材料。在不同的环境温度下，通过调节复合调凝剂中促凝剂和缓凝剂的组成，能够实现材料凝结时间在 10～60min 内灵活控制，并调整范围大。能够满足在不同季节和环境下的 3D 打印工程的进行。这种 3D 打印材料具有很高的强度和快速凝结功能，2h 的抗压强度内即可达到 10MPa 及以上；3 天后抗压强度达到 40MPa，能够满足 3D 打印建筑的承重墙、柱的强度要求，也能使打印的构件具有良好的力学性能。

通过配兑 3D 打印混凝土的胶凝材料、骨料和外加剂，可以得到性能、外观完全不同的 3D 打印混凝土制品，已打印出形状、颜色还是纹理等风格不尽相同的建筑作品，两个风格颜色纹理不同的 3D 建筑打印作品如图 3-42 所示。

图 3-42　两个形状、颜色和纹理不同的制品

为满足 3D 打印的需要，混凝土将必须具备更好的流变性且能在空气中迅速凝结，骨料最大粒径会变得更小，颗粒形貌更接近圆形；为使打印过程中各层之间牢固结合，也可以使用一些新型外加剂。

2. 3D建筑打印机设计时要充分考虑和打印材料的配合关系

使用3D打印混凝土和3D打印建筑设备系统设计之间的关系是互相配合的关系。3D打印混凝土要适合所使用的3D建筑打印机，3D建筑打印机又要使用合适的打印材料。因此要求在设计3D打印建筑设备系统的初始阶段，就要充分考虑使用3D打印混凝土的性能指标问题。

3. 打印速度和打印材料固化速度的配合

打印机的打印速度和打印材料的固化速度，决定建筑施工速度，也决定了打印的结构形式和生产模式等。喷射混凝土由于掺入了速凝剂，使混凝土加水到初凝可调控在5min以内，终凝可控制在15min以内。3D打印材料若不采用其他辅助措施，打印拱形窗口的孔洞，打印材料固化宜在1min之内；打印其他结构如墙面后窗洞口的竖向结构部分，固化速度应在5min，打印其他水平构件固化时间不宜大于15min。

4. 无配筋结构的3D混凝土打印建筑

使用3D混凝土打印建筑房屋或建筑预制构件，可以使用有配筋或无配筋结构。这里的有配筋和无配筋是指混凝土中是否有钢筋结构。我们知道钢筋混凝土构件中的钢筋按在结构中的作用分为受压钢筋、受拉钢筋、架立钢筋、分布钢筋、箍筋等。配置在钢筋混凝土结构中的钢筋，按其作用可分为下列几种：① 受力筋——承受拉、压应力的钢筋。② 箍筋——承受一部分斜拉应力，并固定受力筋的位置，多用于梁和柱内。另外还有架立筋、分布筋及其他一些构造筋等。

如果打印非承重的墙体、许多非承重的建筑预制构件或多种不同功能的装饰预制构件，可以使用无配筋结构的3D打印混凝土。为了保证房屋的非承重墙体、预制构件满足抗拉、抗弯和抗裂强度要求，主要采用玻璃纤维混凝土，即在混凝土中掺入适量的玻璃纤维，这种混凝土墙体及建筑预制构件的结构是无配筋的。对于3D打印的建筑预制构件来说，采用无配筋结构是因为3D建筑打印机通过打印头的喷嘴逐层喷吐材料堆叠打印的特点，适宜使用这种结构，另外，为了实现3D打印混凝土预制构件轻、薄、强的优势，也适合采用这种结构。无配筋结构的3D打印混凝土凝结硬化和强度产生的机理也会突破传统混凝土的理论范畴，其耐久性、安全性也有待研究和实际工程的论证。

无配筋结构的3D混凝土广泛应用于建筑外墙板、顶棚、隔墙板等非承重构件。而且这种结构完全可以实现其抗拉、抗弯和抗裂强度，能够和普通混凝土相媲美，韧性和抗冲击性能也比普通混凝土更优良一些。

无配筋结构的3D打印混凝土打印过程如图3-43所示。

图3-43 无配筋结构的3D打印混凝土打印过程

5. 有配筋结构的3D打印建筑

在打印承重墙体及建筑预制构件时，一般要使用有配筋结构的3D混凝土打印。如果使用普通的混凝土来打印建筑房屋，要使用有配筋的结构，如果不采用有配筋结构，仅仅用普通混凝土建造房屋，其抗拉、抗压、抗震、抗剪切的性能无法满足房屋建筑的基本安全要求。

使用建筑工地普通标号的混凝土，墙体楼层板都是按规范要求用钢筋绑扎，使打印的墙体和构件能有效的保证抗拉、抗压、抗震、抗剪切的建筑强度。使用普通混凝土进行钢筋绑扎的情况如图 3-44 所示。

图 3-44　使用普通混凝土进行钢筋绑扎

某公司研发了一款 3D 现场打印钢筋混凝土房屋的成套设备，使用这套设备已经打印出一栋 400m² 两层高的别墅，因此在国内首次使用有配筋结构的 3D 打印建筑房屋。

一个有配筋结构的 3D 打印二层建筑房屋建造过程如图 3-45 所示。首先要进行基础建设，在钢筋骨架结构基础上进行混凝土浇筑，然后进行一层建造，之后开始建造楼板，顺序地进行二层建造，直到整个房屋成型，从基础、一层、二层到楼板建造都是钢筋混凝土结构，但又使用了 3D 打印机进行水泥浇灌和墙面打印，实际上是将 3D 打印技术和传统建筑方式结合在一起。

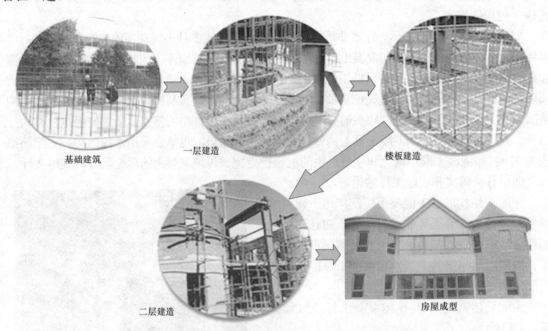

图 3-45　有配筋结构的 3D 打印二层建筑房屋建造过程

使用 3D 打印机直接在施工工地现场打印，可以打印一般的民用平房、别墅和层数较少的楼房，在打印施工当中越是结构复杂，越能发挥它的优势，3D 打印机承重的混凝土柱、梁，一般不是直接打印，而是首先打印柱、梁的模壳，待模壳固化后，在模壳内配置钢筋结构，然后进行现场混凝土直接浇筑，取消了模板工序，降低了工程造价成本，用机械施工代替人工，缩短了施工工期，加快了施工进度。打印出来的是有钢筋混凝土承重柱、梁的房屋，对房屋的抗震、抗剪切要求可按设计进行配制，钢筋和原材料没有辅助添加料。

有钢筋结构 3D 打印房屋中，打印头喷嘴喷吐混凝土的情况如图 3-46 所示，实际上打印头喷嘴是一对，分别在被打印墙体已被绑扎钢筋的两侧移动浇灌混凝土。

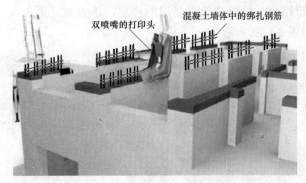

图 3-46　有钢筋结构 3D 打印房屋

有配筋结构 3D 打印建筑房屋的墙体和部分外观如图 3-47 所示。

图 3-47　有配筋结构 3D 打印建筑房屋的墙体和部分外观

6. 3D 打印混凝土的养护

养护要解决两个问题：一是保证强度增长，二是避免开裂破坏。3D 打印混凝土是无机胶凝材料拌和的打印材料，应该保证其环境的温度和湿度，保证材料的正常水化、凝结和硬化。

### 3.4.3　搭积木建造的装配式建筑

中建八局在 2014 年的西虹桥项目中，在装配式建筑中采用了 3D 打印技术。建造了一幢二层楼，他们采用了"搭积木"方法进行了框架结构搭建。这幢楼体量不算大，建筑高度 9m、建筑面积 1154m²，由 255 块预制梁、预制柱、叠合板等预制构件装配而成，预制率高达 80%以上。该楼的框架结构如图 3-48 所示。

中建八局西虹桥项目的这幢"装配式售楼处"所采用的装配式预应力框架体系，是中建八局与同济大学联合研发，具有自主知识产权的体系。这幢大楼还应用了预应力技术，即在混凝土结构承受荷载之前，预先对其施加压力，使其在外荷载作用时的受拉区混凝土内产生压应力，用以抵消或减小外荷载产生的拉应力，使其在正常使用的情况下不产生裂缝或者裂得比较晚。

　　这种二层楼建筑框架结构中的所有框架柱，都是在完成钢筋结构绑扎后使用 3D 混凝土打印出来的。首先采用 3D 打印这些框架柱模壳，再现场浇筑核心区混凝土。将 3D 打印框架柱模技术与装配式建筑结合，能够建造更高层的楼房，这点意义重大。

　　3D 打印框架柱如图 3-49 所示。

 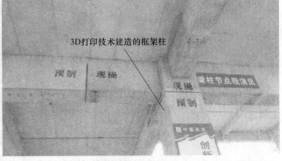

图 3-48　使用了 3D 打印的框架结构　　　　　图 3-49　3D 打印框架柱

采用 3D 打印建筑打印技术建造二层大楼施工情况如图 3-50 所示。

图 3-50　3D 打印建筑打印技术建造二层大楼施工情况

　　以往使用 3D 打印建造住宅、办公或商用楼，很少涉及高层建筑，而在这个项目中，由于实现了 3D 打印楼房的框架柱，因此能够使用 3D 打印建筑来盖层数较多的楼房。

　　另外这幢建筑全过程还应用了 BIM 技术。在深化设计阶段，设计人员就有效应用 BIM 技术，对预制构件尺寸、钢筋及埋件位置进行碰撞检查，碰撞检查的内容还包括空调系统的管路位置及路线、给配水系统管路的位置及路线、楼宇弱电系统中多个子系统的部署位置等。

　　建造装配式建筑就像搭积木一样，能减少湿作业，不仅能缩短工期、节约劳动力，更能减少建筑废弃物、大量减少扬尘，可为治理污染、雾霾作出贡献。而装配式建筑中又可以应用 3D 打印技术提高效率，降低成本，加快施工进度。

## 3.5　3D 建筑打印机结构的多样性

　　3D 打印机能够在不同的环境中和使用不同的材料打印建筑房屋，3D 建筑打印机在设计时就要采用不同的结构来配合使用环境和使用的打印材料，前面已讨论了 3D 建筑打印机设计和所使用打印材料的配合关系，下面就 3D 建筑打印机结构和工程现场环境的配合关系进行说明。

### 3.5.1　框架式结构

目前阶段 3D 建筑打印机采用框架式结构的较多，如荷兰埃因霍温技术大学开发的混凝土 3D 打印机，如图 3-51 所示。国内某公司开发的大型建筑 3D 打印机如图 3-52 所示。

图 3-51　框架式结构的混凝土 3D 打印机

图 3-52　框架结构的大型建筑 3D 打印机

国内赢创公司、华商陆海公司打印的建筑房屋使用的都是框架结构的 3D 建筑打印机。

3D 建筑打印机采用框架结构的优势：①和大量的建筑施工现场环境相适应。② 能够简化控制系统。打印过程是根据被打印房屋的三维 CAD 模型，并在此基础上进行切片分层进行的，打印头喷嘴的移动控制被分成了两个部分，沿 $z$ 轴方向的上下运动是个单变量控制系统，平面的二维运动是一个双关联变量控制系统，两个系统控制可以独立进行。③整体结构简洁，易于生产制造。④可以打印各种规格尺寸的建筑房屋和建筑预制构件。

### 3.5.2　吊车臂式结构

业内人士已经认识到：打印建筑房屋的框架式结构的 3D 建筑打印机有几个非常严重的缺点：第一是体积庞大，框架要比房子大，要打印的建筑房屋只能被限制在打印机框架限定的空间内。第二是一个施工现场施工完毕后，无法方便地移动到另外一个施工工地，尤其是无法远距离搬迁；第三是无法打印比框架结构更大的房子。为了克服上述缺点，让 3D 打印机打印出比设备本身还要大的建筑，俄罗斯设计师 Chen-iun-tai 提出的一种新结构的 3D 建筑打印机，如图 3-53 所示。这种新

图 3-53　吊车臂式结构的建筑 3D 打印机

结构就是吊车臂式结构，它能够很好地克服框架式打印机的上述缺点。这台最新的建筑 3D 打印机已经制造出原型机。

Chen-iun-tai 设计的吊车臂式建筑 3D 打印机没有使用传统的 $x$、$y$、$z$ 三轴设置，它有一个旋转底座和起重机般的手臂可以向各个方向旋转，由内而外地打印整幢房子。Chen-iun-tai 介绍，这台 3D 打印机的尺寸 5.5m×1m×1.5m，十分紧凑，可以装在标准的运输卡车上。此外，该 3D 打印机使用能耗低，不产生建筑垃圾，与框架式建筑 3D 打印机相比，仅仅制作设备的机械结构部分所花费用是框架结构的 30%。

Chen-iun-tai 设计的吊车臂式建筑 3D 打印机结构紧凑，可使用标准的工程车辆运输，如图 3-54 所示。

打印机整个安装过程不超过半个小时。Chen-iun-tai 说：该打印机从内向外打印住宅，尽管现在使用的这个建筑 3D 打印机尺

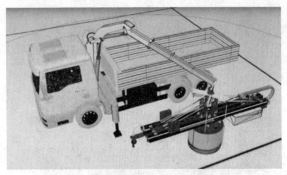

图 3-54　打印机体积紧凑易于运输

寸比较小，但是仍然能够在一天之内打印出超过 100m² 的房屋。打印机的打印材料是混凝土和纤维，打印特种混凝土的切片分层厚度最小尺寸可达到 1in（1in=0.025 4m）。

这台可移动 3D 建筑打印机有其独特的结构，与现有的价格高昂的大型 3D 建筑打印机相比，优势不小。

德国德累斯顿工业大学的研究团队研究开发了一种名为 CONPrint3D 的建筑 3D 打印机，如图 3-55 所示，该打印机能够在一个相当大的空间范围内打印房屋，使用的打印材料是 3D 打印混凝土。

图 3-55　CONPrint3D 的建筑 3D 打印机

这款建筑 3D 打印机设计的目的之一就是使用一种特殊控制的机械臂来打印出大尺度的混凝土结构的房屋。由于传统的混凝土建筑施工中较多地使用支架和模板来确保混凝土形成所需的形状，而且，这些模板在一个建筑项目使用过之后，往往无法用于其他建筑，造成建筑成本上升并产生建筑垃圾。设计者的目的就是想要消除这些建筑垃圾，降低成本。

在建筑工地现场，新的建筑 3D 打印机将快干混凝土通过打印头喷嘴喷射堆叠建造房屋，

不需要模板。

　　还有两款吊车臂式 3D 建筑打印机如图 3－56 所示。

Silk Project空间实验室的3D建筑打印机　　　　　国外一款吊车臂式结构的建筑3D打印机

图 3－56　另外两款吊车臂式结构的 3D 建筑打印机

　　吊车臂式结构的建筑 3D 打印机可以实现小设备打印大建筑。但实事求是地讲，吊车臂式结构的建筑 3D 打印机虽然体积小了，但控制起来却变得复杂了，因为它的打印头喷嘴的控制是三变量位置控制，而框架式结构的打印头位置控制尽管也是三个变量系统，但是对三维 CAD 模型切片分层后，可以将 $z$ 变量转化成一个数值序列，因此实际上控制打印头喷嘴的位置在 $z$ 值确定后，只进行两个变量的控制。

# 3.6　3D 打印建筑低碳环保

## 3.6.1　3D 打印建筑不产生扬尘和建筑垃圾

　　1. 3D 打印建筑不产生扬尘

　　现今阶段对我国经济发展和社会正常生活造成极大困扰的"雾霾"污染，席卷了大片的国土。雾霾中的细颗粒物 PM2.5（环境空气中空气动力学当量半径小于 2.5μm 的颗粒物）携带有毒、有害的多环芳径等有机污染物和重金属，进入到人体肺泡并沉积，随着人体循环系统转移到身体的其他部位，引起机体呼吸系统和心血管系统受损。产生 PM2.5 的元凶之一就是建筑施工过程中的粉尘排放，其中与水泥生产、施工紧密关联的颗粒物排放危害不小。

　　根据统计资料，2012 年世界水泥总产量约 39 亿 t，我国水泥产量 21.84 亿 t，占世界总量的 56%。而水泥工业排放的水泥粉尘占全国工业粉尘排放总量的 39%，高居工业排尘之首。我国单位国土面积排放的水泥粉尘量是世界平均值的 8.45 倍，约数百万吨，每吨熟料粉尘排放为德国的 176 倍，粉尘中的 PM2.5 含量超过 80%。建筑水泥施工中的粉尘排放也是雾霾污染中的重要污染源。

　　3D 打印建筑技术应用在建造房屋的施工过程中基本没有粉尘排放，是一种先进的绿色环保技术，这一点在业内已经形成共识。

　　2. 3D 打印建筑不产生建筑垃圾

　　与传统建筑技术相比，3D 打印建筑的优势主要体现在：施工速度快，工期大幅度缩短；不需要使用模板，大幅节约成本，生产效率高；不产生建筑垃圾。

• 65 •

据统计，现有传统建筑的生产过程中，新建建筑每万平方米会产生 800～1000t 建筑垃圾，这些建筑垃圾占中国城市垃圾的 30%～40%。3D 打印建筑在建设过程中不产生建筑新垃圾，不仅如此，还能大量地消耗已有的建筑垃圾。3D 打印建筑能够将已有的建筑垃圾（包括：建筑拆迁体等废弃余料、工业垃圾、矿山尾矿）回收、加工处理进行再利用，比传统建筑技术节约 30%～60%材料，减少 50%运输、人工等综合成本。将建筑垃圾处理后，通过 3D 打印建筑又大量应用在建筑中，同时也不会产生传统建筑工业中的粉尘排放。

### 3.6.2  3D 打印建筑的节能和抗震

使用保温外墙是现代建筑节能的最有效技术之一。3D 打印建筑采用打印空腔墙体，再向空腔体内填加保温材料，达到保温隔热的节能目的。应用 3D 打印建筑技术还可以生产多种规格能够适合不同应用环境的保温复合墙体，使之具有结构、保温、装饰等多功能集成的性能。

3D 打印建筑，并不是说从结构、预制构件的生产及现场施工全部都是采用 3D 打印过程，与传统的、先进的现代建筑技术相结合，3D 打印的建筑承重结构可以采用 3D 打印方式建造（将在第 10 章中介绍），也可以和钢筋混凝土结构、钢结构的承重结构结合起来建造，形式灵活，内容多样化，但拥有优良的抗震性是必须具备的性质。

另外，在 3D 打印建筑技术的现有发展阶段上，还不能打印层数较多的楼宇或高层建筑，对于楼层较少，如打印二层、三层或四层的建筑并使之具有很好的抗震安全性是没有问题的。

## 3.7  3D 打印建筑的安全性

3D 打印建造房屋是一种颠覆传统的建筑模式，并已经开始走入人们的生活，但要大规模地走入生活，大规模地替代现有传统建造房屋的模式，还有很多事情要做，还有较远的路要走，但总的讲，对于 3D 打印建造房屋来说，成本、原材料和结构安全是其未来发展的关键点。

### 3.7.1  3D 打印建造房屋的安全性

3D 打印建筑没有改变建筑材料本质，使用的还是混凝土，但是混凝土的品质要更高。尽管像玻璃纤维混凝土由于加入了很多的纤维，安全性、耐久性很好，不会渗水，使用年限也没有问题。

用于 3D 打印建造房屋可以选择的材料较多，从工业化、规模化生产的角度看，使用 SRC 材料、再造石材料、3D 打印混凝土都可以制造出质量优良的住宅、办公和商用建筑。但由于受目前 3D 打印建造房屋技术发展水平的限制，受打印材料的限制，3D 打印高层建筑还不行，尽管国内有公司打印出了最高五层的楼房，目前混凝土 3D 打印的房屋多为一至二层，一旦房屋的高度增加，楼层层数增加，对安全的要求就会大幅度提高，就会对建筑材料、施工工艺、施工机械设备的要求、对建筑设计水平的要求迅速的跟进提高，另外还要有配套相关的国际、国内关于建筑设计、施工、验收等方面的标准、规范，还要有相关的建筑材料的国家标准和规范。而这些工作在现阶段都还有待去做。

所以从目前的实际情况来看，3D 打印建造的房屋大规模地走进生活暂时还做不到。但 3D 打印建造的房屋其质量完全可以和传统方式建造的房屋媲美，是安全的。

### 3.7.2　对传统建造房屋的替代

1. 3D 打印建筑混合式的结构体系

3D 打印混凝土建筑要实现工业化、规模化，就要突破半预制结构体系，采用全装配结构。实际上，在相当长的时间内，采用全装配结构建造房屋是不现实的。在很长的一段时间内使用更多的是半预制结构体系，即混合式的结构体系，一部分建筑构件工厂预制打印，一部分建筑构件在工地现场打印，先采用传统方式建造房屋的基础，然后在工地现场通过拼接装配、完成整幢房屋的建造。

2. 3D 打印建造房屋的成本

建造房屋的成本计算主要考虑的因素是土地成本，还有建筑成本，包括建筑材料、人工成本等。由于 3D 打印建筑属于机械化、工厂化操作，机械化操作在一定程度上和范围内可以替代繁琐的人工作业，将大幅度地降低建房成本。但目前阶段还不行，研究人员的统计数据表明，扣除设备本身与其他研发成本，仅仅考虑建筑物施工、耗材、人工等费用，3D 打印建筑和传统建筑的成本是相近的，没有特别大的差异。但随着发展，采用混合结构模式建造的房屋成本，会随着建造过程机械化操作和人工操作的比例差距加大而增高，机械化操作完成的产值比人工操作完成的产值越来越高，较大幅度降低成本是没有问题的。

但 3D 打印建筑和传统的建造房屋相比，3D 打印建筑具有"3D 建筑形状的自由化、结构更优化、打印出来的建筑具备功能与艺术融于一体的特点"三个优势。3D 打印机特别擅长打印建造结构复杂、造型独特的建筑物，这类建筑的建造成本通常比较高昂，工期长难度大，但是 3D 打印技术却可以轻而易举地解决这个问题。

3. 关于 3D 打印建筑的一些不同观点

一些专家表示：3D 打印在建筑新材料开拓和建筑工艺上的创新探索值得称赞，不过 3D 打印房屋要真正普及，还有待时日。比如打印房屋的材料是高标号水泥和玻璃纤维，而国外部分国家禁止建筑物大量使用玻璃纤维，因为玻璃纤维会影响人体呼吸系统。高强度水泥未来的回收也有困难，目前我国高层住宅普遍使用的是钢筋混凝土或全钢结构，其中钢铁可以回收，因此传统建筑材料在未来的一段时期内依旧有很大优势。

由于住宅需要对内部结构、综合强度、刚度、防火和使用年限等多方面进行综合考量，而玻璃纤维混凝土的承载力强度、耐久性等各项指标是否完全能够与传统建筑材料相抗衡。

有的专家认为：目前 3D 打印建筑还局限在一幢或几幢房屋，打印高度最高的也只不过是五层的楼房，要工业化规划生产建造，还有较长一段路要走。

还有些专家提出：现代建筑住宅不仅仅是用于居住、办公或从事商业活动，因而需要更丰富变化的空间，需要在建筑的内外界面上有更丰富的装饰装修，如西方古典建筑物上的线脚、挑檐、山墙山花、浮雕等。这样 3D 打印建筑就会非常复杂，成本不一定就比人工便宜、施工快捷。

专家们建议：基于 3D 打印建筑能提高建设效率的积极意义，可以考虑用于大量建造功能比较单一的建筑，如住宅楼、办公楼、学校等，但"不能无限制夸大它的作用，比如用来建筑公共场所，如剧场、博物馆、纪念堂等。

专家们坦言，目前国内所报道的 3D 打印建筑，大多属于模型范畴，而不是可以立刻规模化建造生成的功能性建筑，更多的还是一种新技术的尝试和新业态的实验，有一定的创新性，但不足以立刻就取代传统技术建造的房屋。从建筑的实体功能、艺术、环保和材料等技术来看，3D 打印建筑能否在不久的将来成为一种主流房屋建造技术，还要取决于很多相关技术的发展，尤其是一些关键技术的发展。还有就是国家能否推进相关产业化政策的出台。

从国外到国内，3D 打印建筑面临同一个难题，即在技术、质量和成本等方面尚未形成一套完善的国家或者行业标准，缺乏完整的评价体系。

住房和城乡建设部颁布了《2016～2020 年建筑业信息化发展纲要》，对 3D 打印建筑技术做了专门的陈述："积极开展建筑业 3D 打印设备及材料的研究；探索 3D 打印技术运用于建筑模块、构件生产，开展示范应用。"这里的模块和构件，指的是建筑实体的附属部分。

3D 打印建筑和传统建筑在技术和产业上逐渐融为一体，可能是未来的趋势之一。但是3D 打印建筑不可能取代传统建筑，而只会作为建筑业态里的一个创新和补充。

3D 打印建筑技术正在发展，在现有的发展阶段，不可能尽善尽美，不可能一下子解决很多问题，比如在生产制作许多现代建筑用于装饰的各类构件的时候，无需担心使用 3D 打印技术会带来高成本、高开发费用，因为可以使用 3D 打印技术快速开发许多低成本的优质金属模具，用这些模具来生产所需要的装饰组件、构件，不仅可以大幅度地降低生产制造的成本，而且能够建造种类非常丰富和质地优良的装饰组件、构件。

传统建筑技术发展经历了漫长的岁月，不会因为 3D 打印建筑技术的出现而淡出产业链，作者的观点是：二者之间的关系不是排斥的关系，而是一种互相包容互补的关系，在以后很长的岁月里，传统建筑技术和 3D 打印建筑技术会相伴而行，互相配合，具体配合互补的目标是降低建筑成本，加快建造速度，提高建造质量，满足不同类型建筑的特殊功能需求，使建造的作品更美，使用户生活在打造的建筑居室中生活更加方便舒适等。

随着 3D 打印建筑技术的深入发展，国际上、国家的相关技术标准、规范（设计、施工、验收）会不断出台，并不断完善，从而为 3D 打印建筑技术提供较为完善的制度保障。

人们坚信：3D 打印建筑技术尽管为建筑行业开拓了一个极为广阔的发展空间，但在相当长的时间内还离不开传统建筑技术的相互帮扶。

# 第4章 3D建筑打印机

3D打印建筑是3D打印技术在建筑领域的应用,其技术基础是3D打印技术,因此要深入地研究3D打印建筑技术,首先要研究3D打印技术。3D打印机的工作原理简单地讲就是用叠层堆积增材制造方法加工三维物件,但在不同的应用环境,使用不同的打印材料和打印不同的对象时,使用的3D打印机在工作原理、结构、成型工艺、复杂程度、打印三维物件的类型上又各不相同。3D建筑打印机的工作原理依据于一般意义下的3D打印机。3D建筑打印机的成型打印过程与3D打印技术中熔融沉积成型原理非常相似,因此读者要着重理解好熔融沉积成型工艺,在此基础上,深入理解3D建筑打印机的工作原理。

## 4.1 3D建筑打印机的原理及应用

### 4.1.1 3D建筑打印机主要工作原理和成型工艺

1. 3D打印建筑的广义概念

说起3D打印建筑,不能仅仅理解为使用一个大型的框型结构,有一个能够在三个维度上按照控制程序进行精确移动并喷出半流质打印材料的打印头,通过一层一层半流质材料的堆积,最后建造出一幢完整的建筑房屋,这是一种对3D打印建筑的狭义理解。读者应广义地去理解3D打印建筑。

3D打印建筑不仅仅指在工地现场使用打印技术打印建筑房屋或建筑模块及构件,其较全面涵盖内容包括:

(1)使用较大型的建筑打印机在工地现场直接打印成套的建筑房屋。

(2)在工地现场先进行基础建造,再使用3D建筑打印机辅助传统工艺在工地现场建造房屋的框架结构,包括承重的柱、梁和承重的墙体,在工厂车间打印房屋的其他模块及构件,运输到现场工地和前面的部分建筑进行配合拼接组装,最后完成完整的房屋建造。

(3)首先设计制作建筑模块、构件的3D模型,再使用其他的3D打印机,打印出制作这些模块和构件的模具,然后使用这些模具生产建造房屋的模块及构件,再用于整幢房屋的建造。使用这种方法同样可以打印制作室内多种材质的家具。

(4)以传统建造房屋的工艺为主,使用3D打印机打印建造所需要的不同功能建筑构件及装饰构件。这些装饰构件也包括建筑浮雕、艺术墙体和人造石假山等。

(5)配合装配式建筑技术,如配合钢结构、混凝土结构、模块化房屋建造,打印建造非承重的建筑构件及许多不同功能、不同材料的装饰构件,完成整幢房屋及楼宇的建造。

(6)直接使用3D打印技术,使用特制混凝土打印承重的柱、梁、剪力墙的模壳,然后配置钢筋,待模壳凝固硬化后,在配筋的模壳内浇筑混凝土完成房屋的结构制造,再使用所需要的预制构件及装饰模块,一部分非承重墙体由3D打印完成,到最后完成整幢房屋的建造。其中的一部分建筑预制构件及装饰性模块构件也可以用 3D 打印方式制作。

（7）装配式或可装配性是 3D 打印建筑的基本属性。

2. 3D 建筑打印机主要依据的原理和成型工艺

（1）用于打印建筑房屋、模块及构件的较大型 3D 建筑打印机使用的成型工艺主要有熔融沉积成型、材料喷射成型和黏结剂喷射成型。3D 建筑打印机的熔融沉积成型不需要对打印材料如 3D 混凝土、玻璃纤维混凝土或其他复合材料进行加热，而是直接使用半流质的材料进行打印。熔融沉积成型工艺能够制造建筑房屋的结构框架、墙体、主要的大型模块及构件，甚至能直接制造整幢的房屋、别墅等。

3D 打印建筑熔融沉积成型的原理与 3D 打印技术中熔融沉积成型打印的原理是类似的。

（2）制作使用量很大的建筑模具。房屋建造尤其是较大型建筑的建造，需要大量使用各种预制的模块及构件，尤其是一些新型的模块及构件，注意这里讲到的模块与构件的含义，模块是一些功能相近或具有配合功能的构件组合，而构件则是具有单一功能或集中几个简单功能的预制件。

一些艺术化、设计新颖的异构模块及构件，如果使用传统的制作工艺，首先开发模具，然后再使用模具进行批量生产，那么成本、工时皆高，3D 打印机进行这类模具制造，成本低、建造速度快，效益和效率都能大幅度提高。建筑模具的 3D 打印制作，主要使用的成型工艺有容器内光固化成型、粉末床烧结/熔化成型、片层压成型等。

（3）如果使用类似于锚喷技术的打印。可以制作建筑浮雕、墙体、人造石假山等，使用三维打印成型。

## 4.1.2　与 3D 建筑打印机成型工艺相近的其他 3D 打印机

如前所述，3D 打印建筑技术仅仅是 3D 打印技术的一个应用领域或一个应用分支，理论基础是完全一样的，因此要研制开发 3D 建筑打印机，就必须要深入地学习和研究 3D 打印机，尤其是要研究成型工艺相近的 3D 打印机。这里要注意分别清楚：我们在这里将 3D 建筑打印机分为三类：① 在现场工地直接打印建筑房屋的建筑打印机；② 在生产车间打印建筑的预制模块及构件的 3D 打印机；③ 负责打印建造预制模块及构件的模具打印机。一般情况下，3D 建筑打印机是指前两类。

在 3D 打印机的不同成型技术中，熔融沉积成型的 3D 打印机的工作过程和成型工艺最接近 3D 建筑打印机，除此之外，本章还介绍了一种打印工艺与熔融材料喷墨三维打印成型工艺相近的一种 3D 建筑打印机。

一种较新款的 FDM 成型 3D 打印机如图 4-1 所示。前面已经介绍过，FDM 成型即熔融沉积制造成型（Fused Deposition Manufacturing，FDM）。

部分技术参数：打印速度：120mm/s；

　　　　　　　支持材料：ABS，PLA

　　　　　　　软件语言：中文/英文

　　　　　　　文件格式：STL，G-Code

　　　　　　　操作系统：XP，WIN7 32 位

　　　　　　　液晶屏，单喷头直径为 0.4mm，支持脱机打印，桌面机型

需要说明的是打印机使用的打印材料是 PLA 聚乳酸（一种新型的生物降解材料）或 ABS 塑料（ABS 是丙烯腈、丁二烯和苯乙烯的三元共聚物）。

　　文件格式使用 STL 格式和 G-Code 代码。STL 文件是在计算机图形应用系统中，用于表示三角形网格的一种文件格式。它的文件格式非常简单，应用很广泛。STL 是用三角网格来表现三维 CAD 模型。很多软件可以打开，如 3Dmax、CAD 等。一般的 3D 打印切片软件常用是 STL 格式。G 代码（G-Code）是数控程序中的指令。一般都称为 G 指令，G 代码主要用于控制打印头喷口的移动。关于 STL 格式文件和 G 代码（G-Code）在后面的第 5 章专门去讲述，此处仅对读者稍作解释。

　　用于控制 3D 打印机的计算机使用操作系统可以是 Windows XP，也可以是 WIN7。

　　还有一款叫易立创的熔融沉积成型 3D 打印机如图 4-2 所示。该打印机的部分技术参数如下。

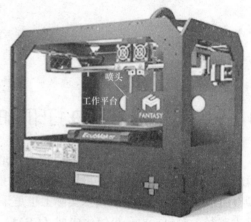

图 4-1　一款熔融沉积成型的 3D 打印机　　　　图 4-2　功能更复杂一些的 FDM 3D 打印机

　　耗材参数：使用 ABS 塑料和 PLA 聚乳酸材料
　　　　　　　耗材直径：1.75mm
　　软件参数：切片软件：Cura
　　　　　　　操作界面：中文/英文
　　　　　　　文件格式：输入文件采用 STL/OBJ 格式，输出文件采用 X3G 格式
　　　　　　　操作系统：XP，Vista7/8，Linux
　　　　　　　连接方式：USB/SD 卡
　　机器参数：电压：115V/230V（手调）
　　　　　　　功率：350W
　　　　　　　LCD 液晶屏
　　打印参数：FDM/热熔堆积成型
　　　　　　　双喷头
　　　　　　　分层厚度：0.1～0.5mm
　　　　　　　定位精度：$z$ 轴 2.5μm，$x$，$y$ 轴 1μm
　　　　　　　打印速度：最快 2.4m/h
　　　　　　　喷头温度：0～250℃

　　要说明的是该打印机的输入文件采用 STL/OBJ 格式，这里的 OBJ 文件是一种标准 3D 模型文件格式，很适合用于 3D 软件模型之间的互导，目前几乎所有知名的 3D 软件都支持 OBJ

图 4-3 一种有 4 个喷头的 FDM 3D 打印机

文件的读写，不过其中很多需要通过插件才能实现。OBJ 文件是一种文本文件，可以直接用写字板打开进行查看和编辑修改。

输出文件的格式 X3G 格式，这里要记住的是：STL 是没切片的打印文件格式，X3G 就是切片后打印机直接识别的文件格式。

打印速度 2.4m/h 是指打印头的喷嘴每小时扫描移动的距离能达到 2.4m。

一种有 4 个喷头的 FDM 3D 打印机如图 4-3 所示，它配有 4 个喷头，可以同时打印 4 个相同的作品，或者使用 4 种不同的颜色或材料打印三维制品。该款打印机还配有一个叫 EMO25 的喷头，可直接使用混凝土、硅树脂、万能黏土等材料打印三维制品。

## 4.2 熔融沉积成型 3D 打印机的硬件组成、结构与工作原理

自从 3D 打印技术出现至今，目前已经形成多种 3D 打印技术路径，可以划分为挤出成型、粒状物料成型、光聚合成型和其他成型等几大类，基础成型主要代表技术路径为熔融沉积成型（FDM），3D 打印建筑技术实际上也是采用非常类似的技术路径；除此而外，粒状物成型技术路径主要包括电子束熔化成型（EBM）、选择性激光烧结（SLS）、三维打印（3DP）、选择性热烧结（SHS）等；光聚合成型主要包括光固化（SLA）、聚合物喷射（PI）等；还有其他一些技术，这里不再赘述。

由于 3D 建筑打印机的工作原理非常类似熔融沉积成型 3D 打印机的工作原理，因此这里重点介绍关于熔融沉积成型 3D 打印机的结构及工作原理。

### 4.2.1 熔融沉积成型 3D 打印机的硬件组成

1. 熔融沉积成型 3D 打印机的硬件组成

一台使用 ABS 材料的 FDM 3D 打印机，也是最流行的挤出熔融塑料打印机，如图 4-4 所示。

FDM 3D 打印机的硬件组成主要有控制电路、机械和框架三个部分。控制电路部分包括电源、主板、系统板、步进电动机驱动板、温度控制板（如果采用热敏电阻量测温度就不用温度控制板）、加热 ABS 材料并使其熔融的加热喷嘴、加热床。机械部分则包括：步进电动机驱动同步带和同步轮的装置，或使用滑轨（滑台）组成 x、y、z 轴，打印头的坐标就是如图 4-5 所示三维空间中的那个动点 $D(x, y, z)$ 的坐标。框架部分为打印三维制品提供工作空间，为安装导轨、驱动步进电动机、同步轮等机械提供框架结构。

2. 框架

对 3D 打印机的框架基本要求是结构稳定，振动小，外观美观，框架内能将机械部分、步进电动机、导轨及其他零件很好地协调组织起来。

框架可以是盒子框架、三角稳定结构框架和三臂并联框架等。

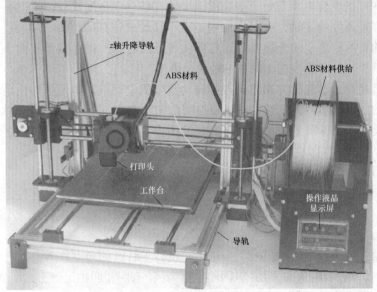

图 4-4　使用 ABS 材料的 FDM 3D 打印机

### 3. 步进电动机

熔融沉积成型 3D 打印机一般要有 4 台小型电机。因为打印机的打印头（喷嘴）要在空间三个维度上控制移动，每一个维度都各有一台电机。电机可以顺时针或逆时针旋转，就可以解决每一个维度上两个反方向上的控制移动，第四台电机则负责打印头的移动及控制，要对喂入加热型的打印头的 ABS 塑料丝进行熔融，然后再从喷嘴喷出。

图 4-5　打印头的三维坐标

这里使用的电机是一种特殊电机——步进电动机。步进电动机的工作特点：它用极小的增量顺时针或逆时针旋转，旋转角度可以是 1° 甚至是几十分之一度，而且可以对转动微小角度进行精细控制。

3D 打印机中常用的步进电动机如图 4-6 所示。步进电动机控制打印头（挤出器）在丝杠上移动的情况如图 4-7 所示。

图 4-6　3D 打印机上的步进电动机

图 4-7　步进电动机驱动打印头在丝杠上移动

在图 4-7 中，在机身内部有一个与底板连接的三个垂直金属丝杠，中间的一根带有螺纹，这是控制底板位置高度的 $z$ 轴，在打印中通过上下移动来让打印喷头一层一层的进行打印，负责平面移动的有两根固定的金属丝杠，打印头可以沿着每一根金属丝杠两个反方向滑动，两个步进电动机控制打印喷头在 $x$ 轴与 $y$ 轴两个维度上移动。

步进电动机是通过电流脉冲来精确控制转动角度的电动机，电流脉冲由电动机驱动单元供给。在 FDM 3D 打印机中，步进电动机要控制打印头在 $x-y$ 平面上精确地移动，要使用两个方向正交的丝杠即 T 形丝杠，T 形丝杠要足够的直。3D 打印机上常配用 42 步进电动机，在一些体积较小的 3D 打印机上则配用 37 步进电动机。

购买及使用步进电动机时，要注意几个特别重要的参数：

（1）相数：步进电动机产生的磁极对数 $N$，即产生磁场的激磁线圈对数。

（2）拍数：完成一个磁场周期性变化所需要的脉冲数或指电动机转过一个齿距角所需要的脉冲数。

（3）步距角：对应一个脉冲信号，步进电动机转子转过的角度。

（4）相数、拍数和步距角的关系：以四相电机为例，有四相四拍运行方式即 AB-BC-CD-DA-AB，四相八拍运行方式即 A-AB-B-BC-C-CD-D-DA-A，转子齿为 50 齿电机为例，四拍运行时步距角为 $\theta=360°/(50×4)=1.8°$，八拍运行时步距角为 $\theta=360°/(50×8)=0.9°$。

常见步进电动机的步距角为 1.8°，为了使 3D 打印机打印的更精确，可以选步距角为 0.9° 的步进电动机，后者打印更平稳、转矩更大，但相应的转速降低。

为什么要在 3D 打印机中使用步进电动机做轴向控制移动的电动机？因为步进电动机可以简单精确地控制移动距离。复杂控制系统中常用的直流伺服电动机实现精确地控制移动距离需要复杂的闭环控制系统和驱动电路，而步进电动机实现位置移动控制则简单得多。

桌面级别的 3D 打印机，一般用 42 步进电动机就够了，电流 1.5A 没什么问题，当功率较小时用 1A 的就行。

一般 3D 打印机都是使用同步带动的，所以需要同步轮和联轴器。

4. 步进电动机的驱动器

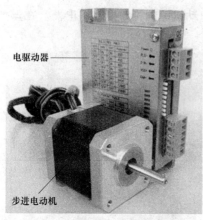

步进电动机驱动器是一种将电脉冲转化为角位移的执行机构。当步进驱动器接收到一个脉冲信号，它就驱动步进电动机按设定的方向转动一个固定的角度这个角度就是"步距角"，它的旋转是以固定的角度一步一步运行的。可以通过控制脉冲个数来控制角位移量，从而达到准确定位的目的；同时可以通过控制脉冲频率来控制电动机转动的速度和加速度，从而达到调速和定位的目的。3D 打印机中对打印头进行扫描控制的步进电动机也要配置步进电动机驱动器，一个步进电动机和配套的步进电动机驱动器如图 4-8 所示。

电驱动器——

步进电动机——

图 4-8　步进电动机驱动器

3D 打印机的步进电动机驱动器分为独立的驱动板、主板可插拔类型的驱动模块和集成式驱动模块三类。

5. 传动部件

3D 打印机的传动部件有同步带、同步带轮、丝杠和联轴器等，外观如图 4-9 所示。

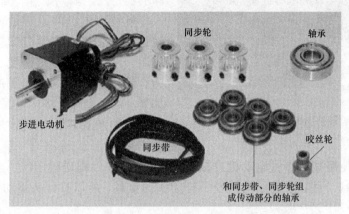

图 4-9　3D 打印机的传动部件

在 3D 打印机中 x 轴、y 轴和 z 轴上，主要使用同步带拖动移动打印头（挤出器），同步带轮和同步带配套使用。传动带轮是打印机传动部分重要的环节，传动带轮是固定在电动机上的，电动机转动带动传动带轮转动，传动带轮拉动传动带，整个打印机传动部分就可以运动了。

z 轴是通过丝杆来运动的。一般丝杆有普通丝杆，丝杠有普通丝杆（普通丝杆+联轴器，精度较低）、T 形丝杆和滚珠丝杆在 3D 打印机中用的比较多，T 形丝杆效果就较好。3D 打印机中的丝杠如图 4-10 所示。丝杠要固定在底脚上，如图 4-11 所示。

图 4-10　3D 打印机中的丝杠

图 4-11　固定在底脚上的丝杠

T 形丝杠一般在商业 3D 打印机中大量应用，特点是精度有保障，价格低廉，z 轴一致性好，但这类丝杠也避免不了左右晃动。滚珠丝杠一般用在工业级 3D 打印机上，优点是精度高，一致性好，运动过程中不存在晃动的情况，但价格贵。

6. 挤出部件

（1）近端挤出机和远端挤出机。3D 打印机中的近端挤出机、远端挤出机和热熔挤出头都属于挤出部件。经常提到的还有近程送料和远程送料。近程送料是送料电机、挤出机和喷头

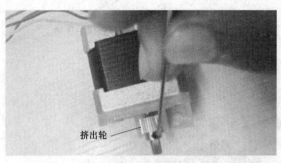

图 4-12　一个近端挤出机的电动机和挤出轮

是一体的；远程送料是送料电机、挤出机和喷头分离的，远程送料方式可以提高喷头打印的稳定性。

近端挤出机的原理是轴承和挤出齿之间通过弹簧弹力夹紧打印耗材丝。如果仅使用一种打印材料时，使用近端挤出机最为合适。一个近端挤出机的电机和挤出轮如图 4-12 所示，挤出轮固定在电机上，主要通过电机带动挤出轮，然后把打印耗材挤出来。

远端挤出机使用减速步进电动机直接驱动挤出齿轮，远程送料送丝，电动机靠近料盘，所以送丝会更流畅一些；它的结构减轻了打印头的重量，所以打印头运动更平稳，速度也更快。

（2）热熔挤出头。热熔挤出头又分为分体挤出头和一体化挤出头两种。分体挤出头被大量使用，常用的 MakerBot 分体挤出头套件如图 4-13 所示，这种挤出头的最前端可以更换不同规格尺寸的打印喷嘴。

一体化挤出头由三个部分组成：铝制喷嘴、连接部件和 PTFE 管（贯穿喷嘴和连接部件，在一体化挤出头的内部）。一种典型的一体化挤出头（J-Head 挤出头）如图 4-14 所示。J-Head 挤出头设计合理，安装简便，可靠性高。

图 4-13　MakerBot 分体挤出头

图 4-14　J-Head 挤出头

J-Head 挤出头的铝制喷嘴直径可选 0.3mm、0.4mm、0.5mm，如果 3D 打印机需要较高精度打印就选择直径小的喷嘴；如果打印精度要求不高，但要求打印速度较高的情况下，可选择直径较大的喷嘴。

德国工程师 Cem Schnitzler 设计和开发了一种特殊的热熔挤出结构，在他设计的挤出机构中，挤出机的打印头不再是一个喷嘴，而是由几个直径不同的喷嘴组成。"如果需要打印高分辨率对象可以使用直径小的喷嘴，如果还要打印分辨率低的对象，可以转动打印头，然后选择一个直径较大的喷嘴，通过转动角度选择不同直径的喷嘴如图 4-15 所示。

一台 3D 打印机的挤出器与喷嘴如图 4-16 所示。

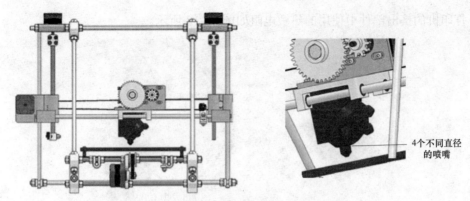

图 4-15  通过转动角度选择不同直径的喷嘴

### 7. 加热床

熔融沉积成型 3D 打印机打印作品时，一层一层地叠加累积，上面一层还没有扫描堆积完毕，下一层的打印材料已经冷却，上层打印材料的冷却会产生微小的收缩，这种收缩又会引起下一层打印材料的翘曲，就会使上一层敷设的材料层不能很好地和下一层材料无痕的融合，最后的制成品的边缘处或棱角会翘起变形。使用加热床可以较好地解决相邻材料层的熔融结合问题，被打印制品坐落在加热床上，由于加热床的加热，正在打印的三维零件或物件各不同材料层之间的温度差异变小，各层间的融合情况大幅度改善，打印出来的制成品质量提高。一件 3D 作品在加热床上被打印的情景如图 4-17 所示。

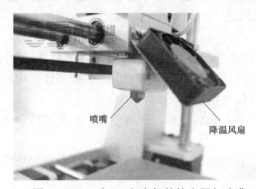

图 4-16  一台 3D 打印机的挤出器与喷嘴

图 4-17  3D 作品在加热床上被打印

### 8. 3D 打印机中的温度传感器和电源

（1）温度传感器。3D 打印机中打印头（挤出头）的温度控制、加热床的温度控制都很重要，以使用 ABS 材料的打印机为例，挤出头的温度过低，ABS 熔丝的熔融程度不够，就无法打印出质量优良的三维制品，挤出头的温度过高，ABS 熔丝过度熔融，打印出的制品层间出现坍塌。对于加热床的温度控制也必须要精确实现，否则打印机无法正常工作。因此必须对挤出头及加热床的温度进行精度较高地测定，这就要使用温度传感器。3D 打印机中使用的热敏电阻一般是非线性的，即电阻阻值与温度不是正比线性关系，但厂商提供的温度-阻值数值对应表能够准确地给出各种温度下对应的阻值。

温度检测的过程是通过模/数转换电路测量到热敏电阻两端电压，并根据电阻-温度对应关系转换成离散的温度数值，实现温度检测。

3D 打印机的挤出部件中使用的热敏电阻如图 4-18 所示。

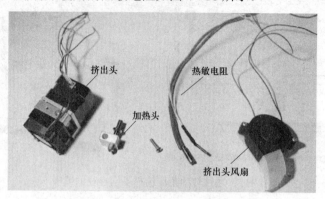

图 4-18　挤出部件中使用的热敏电阻

（2）电源。多数 3D 打印机都使用 12V 直流电源，工作电流 5~30A。其中步进电动机、挤出头、加热床组件的工作电流较大，步进电动机供电电流约 5A，挤出头工作电流约 5A，加热床工作电流约 5~15A。3D 打印机整机工作电流约 18~30A，功率约 350W（12V 电压），而一般台式计算机的功率接近 400W。

一般情况下，实际上直接使用台式计算机主机的电源作为 3D 打印机的电源，而且要选用带有过载保护功能的台式计算机主机电源，电源要能够稳定地提供 12V 电压，工作电流约 18~30A。

当然，一般情况下，厂家为出售的 3D 打印机配置好了电源，无需用户再考虑电源问题。但是如果用户自行组装 3D 打印机，就要自己解决问题了。

9. 控制电路板

3D 打印机是一个能够精细制作复杂的三维零件或功能较为复杂的三维制品的设备，整个设备一定有一个核心控制部分，这个核心控制部分就是 3D 打印机的控制电路板。3D 打印机的控制电路板主要有两大类：一体化电路板和模块化电路板。

一体化电路板的集成度高，接线方便，使用简单，稳定性好，价格便宜。但仅支持单一的挤出机（支持单打印头），扩展性不好。

Melzi 2.0 控制板就是一种应用较为广泛的一体化电路板，这种电路板的元件布局和功能说明如图 4-19 所示。

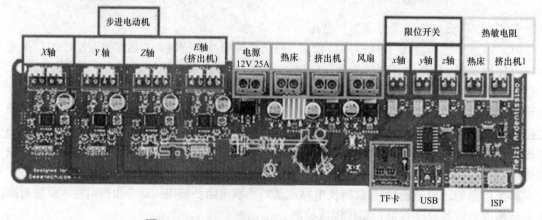

图 4-19　Melzi 2.0 控制板的元件布局和功能说明

　　Melzi 2.0 控制板是 3D 打印业界内著名的 Reprap 3D 打印机的核心部件，用来控制打印机的工作运行。控制板上的 USB 接口可以与计算机连接，实现数据交换；外接 SD 卡进行程序和数据存储，实现脱机打印。Reprap 3D 打印机是世界上首个多功能、能自我复制的机器，也是一种能够打印塑料实物的 3D 打印机，还是一种具有开源特性的机器。RepRap 的开源特性是指它从基础软件到硬件说明的资料都是免费和开源的。Melzi 2.0 控制板的电路图、PCB 文件（PCB：Printed Circuit Board 的缩写，直译就是印制电路板的意思）和固件源代码链接为 http：//www.reprap.org/ wiki/Melzi。

　　Melzi 2.0 控制板对步进电动机和 MOSFET 的驱动和散热能力进行了强化，另外，批量集成化的做工使得可靠性进一步提升。Melzi 2.0 控制板驱动能力强（如果是其他板子的话，碰到大功率的加热床就只能外接继电器了，而 Melzi 可以直接驱动）。

　　缺点：扩展性一般；只支持单打印头。

　　Sanguinololu 控制板也是一款处于主流应用的一体化电路板，Sanguinololu 的一体化设计中，插装器件的使用使得其互换性更强。

　　优点：易于组装；易于更换；集成度高。

　　缺点：扩展性一般；功能比较少。

　　Sanguinololu 控制板的元件和功能布局如图 4-20 所示。

图 4-20　Sanguinololu 控制板的元件和功能布局

　　除了一体化电路板以外，还有一类是模块化电路板，优点是扩展性好，爱好者可以自行选择各种不同的功能模块。

　　当 3D 打印机的各个不同部分都准备完毕后，仔细审视电路板，将各种功能部件的控制导线或数据采集线接到电路板上。具体地讲，就是将 $x$ 轴、$y$ 轴和 $z$ 轴的步进电动机控制接线、挤出机的接线、电源和加热床的控制接线、挤出机控制接线、限位开关的控制接线和热敏电阻数据采集线接入控制板的相应接线口。

　　控制板上的每一个接口都有标记，要确保将来自不同功能部件的相关导线接到相应的接口上。对于读者来讲，读懂控制板及相关功能部件的使用说明书和入门指南是一项非常重要的工作。

### 4.2.2　熔融沉积成型 3D 打印机的结构与工作原理

熔融沉积成型（FDM）技术是目前应用最为广泛的 3D 打印技术。

1. FDM 3D 打印机的结构

一个双喷嘴的熔融沉积成型的 3D 打印机的主要结构如图 4-21 所示。打印机中的各部件的功能说明如下：

（1）建造平台。所谓平台就是工作平台，可以沿着 z 轴上下移动，等效地意味着打印头喷嘴的上下移动。

（2）打印头喷嘴。从喷嘴处喷出半流质的打印材料一层一层叠加累积，通过 x 轴方向和 y 轴方向的控制实现 xOy 平面上特定轨迹路径的扫描移动。

（3）加热床。由于在打印过程

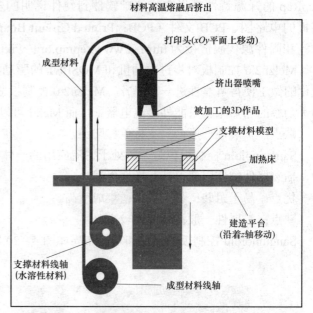

图 4-21　一个双喷嘴的熔融沉积成型 3D 打印机

中通过打印头喷嘴一层一层地在平面上按特定路径扫描同时喷吐半流质材料，必须等待上一层打印完毕，才能打印下一层，这样就会出现在相邻的上下两层的邻近位置处，温度差异大，引起上下两层的熔融结合不好甚至影响正常打印，因此机器中设置加热床，对已经打印完毕的三维零件各层进行加温并使之有一个合适的温度，消除各层之间的熔融结合不好的缺欠。

（4）被加工的 3D 作品和支撑性胚料。3D 打印的产品就是被加工的 3D 作品，但在制作打印作品的过程中，半流质材料受重力所致，在没有完全凝固之前，层间累积的材料会出现坍塌，因此还有必要使用支撑性材料对于 3D 作品进行支撑帮助成型，形成支撑胚料，等到作品完成，再清除这些支撑胚料就可以了。因此对支撑材料的基本要求是在加工后期容易去除。支撑材料和成型材料的使用情况如图 4-22 所示。

FDM 3D 打印技术路径使用的材料是成型材料和支撑材料，根据技术特点，要求成型材料具有熔融温度低、黏度低、黏结性好、收缩率小等特点。根据上述特性，目前市场上主要的 FDM 成型材料包括 ABS、PC、PP、PLA、合成橡胶等。支撑材料要求具有能够承受一定的高温，与成型材料不浸润，具有水溶性或者酸溶性，具有较低的熔融温度，流动性要好，去除时方便等特点。

由于 FDM 3D 打印中，成型材料多为 ABS、PLA 等热塑性材料，因此性价比较高，是桌面级 3D 打印机广泛采用的技术路径。

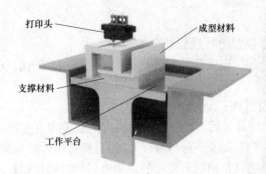

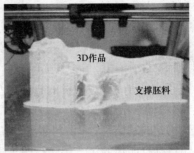

图 4-22　成型材料和支撑性胚料

（5）成型材料和支撑性材料线轴。熔融沉积成型 FDM 工艺一般是热塑性材料，以丝状形态向打印头供给固态材料，材料送至喷头内被加热熔化成半流质状态，喷头沿零件截面轮廓和填充轨迹运动，同时将熔化的材料挤出。熔融沉积成型的 3D 打印机中一定要有送丝装置和储丝设备。成型材料线轴、支撑性材料线轴和一定的机械结构结合起来就是送丝装置和储丝设备。成型材料和支撑性材料线轴如图 4-23 所示。

图 4-23　成型材料和支撑性材料线轴

2. 完整 FDM 制造系统的组成

一套完成的 FDM 熔融沉积成型 3D 打印系统包括硬件系统、软件系统，硬件系统主要指 3D 打印机本身，一台利用 FDM 技术的 3D 打印机包括工作平台、送丝装置、加热喷头、储丝设备和控制设备几个部分组成。3D 打印机本身还包括控制中枢、控制电路板，控制电路板里有许多不同的功能芯片，但核心芯片是微处理器（CPU）芯片。

3. 熔融沉积成型的 3D 打印机的工作原理

参看图 10 来分析 FDM 3D 打印机的成型过程和工作原理。总体上讲，FDM 3D 打印机的成型过程是：

（1）首先设计要打印的三维制成品的三维 CAD 模型，模型多存储为 STL 格式。

（2）对三维 CAD 模型进行近似处理。

（3）目标制成品的三维 CAD 模型进行切片分层处理形成 G 代码指令体系。

（4）进入物理成型过程，直到打印完毕。

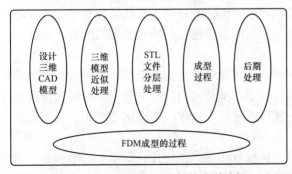

图 4-24　FDM 3D 打印机的成型过程

（5）由于大多数情况下，FDM 成型制造需要使用支撑性材料辅助打印，目标 3D 制成品打印完毕后，要去除或清理支撑性胚料及残余材料，即进行后处理，这个成型过程如图 4-24 所示。

双喷嘴 FDM 3D 打印机的工作原理：

（1）首先要进行三维目标打印体的三维 CAD 数学模型设计，也可以使用已有的三维 CAD 数学模型，得到目标打印体的 STL

格式的模型。

（2）接下来的工作是对三维 CAD 数学模型进行近似处理。

（3）对三维 CAD 数学模型进行切片分层，形成机械部分可执行的 Gcode 代码指令体系，确定控制过程。

（4）接下来就是 3D 打印机的打印成型过程：

1）当诸打印参数调节完毕，打印条件均具备后（如加热床的温度达到设定温度值、打印头喷嘴达到指定的初始位置、供料装置准备工作就绪等）开始打印三维目标打印体的基础部分，即开始打印目标打印体的第一层，打印头喷嘴（挤出器）喷吐的是半流质的热塑性材料，以丝状形态供料。材料在喷头内被加热熔化，喷头沿被打印体的截面轮廓和填充喷吐轨迹运动，同时将熔化的材料挤出，材料迅速凝固，由于目标打印体已经被分层，每一层的厚度是一个确定的离散值序列，喷头在目标打印体第一层的运动路径轨迹也在模型中确定，喷头从这个路径轨迹的起始点到终止点，扫描走过这个完整的路径，用这种方式完成目标打印体第一层的打印。

2）目标打印体的第一层打印完毕后，接着打印第二层。第二层的厚度已知（当然也可以进行不同厚度的设置），数学模型和切片分层软件早就确定了打印机喷头在第二层上运动的完整路径轨迹，同前面的情况一样，喷头在第二层的设定运动路径轨迹的起始点开始喷吐半流质的打印材料，一直到路径轨迹的终点位置。由于打印具有连续性，喷头在第二层的起始位置与第一层的起始位置相距非常近，终点位置也是一样，但是 z 坐标相差一个给定值，就是层间厚度值。在第二层的打印过程中，喷头喷吐出的半流质材料与第一层已凝固的材料紧密地凝结在一起，当加热床的温度控制适宜，各层之间的材料凝结情况会很好。

3）接着就是第三层，第四层……直到最后一层的打印，以后的过程同前面的过程完全是近于相同的。如果三维目标打印体被切片分层为 n 层（这个 n 值一般很大，切片分层越多，n 值越大），一般情况下，分层越细，目标打印体成型越精细，但成型过程时间增加。三维目标打印体被切片分层为 n 层，同时就确定了 n 个打印平面，每个平面上就唯一地确定了一条封闭的喷头运动路径轨迹，这样就确定了 n 条不同喷头的运动路径轨迹。整个打印过程就是这样逐层叠层累积，最终打印出三维目标打印体。

4）在熔融沉积成型打印过程中，由于三维目标打印体的形状多为较复杂的空间立体，成型材料在成型过程中，一般还需要支撑性材料的衬托支撑，因此还有一个喷嘴要进行半流质支撑性材料的喷吐，最后形成一个支撑性胚体。支撑性胚体的成型过程和成型材料的成型过程基本是相同的，这里就不再赘述了。

（5）后处理：3D 打印机完成三维目标打印体的打印后，支撑性胚料还与目标打印体黏附在一起，后面的工作就是要将支撑性胚料和其他多余的支撑性材料残余全部清除掉，完成目标打印体的打印，获得制成品。

熔融沉积成型又称为熔丝沉积成型或丝状材料选择性熔融覆盖成型。它是将丝状的热熔性材料加热融化，同时打印头喷嘴在计算机的控制下，根据截面轮廓信息，将材料选择性地涂敷在工作台上，快速冷却后形成一层截面。然后重复以上过程，继续熔喷沉积，直至形成整个实体造型。

要说明的是，如果是制作较大型和大型三维目标打印体，在切片分层中，喷嘴在每一层的运动路径轨迹不再是单一的封闭路径轨迹，而是多个不同的封闭路径轨迹，在打印建筑房屋和打印建筑模型中就是这样，如图 4-25 所示。

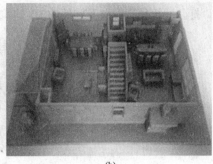

(a)　　　　　　　　　　　　　　　　　　　(b)

图 4-25　喷头在一个打印平面中移动的多个封闭路径
(a) 打印房屋中的许多封闭折线路径；(b) 建筑模型中多个物件图形

## 4.3　3D 建筑打印机的结构和工作原理

首先要清楚地知道我们所讨论的 3D 建筑打印机是什么，它有哪些分类，这样再讨论起来读者的思路会很清晰。

### 4.3.1　3D 建筑打印机的定义及分类

1. 什么是 3D 建筑打印机

我们将直接打印建筑房屋整体或房屋的一部分、现场打印建筑预制模块及构件、工厂车间打印预制模块及构件的 3D 打印设备称之为 3D 建筑打印机，这里的模块及构件包括通常的预制构件，如非承重的墙体、保温墙体、老虎窗、窗套、飘窗等，还包括各种功能及不同材料的装饰性构件。3D 建筑打印机同样能够打印承重柱、梁等部件，但这里指的是打印柱、梁的模壳，后续工艺还有配筋及在模壳内浇筑混凝土。

建筑物中的模块及构件主要有楼（屋）面、墙体、柱子、基础等。部分建筑构件如图 4-26 所示，部分建筑模块及构件如图 4-27 所示。

建筑欧式柱子　　　　　　西方建筑构件　　　　　　　欧式建筑模块

图 4-26　部分建筑构件

2. 3D 建筑打印机的分类

按照打印对象的不同，3D 建筑打印机分成以下三类：工地现场打印房屋及建筑的 3D 建筑打印机、打印建筑预制模块及构件的 3D 建筑打印机和制造预制模块及构件模具的 3D 建筑打印机。

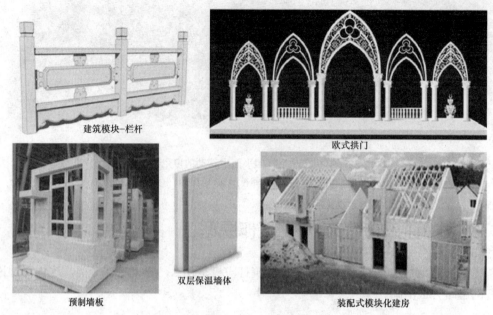

建筑模块–栏杆

欧式拱门

预制墙板

双层保温墙体

装配式模块化建房

图 4-27　部分建筑组件

## 4.3.2　3D 建筑打印机与 FDM 3D 打印机成型工艺的差异

　　3D 建筑打印机采用的成型工艺与熔融沉积成型 3D 打印机（FDM 3D 打印机）的成型工艺基本是相同的，但主要区别是：FDM 3D 打印机的打印材料（如熔丝）首先经过较高温度进行加热熔融成半流质的材料进行打印，而 3D 建筑打印机使用的打印材料主要是 3D 打印混凝土，没有加热环节，也不需要加热，直接就使用半流质状态的 3D 打印混凝土进行建筑房屋的打印或建筑预制模块及构件的打印。

　　在 3D 打印的多种成型模式中，熔融沉积成型方式去除熔融的环节，沉积成型就是 3D 建筑打印机的成型模式，其他的成型模式不适合使用 3D 打印混凝土的打印。单喷口的 FDM 3D 打印机与单喷口的 3D 建筑打印机的成型方式比较如图 4-28 所示。

　　这里要说明的是，上面将熔融

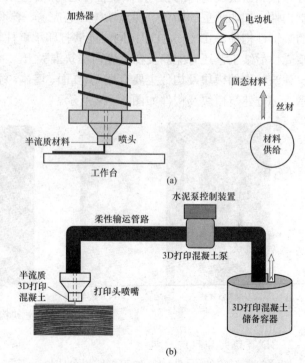

图 4-28　熔融沉积成型 3D 打印机和 3D 建筑打印机成型方式比较

沉积成型方式和 3D 打印建筑成型方式做了比较，为简化说明起见，熔融沉积成型装置中没有将加热床考虑进去，也没有将打印支撑材料的情况考虑进去。

双打印头的情况是熔融沉积成型 3D 打印机一般情况下有两个打印头及喷嘴，一个负责打印成型材料，一个负责打印支撑性材料，如图 4-29 所示。3D 建筑打印机在打印有钢筋结构的建筑房屋时，要对称打印，所以要用两个打印头及喷口。

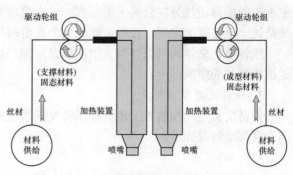

图 4-29　双喷嘴的熔融沉积成型 3D 打印机

### 4.3.3　3D 建筑打印机的结构及打印工艺

1. 3D 建筑打印机的结构类型

由于建筑房屋的体量一般情况下较大，所以打印建造他们的 3D 建筑打印机的体积也较大，都有一个大跨度的支撑性架构。现在应用较多的 3D 建筑打印机的结构有刚性框架型结构、铰链支架型结构。

2. 刚性框架型结构

刚性框架型结构的 3D 建筑打印机如图 4-30 所示。

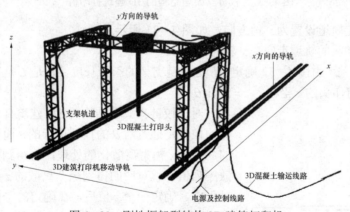

图 4-30　刚性框架型结构 3D 建筑打印机

这种结构的 3D 建筑打印机中的打印头用导轨式方式工作，在图 4-31 中，打印头的三个空间坐标分别按以下方式控制移动：

（1）$x$ 轴向的移动。整个打印机包括打印头都沿着轨道在两个方向移动，轨道方向即为 $x$ 轴向，由于一维坐标有正负，箭头所示为 $x$ 轴正向。

（2）$y$ 轴向移动。打印头安装在一根竖直方向的金属立杆的下端，金属立杆的上端安装在一个能沿与 $x$ 轴正交方向的轨道移动，这个轨道就是 $y$ 轴向的轨道。

$x$ 轴向的轨道和 $y$ 轴向的轨道确定了 $xOy$ 平面，打印头在这个平面上可以按照程序确定的任意路径轨迹上受控移动。

（3）$z$ 轴向移动。安装打印头的竖直金属立杆本身就是一个 $z$ 轴向轨道，打印头按照控制主板中的模型切片分层后的 $z$ 值序列，一个高度又一个高度地打印。当一个 $z$ 值确定后，也就是说一个高度确定后，打印头就在这个高度的平面上进行打印。

刚性框架型结构可以打印大型建筑及房屋，但受到框架结构的限制，所打印建筑要在框架结构限制的空间以内。

3. 铰链支架型结构

铰链支架型结构的 3D 建筑打印机及三维坐标轴如图 4−31 所示。该结构中打印头的空间位置移动情况如下：

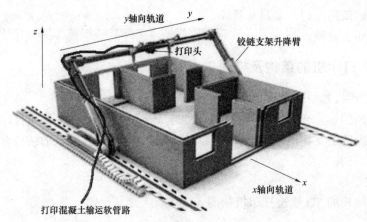

图 4−31 铰链支架型结构的 3D 建筑打印机

（1）地面固定轨道设置为 $x$ 轴方向，如图 4−31 所示。

（2）安装打印头的轨道走向是 $y$ 轴向。

（3）$L$、$\theta$ 的关系由图 4−32 确定，$L$ 是铰链支架的斜臂长度，$\theta$ 是 $L$ 是铰链支架的斜臂与 $x$ 轴的夹角，打印头的 $z$ 坐标为 $z = L\sin\theta$。

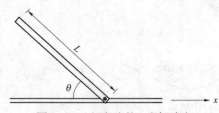

图 4−32 打印头的 $z$ 坐标确定

对于铰链支架型结构的 3D 建筑打印机打印头 $z$ 坐标的控制是通过对 $\theta$ 的控制进行的，通过被打印目标体的 3D max 模型离散化的处理，每得到关于 $\theta$ 的一个离散序列值，就对应的得到一个离散的 $z$ 坐标值，在打印过程中，确定一个 $z$ 值后，在确定的平面上打印出建筑的一个薄层，接着 $z$ 值增加一个步长，就是层的厚度，又确定另一个打印平面，接着打印等。铰链支架型结构的 3D 建筑打印机比刚性框架型结构 3D 建筑打印机的灵活性更好，无需使用大量钢材建造刚性框架，系统实施成本降低。

4. 三自由度机器人臂式结构

对于刚性框架型结构和铰链支架型结构的 3D 建筑打印机，都有导轨作为结构中的基础部分，如果将导轨走向作为 $x$ 轴的方向，从变量控制的角度来讲，打印头控制在 $x$ 轴向的控制就仅仅是移动长度控制而不再是矢量控制，如果是矢量控制，控制的复杂性大幅提高，因为涉及方向控制，还需有相应的动力装置或机械变向装置。因此有导轨结构的 3D 建筑打印机的控制系统可以简化不少。

　　还有一类 3D 建筑打印机没有导轨，而是直接采用了将打印头安置在机器人臂式结构的顶端，这类打印机的打印头的移动在空间中的移动完全可以是任意方向的，我们将这种结构叫做三自由度机器人臂式结构。

　　三自由度机器人臂式结构的 3D 建筑打印机如图 4-33 所示。

　　这款 3D 建筑打印机由俄罗斯设计师 Nikita Chen-iun-tai 提出并具体地进行了设计，也被称为 pis Cor 圆形 3D 打印机。设计师主要为了解决当前的一个使人难堪的问题：建造一幢房屋首先要建造比房屋本身更大的 3D 打印机，前面的刚性框架型结构打印机就是这样。该款打印机目前还处于原型阶段，但业内人士普遍认为这一解决方案具有非常大的实现可能。

　　三自由度机器人臂式结构的 3D 建筑打印机的主要特点之一就是能够打印比自身体积大很多的建筑房屋。

　　德国德累斯顿工业大学的研究团队开发的 3D 建筑打印机也是属于这种三自由度机器人臂式结构，如图 4-34 所示，系统中用来挤出混凝土的机械是履带式混凝土泵。

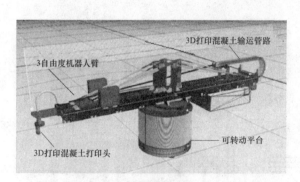

图 4-33　三自由度机器人臂式 3D 建筑打印机

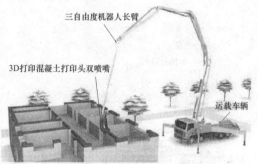

图 4-34　德国某大学开发的机型

　　三自由度机器人臂式结构不是传统的 x、y、z 三轴设置，它有一个旋转底座和起重机般的手臂可以向各个方向旋转，由内而外地打印整个房子。这种类型的 3D 打印机可以做得较小，结构紧凑，可以装在标准的运输卡车上。该技术目前仍处于初期阶段，离成为一种可行的施工方法还有一段距离。

　　上面的 3D 建筑打印机使用的 3D 打印混凝土均为掺入玻璃纤维的混凝土。这样的 3D 打印机可以实现小机器打大房子。

　　混凝土应用于工地现场时，一般都需要支架和模板来确保混凝土形成所需的形状。而且，这些模板在一个建筑项目使用过后，往往无法用于其他建筑，这样就会产生建筑垃圾。如果能够直接将混凝土使用到建筑工地现场的房屋建造上，而且不需要模板。在这种结构的 3D 建筑打印机中，如果使用特殊配方的快干混凝土通过 3D 打印喷嘴挤出，就不需要再使用模板。

　　三自由度机器人臂式结构 3D 建筑打印机的打印头在空间中的位置控制要比前两种结构的 3D 建筑打印机要复杂和困难，整个控制系统更复杂，要解决的问题更多，因此这种结构的 3D 建筑打印机还没有在实际工程中应用，其技术还有待于进一步发展。

　　5. 其他结构

　　3D 打印建筑技术在目前的发展阶段上，还有很长的路要走，人们的思路也有待于进一步开拓，研究开发有待于进一步深入。三自由度机器人臂式结构 3D 建筑打印机的研发团队，提出的新结构的 3D 建筑打印机，就是一件深入推动 3D 打印建筑技术发展的大事，也是该技术更加深入发展的一个标志。

打印一幢建筑房屋，可以使用几台或多台小型 3D 建筑打印机来协同工作是一个非常值得深入研究和推广的新思路。在打印较大型建筑的时候，可以使用若干台易于移动的小型 3D 建筑打印机进行协同工作。实际的房屋建造工程中往往同时使用综合性的技术，比如在钢结构的建筑中，由于分块的墙体很多，就可以使用多台小型 3D 建筑打印机同时协调打印墙体，图 4-35 所示给出了这样的情况：使用 H 型钢作为建筑结构柱的房屋建造中，连带有窗户和进出通道门的分块墙较多，使用多台小型 3D 建筑打印机进行墙体打印施工，大幅度地提高建造速度。实际上不仅仅是在打印墙体的情况下，使用多台小型 3D 建筑打印机可以用于解决和处理许多大型建筑建造施工中的局部工程施工问题。总之，使用多台结构较为简单的 3D 建筑打印机协同工作用于打印较大型建筑的各个不同部分，这方面有许多工作要做，有大量需要研究开发的内容。

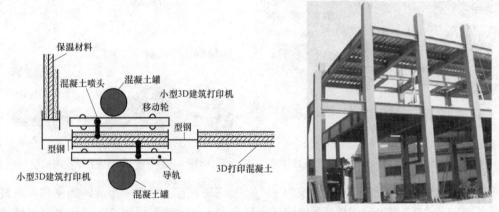

图 4-35　两台小型 3D 建筑打印机协同打印墙体

一些研究人员还开发了一种圆形框架三柔性吊臂的 3D 建筑打印机，如图 4-36 所示。

图 4-36　圆形框架三柔性吊臂 3D 建筑打印机

6. 3D 建筑打印机的打印头及打印建筑的工艺过程

我们这里仅仅讨论刚性框架型结构 3D 打印机的打印头及打印建筑的工艺过程。

（1）刚性框架型结构 3D 打印机的打印头。刚性框架型 3D 打印机结构图如图 4-37 所示。

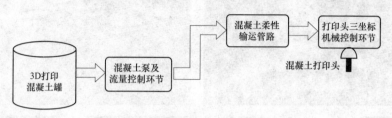

图 4-37　刚性框架型 3D 打印机结构图

这种结构的 3D 建筑打印机的打印头可以做得复杂一些，将控制功能多承担一些，也可以将打印头做得简单一些，将打印控制的功能主要由其他控制装置来承担。一种比较复杂的打印头如图 4-38 所示。

图 4-38　一种比较复杂的打印头

在图 4-38 中，第一个是由美国南加州大学快速自动制造技术中心（CRAFT）Behrokh Khoshnevis 博士在他的"轮廓工艺打印技术"中使用的一个打印头，第二个是荷兰 Heijmans、CyBe 公司推出的三自由度机器人臂式结构打印机上所用的打印头。需要强调的是，我们这里主要讨论刚性框架型结构 3D 建筑打印机的情况，但顺便提了一下三自由度机器人臂式结构 3D 建筑打印机的打印头。

刚性框架型 3D 建筑打印机中较多使用的是简化性的混凝土打印头，这里给出了几种此类打印头的外观，如图 4-39 所示。

3D 混凝土打印头可以采用多种不同的结构，其中有一种镗削螺旋钻向打印头输送混凝土的打印头。这种向打印头输送混凝土方式，会出现下列问题：用单一的镗削螺旋钻供给混凝土，螺旋钻向前推进时处于供给状态，螺旋钻向后退进时则处于停止供给混凝土的状态，因此要使用两个螺旋钻轮流工作，一个螺旋钻处于后退状态时，另一个螺旋钻处于前进供给状态。

图 4-39　简化型的混凝土打印头

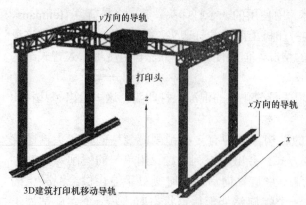

图 4-40　刚性框架性结构 3D 打印建筑工艺过程

（2）刚性框架型结构 3D 打印机打印建筑的工艺过程。在刚性框架型 3D 建筑打印机的结构中，有一条轨道，轨道确定了一根坐标轴，即 $x$ 轴，混凝土打印头安装在另外一条与 $x$ 轴正交的滑轨上，这根滑轨的走向是 $y$ 轴的轴向，打印头上下升降是沿着 $z$ 轴上下移动的，如图 4-40 所示。

打印机打印建筑房屋的工艺过程是：

1）首先要建立打印建造房屋的三维 CAD 数学模型，建造房屋之前必须要进行设计，我们要建造的房屋是个什么样子的，是一个三层楼结构，还是一个二层的别墅，面积是多少，承重的结构是哪些？具体室内分布情况怎么样？设计的结果要转化为三维 CAD 数学模型，当然这部分设计工作是由专业人员进行的，当得到需要建造房屋的三维 CAD 数学模型后，形成三角网格 STL 文件，通过 3D 打印建筑的软件，将 CAD 模型进行切片分层。

2）在切片分层的过程中设置 $z$ 轴离散的取值序列 $z_1, z_2, \cdots, z_n$，即确定每一层混凝土层的厚度，换言之，确定打印头喷口的离散高度序列值，模型对于每一个具体的打印头喷口高度值，都对应的确定一个打印平面，在该平面上都相应地有房屋轮廓打印路径轨迹。

3）打印头喷口从第一层的一个起始点开始进行打印（注意是 3D 打印混凝土），按照该层给定的路径轨迹喷吐混凝土，完成一层的打印回到起始点或回到起始点的附近。接下来打印第二层，打印头按照该层存储在程序中确定好的打印路径轨迹继续喷吐混凝土，直到完成第二层的打印。

4）后面的打印过程与第一层、第二层的打印过程是一样的，混凝土就这样一层一层按照给定的轮廓轨迹堆叠累积，直到完成 CAD 模型设计中目标房屋的建造，当然这样建造打印出来的房屋距离人们能够居住还需要做很多后续的工作。

5）在打印施工过程中，关键是要实现对打印头喷嘴位置坐标的精确控制，这项工作由三维 CAD 数学模型、切片分层软件及相应的控制软件和控制系统来完成，控制系统的核心是计算机及控制电路板中微处理器。

前面讲过的熔融沉积型 3D 打印机的三维 CAD 模型、切片分层软件、控制电路板都能够移植到 3D 建筑打印机中来，但材料加热环节则不需要了，成型材料和支撑性材料双喷嘴打印简化成一个由单喷嘴打印，或一条混凝土输运管路但有两个喷嘴，控制按照单喷嘴的情况进行。

除此而外，一般的 3D 打印机打印的三维零件或三维制成品体积较小，而 3D 建筑打印机打印的则是建筑房屋这样的庞然大物，这样一来，打印材料—混凝土的输运管路及动力加压环节、打印头的控制机械环节个头、体积就会大许多，拖动设备的动力就会强劲的多。

**7. 3D 打印房屋时对水电管线的处理及加强钢筋的使用**

建造房屋必须要解决电力、照明电源线路的引进及敷设，还要解决建筑弱电系统和通信系统在房屋中的布线，如电话线、网络线缆、视频监控及其他安防系统的布线，还有无线设备的使用电源等，这都需要在建筑中敷设管线、线槽；房间的生活用水供给和污水的排放必须敷设相应的给排水管线。另外，混凝土在结构中主要是起抗压的作用，但是抗拉的能力差，所以常用钢筋增加抗拉的能力，为了使 3D 打印建造的房屋安全，即使是打印无钢筋结构的房屋，在关键的承重位置也常常要配置一些柱内配筋、梁内配筋等。这些问题在设计时就要考虑进去，因而使三维 CAD 模型设计复杂程度大幅度提高。但不管怎么样，建造房屋时，不可避免地要解决这些问题。

菲律宾设计师 Yakich 在打印一幢酒店建筑时，采用了一边打印施工一边解决这些电力管线、给配水管线和加入加强钢筋的问题。图 4-41 为电力管线、给排水管线的加入。

图 4-41 电力管线、给排水管线的加入

电力管线、给排水管线和加强钢筋加入后的墙体情况如图 4-42 所示。

图 4-42 加入电力管线、给排水管线和加强钢筋后的墙体

### 4.3.4 打印建造小型房屋的案例

一位美国的大学生 Alexe Roux，自己动手制造了一台混凝土 3D 打印机，在自家的后院打印了一间小房子，耗时仅仅不到 24h。Alexe Roux 建造的是一台 RepRap 3D 打印机，这里的 RepRap 3D 打印机是指一种具有"自我复制打印"能力的开源打印机，其安装过程和文件都可以通过开源的方向为所有用户分享。经过不断地发展，新的 RepRap 3D 打印机具有较高的性价比，其特点是较好地解决 $z$ 轴卡住的问题，$x$、$y$、$z$ 轴三个方向上移动控制更有效，组装简化，更换打印头方便，便于移动等。

Alexe Roux 制造的混凝土 3D 打印机打印尺寸为 3m×3m×3m，打印速度为 0.09m/s（水平），打印头喷嘴半流质混凝土流量为 4L/s，而且设备结构简单。

Alexe Roux 仅一个人在现场操作计算机和添加混凝土就完成了一幢小型房屋的建造，它使用的简约型 3D 建筑打印机如图 4-43 所示。

图 4-43　简约型 3D 建筑打印机

打印建造小型房屋的基础如图 4-44 所示。

图 4-44　建造小型房屋的基础

完成了主体工程的一部分打印，如图 4-45 所示。

图 4-45　主体工程的一部分

## 4.4 喷涂型 3D 建筑打印机

### 4.4.1 什么是喷涂型 3D 建筑打印机

前面介绍了三维打印成型技术，该技术中包括三维喷涂黏结成型和熔融材料喷墨三维打印成型两大类工艺。其中在喷墨式三维打印成型过程中，打印头喷嘴喷射出的是直接用于成型的热塑性半流质材料并在很短时间内就凝固成型。这种成型工艺也可以用于 3D 建筑打印机，不过在用于打印建筑房屋的时候，打印头喷嘴喷出的不是"墨汁"而是 3D 打印混凝土，为更加形象地描述这种 3D 建筑打印机，将其称为喷涂型 3D 建筑打印机较为合适。

喷墨式三维打印成型过程是将半流质的热塑性半流质材料从喷嘴喷涂在一个平面上的一条轨迹路径上，当完成这个平面的轨迹路径扫描喷涂后，喷头上升一个高度，在另一个平面上接着按规定的建筑轮廓轨迹进行扫描喷涂，一层接着一层地喷涂，直到打印完模型中的最顶端为止。喷涂型 3D 建筑打印机的成型过程与喷墨式三维打印成型过程主要不同的地方是喷涂型 3D 建筑打印机喷涂的是半流质的混凝土而不是半流质热塑性材料。

这里要特别注意区别的是，前面介绍过的 3D 建筑打印机的打印头喷嘴是向下方喷吐混凝土，而这里讲的喷涂型 3D 建筑打印机的打印头喷嘴是与墙面垂直的方向上向墙体喷涂混凝土如图 4-46 所示。

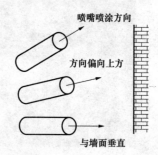

图 4-46 喷涂型 3D 建筑打印机喷嘴喷涂混凝土

### 4.4.2 喷涂型 3D 建筑打印机的技术基础

喷涂型 3D 建筑打印机的技术基础是大量应用于矿山的锚喷技术。

1. 锚喷支护技术

锚喷支护是喷射混凝土、锚杆及钢筋网用于围岩加固或者边坡加固的总称。其作用机理主要是通过锚杆或者锚索将不稳定岩体锚固在稳定岩体上，防止不稳定岩体塌落或产生过大的变形，而且可以防止表面岩石塌落和风化，提高岩体的整体性和稳定性。锚喷支护技术大量地应用于边坡防护和在矿山中替代砌碹支护。

某建筑工地的周边环境中包含了一些不安全的边坡障碍物，但又无法彻底移除，为保证边坡及其环境的安全，对边坡采取了边坡支护的加固与防护措施。如图 4-47 所示支护形式就是锚喷支护。一层坚固的喷射混凝土牢牢地黏附在要加固的倾斜边坡上，形成边坡支护。

某矿区采用锚喷支护的井下轨道运输大巷如图 4-48 所示，巷道锚喷支护中的喷射混凝土形成了牢固的支护。

图 4-47　锚喷支护用于边坡防护

图 4-48　矿区井下轨道运输大巷的锚喷支护

2. 锚喷支护的工艺过程

锚喷支护施工工艺流程：① 坡面清理。② 对锚杆孔的孔位进行布孔、造孔和清空（锚杆是岩土体加固的杆件体系结构）。③ 锚杆安装。④ 挂网。钢筋网必须紧贴岩面，并与边墙锚杆绑扎牢，钢筋网片之间采用搭接方式连接并相互绑扎牢靠。⑤ 受喷面清洗。清除受喷面所有浮土、松散的岩块和其他影响喷混凝土黏着力的污迹、脏物。⑥ 喷射混凝土。在喷混凝土过程中，分段分片依次进行，喷射顺序自下而上；作业时应连续向喷射机供料，保持工作风压稳定，控制喷距在 0.6~1.0m 之间；喷头要求与受喷面垂直。喷射混凝土必须填满钢筋与喷面之间空隙，并与钢筋黏结好，喷射后，钢筋网上的喷层厚度应满足保护层尺寸的要求。⑦ 养护。喷射混凝土终凝 2h 后，要定时洒水养护，达到设计强度。⑧ 质量检测。内容包括强度检测、厚度及密实度检测、锚杆无损检测。

锚喷支护施工中的情况如图 4-49 所示。

图 4-49　锚喷支护施工中的情况

图中标注：喷射混凝土、钢筋网、锚喷机的喷嘴

**3. 喷射混凝土分类**

根据不同喷射工艺，可以分为干式喷射混凝土、潮式喷射混凝土、湿式喷射混凝土和钢纤维喷射混凝土五种类型。

（1）干式喷射混凝土。指水泥、粗细骨料和速凝剂，通过人工或机械进行干式搅拌均匀后，由干式喷射混凝土喷射机，用压缩空气从输送管道内输送到喷射嘴，在喷射嘴处按规定的水灰比加入压力水，与干粉迅速混合，由喷嘴喷射到围岩壁面上。这种混凝土不适于在喷涂型 3D 打印建筑房屋中使用。

（2）潮式喷射混凝土。潮式喷射混凝土与干式喷射混凝土的主要区别是水泥与粗、细骨料的拌和不是干拌，而是采用含水量 10%～12%的粗、细骨料与水泥搅拌为 10%～80%的潮料。采用潮式混凝土喷射机，压缩空气输料，潮料在输运的过程中介于稀薄流与半稠流状态，输送到喷嘴处补充压力水后，由喷嘴喷射到墙面上，速凝剂在上料或喷嘴处添加，其材料不能用早强速凝水泥，一般选不低于 500 号的普通硅酸盐水泥。潮式喷射混凝土。潮式喷射混凝土可较大幅度地降低粉尘浓度。这种混凝土不适于在喷涂型 3D 打印建筑房屋中使用，也不适合应用在喷涂型 3D 打印建筑房屋中。

（3）湿式喷射混凝土。指按一定比例将水泥、粗、细骨料和水一起搅拌，然后用湿式喷射机，将拌好的混凝土通过输料软管输运到喷嘴，并在喷嘴处添加液体速凝剂，用压缩空气补给能量，使混凝土形成料束，从喷嘴喷射到墙面上。喷涂型 3D 打印建筑房屋适合使用这种混凝土。

（4）钢纤维喷射混凝土。钢纤维混凝土是在普通混凝土中掺入乱向分布的短钢纤维所形成的一种新型的多相复合材料。这些乱向分布的钢纤维能够有效地阻碍混凝土内部微裂缝的扩展及宏观裂缝的形成，显著地改善了混凝土的抗拉、抗弯、抗冲击及抗疲劳性能，具有较好的延性性。

在喷涂型 3D 打印房屋的技术中，如果使用玻璃纤维混凝土替代钢纤维混凝土，就是前面讲到过的 3D 打印混凝土。

综上所述，将锚喷技术用于喷涂型 3D 打印建筑时，适合使用的喷射混凝土有湿式喷射混凝土和玻璃纤维混凝土。

**4. 喷射混凝土的工艺流程**

喷射混凝土的工艺流程如下：先将河砂、石子过滤和水泥按配合比送入搅拌机充分搅拌，然后用运输工具将搅拌的混合料输送到喷射机，再经输送材料的管道以压风为动力，送到喷嘴处与水及速凝剂混合，高速流向受喷面上，这个过程如图 4-50 所示。

在湿式喷射混凝土的工艺流程中，使用到的部分相关设备有混凝土喷射机、混合料搅拌机，并配有计量设备磅秤、台秤等，还要有空气压缩机、供水设备，并保证有一定的水压。

一次喷射层太厚，在自重作用下，喷层会出现错裂而引起坍落，太薄时大部分粗集料会回弹。喷层仅留砂浆，将影响喷射效果和质量，因此要掌握好喷射层厚度。

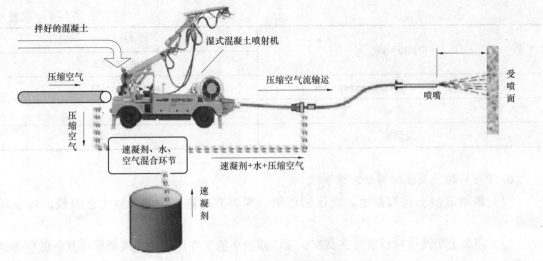

图 4-50　喷射混凝土的流程图

风压过大会造成喷射速度太高而加大回弹量，风压过小会使喷射力减弱，使混凝土密实性差影响强度。

**5. 湿式混凝土喷射机**

这里介绍一款型号为 JPSI-L 的湿式混凝土喷射机及技术参数，帮助读者对喷涂型 3D 建筑打印机有更深的理解。JPSI-L 湿式混凝土喷射机外观如图 4-51 所示。

工作原理：将混合好的料，人工均匀地装入搅拌机的料斗送风开机后，打开加水装置球

图 4-51　JPSI-L 湿式混凝土喷射机外观

阀，物料经搅拌机搅拌后送入喷射机，再由压风经输料管、喷头，把混合好的料，喷向受喷面。在混合料进入喷头时，经由速凝剂泵压出的液体速凝剂与其混合，达到混凝土速凝的目的。

该机组可将配好的混合料，自动进行加水，搅拌，连续输送，加液体速凝剂，喷射。

JPSI-L 湿式混凝土喷射机主要技术指标见表 4-1。

表 4-1　　　　　　　　　　JPSI-L 湿式混凝土喷射机主要技术指标

| 喷射能力/（m³/h） | 5（7，8，9） |
|---|---|
| 拌和料的水灰比 | ＞0.40 |
| 骨料最大粒径/mm | ≤20 |
| 输料管内径/mm | φ50 |
| 工作风压/MPa | 0.4~0.6 |
| 耗风量/（m³/min） | 8~10 |
| 水平输送距离/m | 水平：≤30，垂直：≤10 |
| 液体速凝剂掺量（%） | ≤4（水泥重量的百分数） |

续表

| 电机功率/kW | 搅拌机：3 |
| | 喷射机：5.5/7.5 |
| 外形尺寸（长×宽×高）/mm×mm×mm | 3071×733×1423 |
| 重量/kg | 1200 |
| 电压/V | 380/660/1140 |

6. 使用锚喷混凝土的部分注意事项

（1）锚喷混凝土具有高速、高压的作用，要调节好施工中的一些工艺参数，减小回弹量。

（2）混凝土可通过输料软管在高空、深坑或狭小的工作区间内完成薄壁或复杂造型的结构喷涂。

（3）锚喷混凝土对原材料的要求（特别是骨料粒径、强度）和对施工机械的要求（尤其是喷射设备性能）都较高。因此，一定严格按照施工和技术要求进行施工作业，保证喷涂水泥形成的薄壁或墙体的质量。

（4）喷射混凝土时掺入速凝剂，混凝土凝固后强会降低。当掺量为 2%～5%时，混凝土强度会降低 15%～30%。因此，选用速凝剂时应谨慎并需经试验确定用量，同时当速凝剂掺量为水泥用量的 3%～4%时，混凝土设计标号应比实际需要提高 1 级。

（5）如果喷射过程中出现喷射混凝土下垂，往往是喷层过厚或混凝土水灰比过大造成的。由于新喷的混凝土混合料抗拉强度及黏结强度都较低，如果喷射混凝土的自重大于顶部受喷面的黏结强度时，即呈现下垂和脱落，因此需结合实际情况分层分段完成喷射工作。前后喷射时间间隔必须大于 4h，初喷的厚度应不小于 5cm，复喷后不小于 10cm。

回弹量的大小与原材料、配合比、水灰比、风压、喷射的方向及距离、受喷部位、喷射设备、操作人员的操作等因素有关。防范措施：严格控制喷嘴与喷射面的距离。施工时喷嘴尽量和受喷面垂直，否则会降低混凝土密实度；调整最佳水灰比；调整压缩空气的压力，如压力太大，回弹率会增加；压力太小又不能保证混凝土的密实度，而且料束的喷射距离变短，难以达到喷射面，同时也容易造成堵管。施工中回弹经常成为不能完全解决的难题。

基于锚喷支护技术开发的喷涂型 3D 打印建筑设备使用的 3D 打印混凝土就是锚喷混凝土，因此要熟悉和遵守锚喷支护技术中的施工工艺要求和相关的技术要求。

7. 喷涂型 3D 建筑打印机打印墙体

如前所述，3D 打印建筑的内容包括 3D 打印再造石材质的浮雕、假山、装饰用制品。3D 打印建筑的意义并不仅仅限于通过一台大型 3D 打印机一次性地完成一幢建筑房屋建造的层面上。因此以锚喷支护技术为基础，开发喷涂型 3D 打印建筑的技术。使用该技术开发一种模块化轻质墙体，为了提高强度，还可以在这种模块化轻质墙体中加入类似锚杆的金属加强筋，或金属加强筋连带金属网，如图 4-52 所示。

一般地讲，砖混结构的房屋所有墙体都是承重墙。框架结构的房屋外墙为承重墙，内部的墙体一般都不是承重墙。对于框架结构的低层建筑来讲，内墙可以使用喷涂型 3D 打印来降低成本，加快房屋的建造工期。前面提到过的钢结构的低层建筑，除了内墙可以使用喷涂型 3D 打印建造以外，部分外墙也可以喷涂打印。下面介绍喷涂型 3D 打印房屋的一种应用情况。在图 4-53 给出了要建造的房屋是一幢二层坡形屋顶钢结构轻质墙体的别墅，首先将钢结构的框架建造完成，底层采用了规格尺寸较大的 H 型钢柱，二层采用了规格尺寸较小的 H 型钢柱，底层的结构梁使用的也是大规格尺寸的 H 型钢，该房屋的大部分内墙和外墙的大部分都可以使用喷涂 3D 现场打印，打印情况如图 4-54 所示。

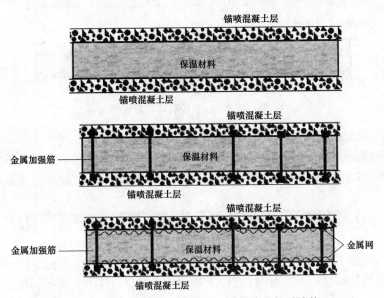

图 4-52　使用喷涂方式打印一种模块化轻质墙体

图 4-53　一幢二层坡形屋顶的钢结构轻质墙体别墅

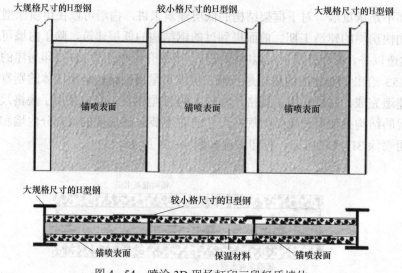

图 4-54　喷涂 3D 现场打印三段轻质墙体

　　这里要说明的是：使用喷涂 3D 现场打印的非承重轻质墙体中使用类似于锚杆结构的钢筋，也可以使用钢丝网强化墙体的强度，墙体中有保温层，这样的轻质墙体较现有的许多轻质墙体的强度要高得多。这种结构的房屋建造成本低、工期短、还能够抗高等级地震。

# 4.5　小型 3D 建筑打印机的打印头喷口流量控制方法

　　在刚性框架型结构、铰链支架型结构、三自由度机器人臂式结构的 3D 建筑打印机中或其他小型 3D 建筑打印机中，使用 3D 打印混凝土打印房屋，打印头喷嘴的混凝土流量是需要进行精确控制的。在打印头喷嘴用一定速度移动时，如果流量过大，喷吐出的混凝土不能够及时成型凝固，则会出现坍塌；如果流量过小，无法正常供给所需半流质混凝土，也不行。还有，打印头喷嘴的移动速度和喷嘴的流量有较严格的函数对应关系，这都要求对喷嘴的流量进行精确控制。为使问题讨论简化起见，这里仅讨论小型 3D 建筑打印机打印头喷嘴流量控制的情况。

## 4.5.1　小型 3D 建筑打印机的打印头喷口流量控制方案

### 1. 小型 3D 建筑打印机的结构

　　如前所述，打印一幢房屋可以使用多台简易型小型 3D 建筑打印机进行协同打印，小型 3D 建筑打印机结构可以是各种各样，这里仅讨论一种结构的小型 3D 建筑打印机，其系统组成如图 4-55 所示。

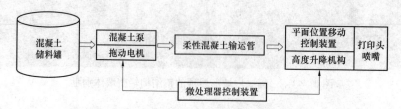

图 4-55　一种小型 3D 建筑打印机系统组成

**2. 一种打印头喷口流量控制方案**

这是一个专门打印非承重墙体的打印机，在这个小型打印机设备中，混凝土泵的拖动电机控制仅仅为简单的启停控制；微处理器控制装置负责为打印头喷嘴的高度升降控制和 $xOy$ 平面的移动控制，每当取定一个高度值就确定一个打印平面，打印头喷嘴在该平面上按给定的扫描路径进行移动喷吐混凝土，一个高度上的平面扫描完毕后，再向上移动一个高度，又确定一个扫描平面，打印头喷嘴继续沿着设定的路径移动喷吐混凝土，直到完成一块完整墙体或房屋部件的打印。由于打印头喷嘴的移动速度、喷出混凝土的流量和喷吐每一层混凝土的厚度都处于关联变化状态中，如果喷嘴喷吐混凝土的流量不变化，就需要调节每一层的厚度和打印头的移动速度，当要求打印头的移动速度按某种规律变化时，控制变得复杂了。所以在控制装置中加入一个环节——变频器，用变频器驱动电机和混凝土泵，当调节变频器的输出频率时，混凝土泵的转速就得到调节，混凝土泵的混凝土流量也就得到调节。使用带有微处理器的控制装置来控制变频器，就能很好地控制混凝土泵的混凝土供给流量了。

变频器的加入位置如图 4-56 所示。

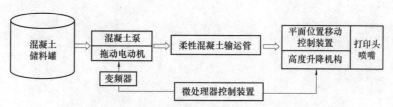

图 4-56　使用变频器控制混凝土泵的流量

## 4.5.2　简化结构与控制方式

对于以上结构的小型 3D 建筑打印机，打印头喷嘴如果采用在导轨上移动的方式，设备结构和控制过程均可得到简化。进行设备开发的时候，只要打印精度能够得到满足，对变频器的控制可以采用开环方式进行。

设定上述小型 3D 建筑打印机上的混凝土泵选配电机为 3.0kW/50Hz/380V，选用变频器型号为 VFD037M43，制动电阻 400W/150Ω，如图 4-57 所示。

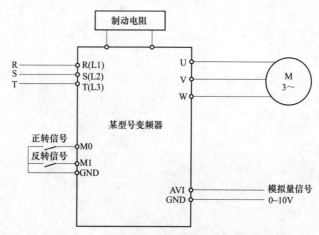

图 4-57　控制混凝土泵流量的变频器接线

图中变频器的 R、S、T 端子接 380V，频率为 50Hz 的三相正弦交流电，U、V、W 端接入混凝土泵驱动电动机 M 的 380V 的三相正弦交流电输入端子，不过这里的频率已经不是 50Hz 了。变频器输出频率的变化调节了电动机 M 的转速，即控制了混凝土泵的喷涂混凝土流量。

变频器 AVI/GND 端子提供与数字控制系统速度模拟量，AVI 接数字控制系统模拟量接口正信号，GND 接负信号，信号为 0～10V 模拟电压信号，控制混凝土泵的转速。

使用开环的方式，直接控制变频器转速进而控制混凝土泵的转速，就是说采用简单的电压调节输入装置，控制 AVI/GND 端子间的电压直接控制混凝土泵的混凝土供给流量，即控制了打印头喷嘴的混凝土流量。

# 第 5 章　3D 建筑打印机的软件及软件配置技术

当读者学习了许多关于 3D 打印的硬件基础知识后，接下来必须要学习一些关于 3D 打印机、3D 建筑打印机的软件知识了，当具备硬件知识又具备一定的软件知识后，就可以去制作、安装、调试、运行 3D 打印机或 3D 建筑打印机了。读者要非常清楚 3D 建筑打印机是 3D 打印机在建筑行业里应用的版本，因此要深入地学习 3D 建筑打印机的软、硬件知识，就必须要掌握好一般情况下 3D 打印机的软、硬件知识。下面就来谈谈要开发和使用的 3D 打印机、3D 建筑打印机首先必须要使用哪些软件，以及如何获得这些软件的问题。

## 5.1　3D 打印机使用软件类型

### 5.1.1　3D 打印的关键步骤

有了 3D 打印机，要实现 3D 打印，还要通过软件的配合才能进行。3D 打印机要进行工作运行，实现三维目标物的打印，必须要按三个步骤进行：第一步，使用 CAD 建模软件进行 3D 模型的建模；第二步，将建模软件转化输出为 .stl 或 .obj 格式的文件，然后才能进行 3D 打印操作。

stl 格式的文件是指在计算机图形应用系统中，用于表示三角形网格的一种文件格式。它的文件格式非常简单，应用很广泛。stl 是快速原型系统所应用的标准文件类型。stl 是用三角网格来表现三维 CAD 模型。obj 文件是一种文本文件，可以直接用写字板打开进行查看和编辑修改。obj 文件以纯文本的形式存储了模型的顶点、法线和纹理坐标和材质信息。obj 文件的每一行格式都非常相似。

（1）用 CAD 软件来创建三维 CAD 模型。3D 打印的第一步工作使用 CAD 软件来创建三维对象。CAD 是的英文缩写，意思是计算机辅助设计（Computer Aided Design）。CAD 软件可以帮助用户建立数学模型，把设计思想转化为计算机屏幕上的图形和模型数据。

创建的三维 CAD 模型用 stl 三角网格格式存储起来。

（2）由于 3D 打印的过程是将打印材料一层一层地叠加累积，要有一个软件进行切片，每当"切"下一片后，切片结果就转化为特殊的数据，成为 G 代码。G 代码指示打印头加热部分移动到指定位置去喷涂半流质的打印材料。

切片软件将三维 CAD 模型切片分层，从 STL 导出 G 代码。

（3）3D 打印操作。只有经历了（1）（2）两个步骤后，3D 打印机才能够真正地执行打印任务了。

## 5.1.2　操作 3D 打印机必须使用的三类软件

操作 3D 打印机必须使用的软件有切片软件、上位机控制软件和主控板固件三类。这里说的主控板固件是软件，是主控电路板的软件，不同的主控电路板专有的主控板固件也不同（主控板就是控制电路板）。切片软件也被称为 G 代码生成器或切层软件，当有了三维 CAD 模型后，要进行打印材料的层层堆积累加，必须要有切片软件完成模型分层的工作。

1. 切片软件

主流的切片软件有 Slic3r、Cura、Skeinforge、Kissslicer 等。其中应用较为广泛的 Slic3r 切片软件和 Cura 切片软件功能上有很多相同的地方，但也各有特点，比如界面的特色、切片速度、配置方式上等。我们这里主要讲述 Cura 切片软件。

G 代码是数控程序中的指令。一般都称为 G 指令，而 3D 打印机是按照 G 代码来控制打印的。Cura 切片软件的作用：将 stl 格式的 3D 模型文件沿 $z$ 轴方向按设定的层厚进行切片分层，然后计算生成打印路径，得到 G 代码供 3D 打印机使用。在切片分层的过程中，每一层从模型中切分出来后，都会得到该层高度上的三维目标打印体的轮廓数据信息，根据这个轮廓数据信息，就确定了一个打印头喷嘴的移动路径，就是打印路径，所有这些数据都形成了 G 代码。

2. 上位机控制软件

和许多复杂的控制系统一样，在 3D 打印机的控制中，也采用上位机和下位机两级控制。上位主控机一般采用配置高、性能优良的 PC；下位机采用嵌入式系统、DSP，驱动执行机构。上位机和下位机通过特定的通信协议进行双向通信，构成控制的双层结构。上位机和下位机的接口可选用通信速率高，数据传输量大的 PCI 接口，实现多重复杂控制任务的高效性与协调运动。

上位机完成打印数据处理和总体控制任务，主要功能有：① 从三维 CAD 模型生成 3D 打印所需要的数据信息；② 设置打印参数信息；③ 对打印过程进行监控并接收运动参数的反馈，必要时通过上位机对打印设备的运动状态进行干涉；④ 实现人机交互，提供打印过程进度的实时显示等。

下位机进行打印运动控制和将打印数据传送给打印头喷嘴，并向上位机反馈信息，接受控制命令和运动参数等控制代码，对运动状态进行控制。

上位机控制软件的主要作用：3D 打印机客户端软件把一系列动作指令传送到主控板硬件，再通过主控板固件（主控板程序）解释执行命令。

开发实际 3D 打印系统中使用较多的上位机控制软件主要有 Repetier-Host、Cura 等。

开发实际系统时，读者还要注意掌握一些关于计算机控制方面的知识。读者常常会问：主控板（控制电路板）上使用了微处理器，具体是使用了哪类系统？首先我们要搞清楚一些基本概念。单片机和嵌入式系统都可以用于控制电路板上，二者有什么区别？我们进行如下对比：

单片机基本结构由运算器、控制器、存储器、输入输出设备构成。

嵌入式系统一般由以下几组嵌入式微处理器、外围硬件设备、嵌入式操作系统、特定的应用程序构成。嵌入式系统又分为：① 嵌入式微控制器（16 位、8 位以及 8 位以下的 CPU，典型代表就是单片机）；② 嵌入式微处理器（32 位以及 32 位以上的称为处理器，典型为 ARM

核的处理器）；③ DSP（Digital Signal Processing），数字信号处理器等。设计嵌入式系统时，一般要结合具体的应用，综合考虑系统对成本、性能、可扩展性、开发周期等各个方面的要求，确定系统的主控器件，并以之为核心搭建系统硬件平台。

3. 主控板固件

3D 打印机的主控板固件随主控板不同而不同，Sprinter、Marlin 是常用且使用人数较多的主控板固件。Sprinter 功能相对简单，Marlin 的功能相对复杂、强大。

主控板固件的主要作用：分析并处理 G 代码命令，控制 3D 打印机硬件执行命令，如主控板接收到"G1×0 Y0 Z0"命令，主控板固件分析判定，控制打印头的 $x$、$y$、$z$ 三个坐标轴的值取 0，步进电动机运动触发限位开关，使打印头回归三维空间中的原点位置。

主控板固件实际上就是控制 3D 打印机电子电路的软件。3D 打印机上三条正交的坐标轴，每一条坐标轴都连接了一台电机拖动打印头沿轴向移动，因此要有控制电机正反转的指令。主控板固件接受 G 代码并与 3D 打印机连接，给各轴的电动机发出运转方式及移动路径指令的软件。

4. 软件的选择

实用软件较为复杂的一点是面对许多功能相近的软件，如何选用哪一个软件和选择哪一些软件进行协调配合。比如目前的切片软件有数十种，能够进行创建三维 CAD 模型的软件也有几十种，主控板固件也随不同主控板的不同而不同。一个较好的方法是：从事 3D 打印的工作开始要具体地使用某一款打印机，现在较经济便宜的桌面型 3D 打印机价格很低，仅 1000 多元人民币。

开始时先使用 3D 打印机生产商建议的那一款软件及配套的几款软件。问题有时简化到生产商仅引导客户自己登录某网站下载几款指定的软件，当然这几款软件与客户的 3D 打印机是完全匹配的。还要注意，有些 3D 打印机却只能用生产商创建的专属软件，这种情况下，客户就不能自由选择了。

软件安装、设置齐备后，就可以将计算机、主控板和 3D 打印机设备连接起来，然后测试，配置，直到可以打印。

3D 建筑打印机的软件选择、配置和使用是以 3D 打印机的软件选择、配置和使用为基础的，另外还要自行开发许多能够应用于不同情况的应用软件才行。

# 5.2　上位机控制软件 Repetier－Host 和 Pronterface

上位机控制软件种类比较多，我们在这里介绍两款使用用户数量很多的 3D 打印机上位机控制软件：Repetier－Host 和 Pronterface。

## 5.2.1　上位机控制软件 Repetier－Host

1. Repetier－Host 的简要介绍

Repetier－Host 是 Repetier 公司开发的一款免费的 3D 打印综合软件，是目前市面上使用用户数量最多的一种 3D 打印综合软件。软件能够实现切片，查看修改 G 代码，能够手动控制 3D 打印机，方便地更改某些固件参数等功能，同时软件界面友好，容易操作。

软件可从国内的打印虎网站免费下载（打印虎本地下载，百度云下载），也可以从中国

3D 打印网下载。较新版本的软件相较之前版本增加了 Server 功能模块，以及集成了最新版本的 Cura Engine/Slic3r 切片软件。

安装好软件后，直接运行打开，主界面如图 5-1 所示。

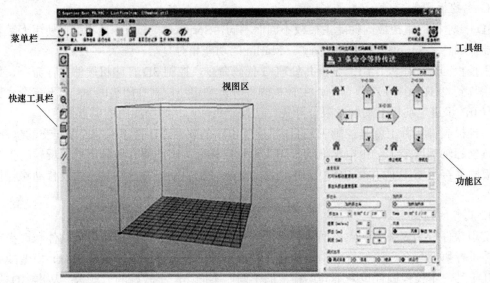

图 5-1　主界面

Repetier-Host 软件主界面包括菜单栏，快速工具栏，视图区和功能区。菜单栏包含一些常用菜单项，下侧还包含几个工具按钮主要用于连接打印机，对打印机进行设置；快速工具栏中包含一些查看模型的快捷工具和查看视角快捷按钮；视图区是用来查看载入模型的情况；功能区是该软件的核心区域，也最为关键，包含物体放置、切片软件、（print preview）预览、手动控制和 SD 卡 5 个功能块。

2. 设置 Repetier-Host

在打印机设置窗口中，进行基本的设置，这里仅介绍部分内容设置：

1）选择相应的 USB 端口，使计算机与已有的 3D 打印机连接。

2）设置上位机软件通信的波特率（Baud Rate），一般情况下设置成 115 200～250 000。高的波特率可以提高通信速率，但可能会造成通信不稳定。另外还要注意，上位机软件设定的波特率要与固件中设置的波特率相同，因为固件和上位机通信要采用相同的波特率。

3）在 Behavior（行为）选项卡中，设定"Travel Feedrate"（行进喂料速度）；设定"Default Extruder Temperature"（默认挤出器温度）；设定"Default Heated Bed"（默认加热打印床温度）。

4）在 Dimensions（外形尺寸）选项卡的配置中，设定：x Max（x 轴最大值）、y Max（y 轴最大值）；设定 PrintArea Width（打印区域宽度）、Print Area Depth（打印区域深度）和 Print Area Height（打印区域高度）。

通过以上设置，界定了打印机热头敷设熔融塑料的区域边界。设置完毕后，单击"Apply"（应用），然后再单击"OK"按钮，保存设置。

3. 模型的载入和查看

Repetier-Host 软件可以载入已有的 3D 模型和对 3D 模型做一定的调整。载入一个模型的操作：单击 Repetier-Host 主界面窗口左上角的"载入"按钮，打开文件选择对话框，载入一个模型文件。Repetier-Host 支持很多种格式的 3D 模型文件格式。包括最常用的 .stl 格式。使用 Repetier-Host 打开一个"坐着的猫" 3D 模型，如图 5-2 所示要说明的是，这个 3D 模型已经下载到本地系统中了。在窗口中，可以将视图状态调整为"适合打印体积"视图。

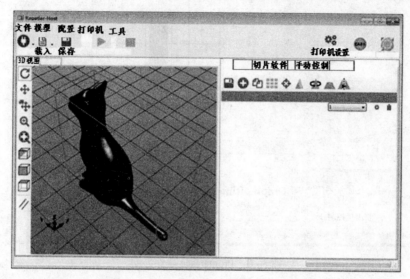

图 5-2　打开一个"坐着的猫" 3D 模型

查看模型如下：用户可以从各种角度用不同方法观察模型，诸如旋转模型、缩放模型和平移模型，这样一来可以更有效地观察 3D 模型。

4. 与 3D 打印直接相关的模型调整

单击工具栏上的"移动物体" 按钮，再拖动 3D 窗口里面的模型，就可以看到模型在 $x$-$y$ 平面上移动了。但这种移动不会在 $z$ 轴上改变物体的位置，仅仅是在 $x$-$y$ 轴上或者在 $xOy$ 平面上移动。

单击"增加物体" 按钮，主要是为了再载入一个不同模型用的。如果要的就是相同的模型，只要按下"复制物体"按钮就行了。如果在视图区加入了不同的模型，用户可以按下"自动布局"按钮，让 Repetier-Host 自行安排每个 3D 模型的位置。

单击"缩放物体" 按钮，会在物体放置面板上增加一块控制面板，供用户输入缩放数据。当载入的模型尺寸太大或者太小，就需要使用缩放功能进行调整。

单击"切割物体" 按钮，可以指定一个切割平面，3D 物体会被这个切割平面分为两部分，一部分展示出来，另一部分消失掉。要强调的是，模型不会因为视图上被切割而真正地被切割掉了。

## 5.2.2　上位机控制软件 Pronterface

1. Pronterface 界面及功能区

Pronterface 是一款可视化 3D 打印机控制软件，支持使用命令行代码的形式控制打印机。使用 Pronterface 的控制面板来连接打印机、移轴、设置和监控温度以及对模型分层。下载该软件的官网网址是 https://github.com/kliment/Printrun。Pronterface 采用 Slic3r 作为默认的切片软件。图 5-3 为 Pronterface 可视化软件界面。

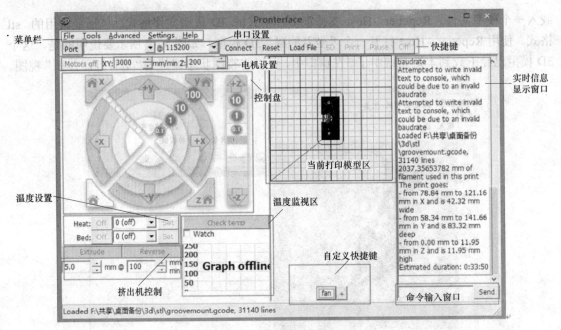

图 5－3　Pronterface 软件界面

打开 Pronterface 软件后，未连接打印机时控制界面成灰色显示，但可以进行参数配置。Pronterface 软件的主窗口界面设置了菜单栏、串口设置和快捷键等功能区，下面简要介绍这些功能及设置的情况。

2. 使用功能区的部分设置

（1）菜单栏。

File 中的菜单：

Open：打开 G－code 文件。

Tools 菜单：工具。

Edit：编辑已导入的 G－code 文件的代码。

Setting 中的菜单：

Macros：一些代码的设置。

SlicingSetting：点击打开切片 Slice3r 软件。

DebugG－code：调试 G－code。

（2）串口设置。

Port：设置端口，使用 USB 端口连接打印机后，单击 Port 按钮即可自动寻找到现有的端口；再往右边的是波特率的选择，前面我们介绍过上位机控制软件和控制板固件的波特率选择是一致的。

单击 Connect 按钮：完成 Port 的设置，实现打印机连接。

（3）快捷键。

Reset：重置打印机。

LoadFile：将 G－code 文件导入。

SD：选择 SD 卡中的文件进行测试。

Print：设置完成后，单击此按钮即可开始打印。

（4）电动机设置。

Motors off：单击该按钮关闭所有步进电动机。

紧邻"Motors off"按钮右侧区域：$x$、$y$ 轴移动速度设置。

紧邻 $x$、$y$ 轴移动速度设置区域右侧是 $z$ 轴移动速度设置区域。

（5）控制盘。

控制 $x$、$y$、$z$ 三轴向的前进、后退，移动距离分为 0.1mm、10mm、100mm；控制盘四个角上"小房子"的标志，分别指回到 $x$、$y$、$z$ 轴和三维空间原点，即 $x=y=z=0$ 的原点。

（6）温度设置。

设定打印机"喷头"和"热床"的温度。"Heat"为挤出头的温度，"Bed"为加热床温度。"set"是设定温度，"off"是关闭加热。

（7）挤出机控制。

设定打印材料挤入喷头和回抽的长度和速度（注：只有当挤出机温度达到最低挤出温度时该命令才会执行，默认最低 180°）。

（8）温度监视区。

选中"watch"后单击"chectemp"按钮开始实时显示热床和打印头喷嘴的温度。

（9）当前打印模型区。

实时显示当前打印模型的轨迹，单击此区域，用滚轮查看每一层的轨迹。

（10）自定义快捷键。

可以将常用命令设置成快捷按键。

（11）实时信息显示窗口。

实时显示打印机状态信息及操作命令回执信息。

（12）命令输入窗口。

控制打印机的 G-coder 代码输入框，可完成所有打印机的控制操作。该窗口可以发送命令直接控制 3D 打印机。如：在控制台输入"M119"命令，控制台会返回 $x$、$y$、$z$ 限位开关触发的状态；控制台输入"G28"命令，打印头会移动到起始位置。

（13）其他手动功能。

常用的是"INIT SD"初始化 SD 卡，"FAN ON"打开关闭风扇，"GET POS"获取当前打印头位置。

# 5.3　切片软件 Slic3r 及设置

## 5.3.1　Slic3r 简介

Slic3r 是一款用于将 stl 文件转化成 G 代码的开源软件，Slic3r 自从 2011 年从 RepRap 社区里产生以来，其用户群就迅速扩散，迄今已经成为 3D 打印领域里使用最为广泛切片软件。Slic3r 的功能就是将 .stl 或 .obj 文件切片成多个可打印层，并生成 G 代码（沟通计算机和 3D 打印机的机器指令）。下载 Slic3r 软件的官网地址：http://slic3r.org/。

我们前面介绍了上位机控制软件 Repetier-Host，知道这是一款操作简单的 3D 打印综合软件，该软件将生成 G 代码以及 3D 打印机操作界面集成到一起，能够实现切片、查看修改 G 代码、手动控制 3D 打印机、更改某些固件参数等等功能。新版的 Repetier-Host（V1.5.6）在主页面上布局基本没有什么改变，主要改变在于增加了 Server 功能模块，以及集成了最新版本的 Cura Engine/Slic3r 切片软件。该软件可从打印虎网站免费下载。

### 5.3.2　Slic3r 软件的主界面介绍

Slic3r 软件的主界面如图 5-4 所示。

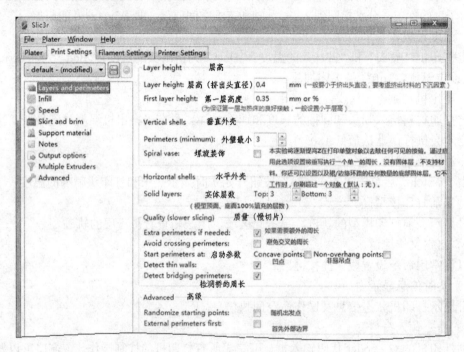

图 5-4　Slic3r 软件的主界面

Slic3r 软件有个工具 Plater，它允许在进行切片前加载和安排一个或多个模型。模型可以拖拽，重新定位。

Plater 可以用来添加模型或删除模型；Plater 还可以把一个模型切分成多部分组成，并允许将每一个部分单独安排。

Plater 工具的部分其他功能：① 比例放大或缩小模型视图；② 对模型进行切片生成 G 代码；③ 载入一个以上模型时，可以自动安排最有布局；④ 旋转 z 轴等。

Slic3r 还有三个标签：Print settings（打印设置）、Filament Settings（耗材丝料设置）和 Printer Settings（打印机设置）。

### 5.3.3　Slic3r 软件设置

1. Print settings（打印设置）

在 Print settings（打印设置）选项卡下，主要设置内容有：① Layers and perimeters（层厚等设置）；② Infill（填充设置）；③ Speed（打印速度设置）；④ Skirt and brim（外沿和裙边设置）；⑤ Support material（支撑设置）；⑥ Multiple Extruders（打印头设置）等。

（1）Layers and perimeters（层厚等设置）。层厚等设置中有若干项具体设置内容。

1）Layer height（层高）。层高是指打印 3D 目标物品时的每一层高度，一般根据喷头直径大小设置，层高设置值不超过喷头直径为好，层高值越大打印制成品越粗糙，层高值小打印制成品的制作就较为精细。

2）first layer height（首层层高）。首层高会小于其他层高，因为首层会被压扁，太高了料会堆积，影响向其他层打印。太薄可能与热床接触不充分，导致翘边。

3）Perimeters（minimum），外壁，指外圈最小厚度，使用熔丝打印 3D 制品时，一般不建议少于 3。

4）Horizontal shells，水平外壁，指最底部和最顶部的几层，一般打实心层，这里可以定义顶部和底部的实心层。

（2）Infill（填充设置）。填充里面有几个选项，fill density（填充密度），指线条密度，Fill pattern（填充方式）、Top/bottom fill pattern（底/顶部填充方式）可以自由选择，对打印成品影响不是很大。

Slic3r 提供了几种填充模式：4 个常规模式和 3 个非常规模式；Slic3r 分析模型内部结构并选择性填充，用于减少打印时间和材料，同时不影响 3D 打印件的打印质量；填充方式包括填充角度，默认填充使用 45°，这样可以抵抗来自相邻周边的压力。有一些模型在打印时可能需要调整角度来确保打印表喷嘴的最优的挤压方向；在跨越周边时，还要适当回缩，防止溢出泄露。部分填充设置如图 5-5 所示。

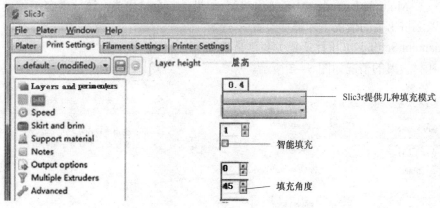

图 5-5　部分填充设置

（3）Speed（打印速度设置）。打印速度设置的内容如图 5-6 所示。

速度设置内容较多，其中，Speed for non-print moves（无打印移动速度）就是空移动的速度；第一层能够和加热床很好地黏结在一起，需要比较慢的 First layer speed（首层速度）速度。设置内容还有当挤出头没有挤料时的移动速度、填充速度等。

（4）Support material 设置（支撑材料）。一般情况下，打印 3D 模型悬空的部分都需要一些支撑。需要打印支撑由几个因素决定，尤其是层高度和宽度，还有 45° 角。支撑结构如果较多就会消耗较多的材料，打印时间增加，以及更多的废弃支撑材料的清理时间。

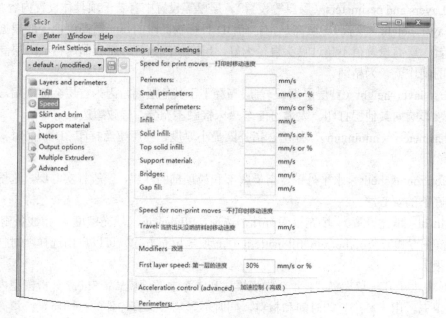

图 5-6　打印速度设置的内容

　　打印物品时有桥接的情况且桥接距离过长，也需要加入支撑，对于制成品来讲，支撑是多余的，在打印完成后可以去除掉。Raft（基座）就是打印物品的时候最下面的地基，在玻璃加热床上打印时不建议使用。

　　（5）设置 Multiple Extruders（多挤出头）。如果是一个挤出头，该项内容无需设置，只有在两个及以上挤出头的情况下才需要设置。

　　2. Filament Settings（耗材设置）和风扇设置

　　（1）耗材设置的情况如图 5-7 所示。

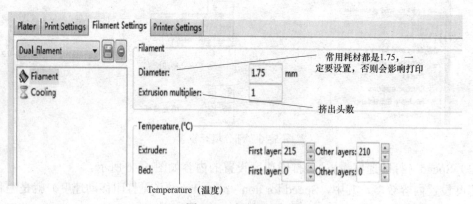

图 5-7　耗材设置

　　1）Filament 丝料设置，直径按照材料直径设置，一般是 3mm 和 1.75mm。

　　2）Temperature（温度设置），该项内容设置比较重要，如果使用 ABS 作为打印材料，温度设置值是：Extruder（挤出头）为 230℃，Bed（加热床）为 110℃。如果是 PLA 材料，Extruder（挤出头）为 190～220℃，Bed（加热床）为 55℃。这些设定生效后，形成的 G 代码文件将控制设备在满足设定值后才进行打印。

使用一个挤出头的时候，挤出头数设置为 1，两个挤出头设置为 2。

（2）设置 Cooling（冷却）。冷却选项主要在打印小的桥接，或者是模型需要形成孔洞的地方才需要打开，不然打印大件的时候会翘曲。

3. Printer Settings（打印机设置）

打印机设置的内容如图 5-8 所示。

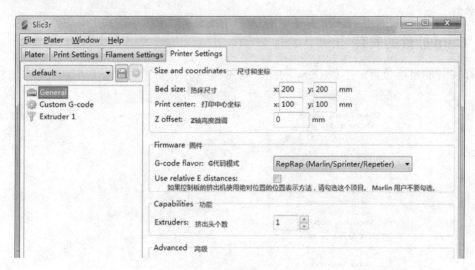

图 5-8　打印机设置内容

（1）设置 General（普通）。

1）Size and coordinates，尺寸和坐标，按实际尺寸设置就可以了。

2）Bed Size（热床大小）按照热床大小设置即可，单位为毫米。

3）Capabilities（性能）和 Advanced（高级）设置采用按默值即可。

（2）设置 Custom G—code（自定义 G 代码）。这里主要设置 G 代码文件的开头和结束、换层。如某一 3D 打印机的 Slic3r 切片关于打印机的设置中，G 代码文件的开头为：

```
G28: home all axes
G1 Z5 F5000: lift nozzle
```

G 代码文件的结尾为：

```
M104 S0: turn off temperature
G28 X0: home X axes
M84: disable motoes
```

（3）设置 Extruder（挤出头）。如果只有一个打印成型材料的挤出头，就对这一个挤出头进行设置。如果还有打印支撑材料的挤出头，也同样要进行设置。

1）Size，尺寸，按实际情况填写。

2）Position，位置，打完以后的停止位置，可以自定义，但不要移出打印区域。

3）Retraction，缩回，在每打印一条线条以后挤出头会有一个缩回动作，可以在这里设置，建议按默认。

4）Advanced，高级选项主要针对多挤出头，单挤出头不用设置。

## 5.4 Cura 切片软件的使用及设置

开发 3D 打印机在上位机控制软件方面，通常的选择是 Repetier–Host，这个软件功能丰富，允许用户对 3D 打印机进行比较细致的控制。Repetier–Host 中自带的两个切片插件 Slic3r和 Skeinforge 运行速度较慢，内存占用较高。Cura 切片软件有自己特有的优点：切片速度快，用户体验好。

### 5.4.1 Cura 软件的安装

选择安装的目标位置，下载 Cura 软件，如图 5-9 所示。

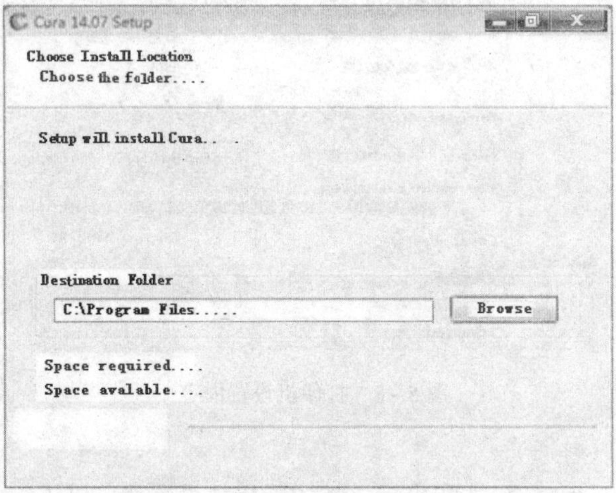

图 5-9　选择安装的目标位置

接下来就要进行 Arduino 驱动和 Cura 主程序的安装，安装时要选择 3D 模型格式，stl、obj 和 amf 都是 3D 模型的格式，但 stl 是最常见的格式，安装时仅仅选择 stl 格式，如图 5-10所示。

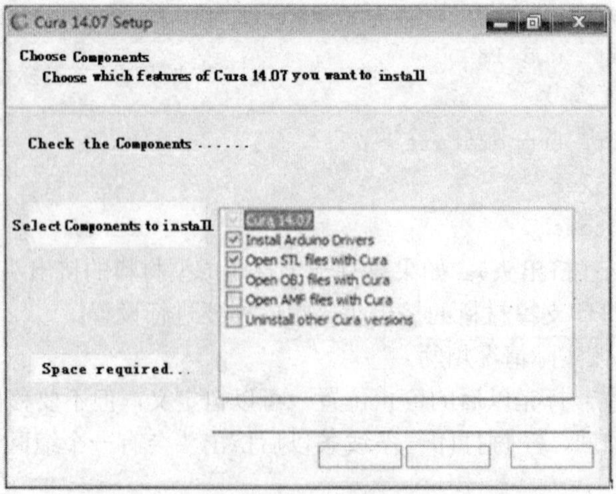

图 5-10　安装选项

### 5.4.2　参数的中文释义

（1）Layer height（mm）：层高。

（2）Speed and Temperature：打印速度/温度。

（3）print speed（mm/s）：打印速度。

（4）Printing temperature（c）：加热头温度。

（5）Support：支撑。

（6）－None：不使用支撑。

（7）－None：直接黏合。

（8）Diameter（mm）：线材直径。

### 5.4.3　载入模型后的操作

载入模型后，可用左键拖动模型，右键旋转视角，左键单击模型可调整模型到视野中心。使用鼠标滚轮可放大缩小。使用 Cura 切片软件导入模型的一些图标说明，如图 5 - 11 所示。

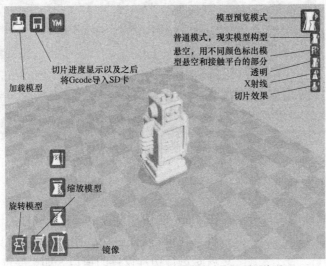

图 5 - 11　使用 Cura 导入模型的一些图标说明

单击模型，左下角出现修改选项，如图 5 - 12 所示。

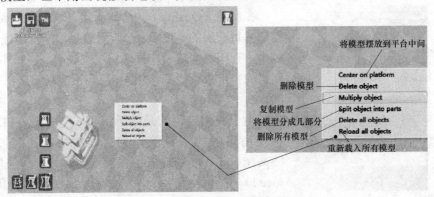

图 5 - 12　对模型进行操作的一些选项

在窗口中可以对模型进行旋转、缩放和镜像排列等操作。

### 5.4.4 切片前期配置

切片前期配置包括：添加打印机；机器设置—设定支持的 G 代码；替换 G 代码的头尾文件，然后保存设置。还要进行必要的参数设置。

在 Cura 的设置界面中，单击"Start/End-GCode"标签，在打开的设施区中，替换 Cura 原始 Gcode 的开始和结束代码，将"头文件：Dual_Head_start"和"尾文件：Dual_Head_end"分别作为 G 代码的开始和结束代码，设置情况如图 5-13 所示。

图 5-13 替换 Cura 原始 Gcode 的开始和结束代码

### 5.4.5 切片设置（基础）

Cura 能够进行高速的切片分层。在 Cura 的切片设置中，有基础性的设置，还有高级切片设置。Cura 软件启动后打开设置界面，如图 5-14 所示，这就是进行切片设置的窗口。如果要进行基础切片设置，就单击"Basic"标签；如果要进行高级切片设置就单击"Advanced"标签。这里仅简单介绍基础切片设置。

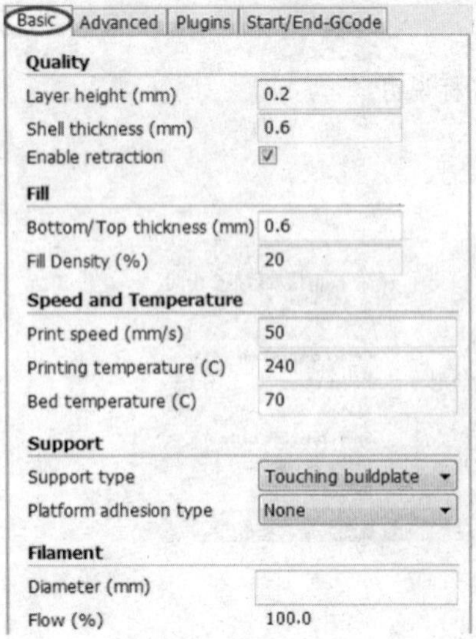

在质量（Quality）内容设置区，层高（Layer height）指切片每一层的高度。这个设置直接影响打印速度，层高越小，打印时间越长，打印精度也越高。层高和与 3D 打印机的挤出头直径密切相关。层高不能高于挤出头直径的 80%。

由于我们讨论的是熔融沉积成型方式，FDM 打印机使用熔融的塑料丝作为打印材料，在速度和温度（Speed and Temperature）内容设置区，打印速度（Print speed）指的是每秒挤出多少毫米的塑料丝，因此要合理设置。

图 5-14 对 Cura 进行基础切片设置

打印温度（Printing Temperature）随使用材料的不同而不同。PLA 材料通常将这个值设定在 185℃即可，对应的热床温度（Bed Temperature）设为 60℃。

## 5.5　主控板固件的设置

3D 打印机的工作离不开软件的控制，要使 3D 打印机能够正常运行工作的软件除了前面讲过的上位机控制软件、对三维模型分层切片的切片软件以外，还有主控板的固件，我们这里将其简称为固件。固件的主要作用是分析、处理 G 代码命令，控制 3D 打印机硬件设备执行命令。

### 5.5.1　固件和 G 代码命令

我们这里说的 G 代码文件也叫 G－code 文件。在上位机中运行上位机控制软件和切片软件，完成了将 stl 格式的三维 CAD 模型载入及分层切片工作，切片软件将 STL 格式的 3D 模型分层切片后得到的 G 代码文件，并将相应的 G 代码命令送往主控板固件，主控板固件分析和处理接收到的 G 代码命令，然后控制 3D 打印机的工作运行。这种关系如图 5－15 所示。

图 5－15　主控板固件控制 3D 打印机

G－code 文件是由切片软件分层切片后生成的一种中间格式文件，这种中间格式文件的内容和命令都能被 3D 打印机固件所能理解。所有从计算机（上位机）发送到 3D 打印机的内容，全部都是 G－code 命令。上位机和 3D 打印机之间可以使用 USB 口及数据线连接，也可以使用 SD 卡携载 G－code 文件，甚至在以太网或互联网中使用 TCP/IP 连接，对主控板固件来讲，来自上位机的数据信息都是 G－code 命令。

尽管所有 3D 打印机都接受和使用 G－code 指令，但非常遗憾，还没有一种体系严格和有着严格标准的 G－code 指令供不同类型的 3D 打印机使用。实际当中，每种 3D 打印机使用的 G－code "语言"，都多多少少有些不同。要研究 G－code，就要从一种最常见的 "方言"，也可以说是 "普通话" 开始，先了解一种，然后再扩充对 G－code "语言" 的掌握和理解。

这里以 Repetier 公司出品的 Repetier－firmware 固件所使用的 G－code 语法为例。尽管 Repetier－firmware 固件和我们下面要介绍的 marlin 固件不同，但方法、原理是一样的，因此可以使这种举例作为学习和理解 marlin 固件的基础。

由于 G－code 是上位机控制 3D 打印机工作运行的一种语言，其中最重要部分就是运动类指令。G－code 中，G0 表示 "快速直线移动"，G1 表示 "直线移动"，而且表示的是将挤出头线性移动到一个特定的位置。为了精细描述移动，G 代码指令中组成中包括一些描述参数，如：

```
G0 Xnnn Ynnn Znnn Ennn Fnnn Snnn
G1 Xnnn Ynnn Znnn Ennn Fnnn Snnn
```

实际的 G 代码指令中，不一定要使用全部的参数进行描述，但至少要有一个参数。其中，Xnnn、Xnnn 等就是这些描述参数。这些参数的意义如下：

Xnnn 表示 x 轴的移动位置；

Ynnn 表示 y 轴的移动位置；

Znnn 表示 z 轴的移动位置；

Ennn 表示 e 轴（挤出头步进电动机）的移动位置；

Fnnn 表示速度，单位是 mm/min；

Snnn 表示是否检查限位开关，S0 不检查，S1 检查，缺省值是 S0。

两行 G 代码指令举例：

```
G1 F1200
G1 X50 Y20 E30.5
```

这样两行 G−code，表示了首先将速度设置为 1200mm/min，也就是 20mm/s，然后将挤出头移动至 x=50mm，y=20mm 的位置上，z 轴高度不变，并且将挤出头步进电动机移动至 30.5mm 的位置上。

再来看两段描述圆弧移动的 G 代码指令：

G2/G3 圆弧移动（这两条命令中，G2 是顺时针圆弧移动，G3 是逆时针圆弧移动），描述圆弧移动的 G−code 命令的完整形式是：

```
G2 Xnnn Ynnn Innn Jnnn Rnnn Ennn Fnnn
G3 Xnnn Ynnn Innn Jnnn Rnnn Ennn Fnnn
```

其中：

Xnnn 表示移动目标点的 x 坐标；

Ynnn 表示移动目标点的 y 坐标；

Innn 表示圆心位置，值是挤出头当前位置偏离圆心的水平距离；

Jnnn 表示圆心位置，值是挤出头当前位置偏离圆心的竖直距离（假设 x 轴向为水平方向；y 轴向为竖直方向）；

Rnnn 表示圆形的半径长度；

Ennn 表示 e 轴（挤出头步进电动机）的移动位置；

Fnnn 表示速度，单位是 mm/min。

如果提供了圆心位置参数，就可以省略半径参数；如果提供了半径参数，就可以省略圆心位置参数，因为彼此之间有直角三角形的勾股弦关系。

由于圆弧移动是平面移动，因此没出现 z 坐标参数。

命令使用举例：

G1 X10 Y10

G2 X100 Y100 I90 J0

这两条 G 代码指令表示：挤出头从当前（10，10）点通过一段圆弧线顺时针移动到（100，100）点，这里的圆弧圆心在（100，10）点，就是从当前（10，10）点处，x 坐标平移 90，y 坐标平移 0 而得到的位置。控制挤出头沿圆弧顺时针移动的情况如图 5−16 所示。

暂停的 G 代码指令 G4，如：

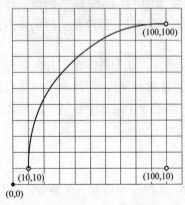

图 5−16　控制挤出头沿圆弧顺时针移动

G4 P200，表示这种状态下暂停 200ms 不工作，而延时时段内，机器的状态，比如挤出机的温度等，仍会被保留和控制。

## 5.5.2　常用的主控板固件及特点

选择一个合适的固件对于设计开发及实际制作一台 3D 打印机是非常重要的，固件负责分析处理上位机应用程序发送过来 G-code 指令，然后控制机器执行指令。因此要了解市场上有哪些主流固件，以及如何和其他的上位机软件、切片软件进行配合。

1. 常用的主控板固件

常用的 3D 打印机固件并不多，主要是 Sprinter 和 Marlin。固件是全部开源的，即固件是开源软件（Open Source Software，OSS），意思是公开源代码的软件。软件既然连源代码都公开，因此开源软件具备可以免费使用和公布源代码的主要特征。

由于 Sprinter 和 Marlin 是使用较多的两款固件，下面就简单介绍一下 Sprinter 和 Marlin 固件的基本功能。

2. Sprinter 固件

在 3D 打印机中，Sprinter 固件使用十分广泛，尤其在早期的 3D 打印机中大量使用，并且很多优秀的固件是基于 Sprinter 固件改进的。Sprinter 固件使用相对简单，兼容性好，性能好，该软件的基本功能有：

（1）支持 SD 卡。这里要说明的是，SD 卡是一个闪存储存卡，可以用来存放 3D 打印机相关文件。

（2）步进电动机控制。

（3）挤出机速度控制。

（4）PID 温度控制，这里的 PID 控制是指应用 PID 调节原理对温度进行控制，在控制理论中，PID 调节中的 P 表示比例控制调节，I 表示积分控制调节，D 表示微分控制调节，这里最重要的调节是比例调节。打印加热床的温度控制也是基本功能之一。

（5）打印速度及运动加速的加速度控制。

可以使用 Sprinter 固件的主控板有 RAMPS、Sanguinololu、Teensylu、Ultimaker 等。其中 Ramps1.4 控制板和 Sanguinololu 控制板的外观如图 5-17 所示。

图 5-17　Ramps1.4 控制板和 Sanguinololu 控制板

3. Marlin 固件

Marlin 固件比 Sprinter 固件的功能要更为强大一些，基本功能更多一些。许多的 3D 打印机都使用 Marlin 固件。和 Sprinter 一样，Marlin 固件适用于多种标准平台，如 RepRap、UM 系列，但性能上提高许多，如吐丝更平滑，打印过程更流畅，防止任何不必要的打印停顿等。

其基本功能特点有：

（1）高速打印。具有预加速、预处理功能。如果没有此功能，每执行完一条命令，运动都会被制动，执行下条命令要从零开始加速运动。

（2）支持打印弧线。

（3）温度测量更精确、读数更准确，PID 自动温度控制，具有温度多倍采样技术、温度可变技术。

（4）使用主控板的 EEPROM 存储模块可以存储和修改打印机的各项参数。

（5）支持液晶屏功能。

（6）支持 SD 文件和文件夹打印。

（7）支持限位开关状态读取。

目前支持的主控板有 RAMPS、Sanguinololu、Ultimaker、Generation 6 Electronics 等。一款使用 Marlin 固件的 Ultimaker 主控板如图 5-18 所示。

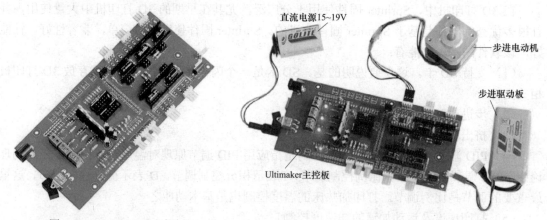

图 5-18　Ultimaker 主控板　　　　图 5-19　Ultimaker 主控板的测试电路

该主控板支持 5 个步进电动机（三个用于 $x$、$y$、$z$ 轴，一个用于挤出，另一个可用于其他功能），工作电压为 15~19V，一个 12V 的风扇调节器（总是开启），液晶背光调节可以由软件控制，一个蓝牙串行 I/O 端口，支持 LCD 显示和 SD 卡。

由 Ultimaker 控制板、步进电动机、步进驱动板和直流电源组成的测试电路如图 5-19 所示。

### 5.5.3　Marlin 固件的设置

Marlin 固件是一种拥有大量用户的固件，很多 3D 打印机控制软件都兼容 Marlin 固件。一般用户在使用 Marlin 固件的时候只需要改变一下 Configuration.h 文件中的一些参数即可，非常方便。但是并不是所有的 3D 打印机参数都是一样的，所以在使用之前需要做好配置才能让打印机正常运行和工作。

1. Marlin 固件的核心功能

Marlin 固件的核心功能是接受上位机发送过来的 G 代码进行分析处理，进而控制 3D 打印机打印三维制品。Marlin 固件是完全开源的，目前中文版的 Marlin 固件也已经开源，所有开源的 Marlin 固件都可以在 github 下载。具体的下载地址是：

https://github.com/MarlinFirmware/Marlin

开源的中文版 Marlin 固件下载地址（Github 地址）：

http://zhidao.baidu.com/question/618886925282291412.html ？ gossl=http%3A%2F%2Fgithub.com%2FMakerLabMe%2FMarlin%2Ftree%2Fadd_chinese_font&_=59A408C3722139167A6270EBD21F36A8%3AFG%3D1。

Marlin 固件也可以从 3D 打印网下载，网址：http://www.3ddayin.net。

使用 Marlin 固件要根据所使用的硬件设备，如主控板、3D 打印机类型等进行设置，才能将真正地控制 3D 打印机工作运行。设置的方法，一般是对固件中 Configuration.h 文件、Configuration_adv.h（更高级的操作）文件进行设置。设置的主要内容有：

1）主控板类型选择。

2）温度传感器类型及温度测量。

3）机械类硬件的设置，内容包括：① 限位开关设置；② 步进电动机设置；③ $x$、$y$、$z$ 轴归为方向设置；④ 步进电动机行程设置；⑤ 各轴移动速度距离设置；⑥ 设置步进电动机行进距离；⑦ 附加功能等。

2. Marlin 固件详细设置

当下载了 Marlin 固件后，就要开始对 Marlin 固件配置文件 Configuration.h 进行设置了。在 Marlin 固件的配置中，其中有一些项目是关于对 3D 打印机基础硬件配置的，对这些项目进行正确配置是 3D 打印机能够正常工作的关键。

对 Marlin 固件做出的基本设置是修改 Configuration.h 文件，对于更高级的操作在 Configuration.adv.h 文件中进行。Configuration.h 文件中包含的内容一般有控制板类型、温度传感器类型、轴设置和限位开关配置等。

（1）端口和波特率的设置。设置固件和上位机软件通信的波特率，一般情况下设置成 115 200 或 250 000。设置代码为：

```
#define SERIAL_PORT 0
#define BAUDRATE 250000
//#define BAUDRATE 115200
```

最开始的两行非注释（注释由//开始，因此所有的以//开始的行都是注释，不会影响到代码的行为）行。

第一行代码的意思是：设置通信端口，一般设置为 0 不需要改变；第二行、第三行代码是设置上位机与固件通信的波特率，最常用的波特率有 115 200 或 250 000，此处设置为 250 000，当需要设置为 115 200 时，只需要注释掉上一行代码，解注释下一行代码即可。

前面讲过，高的波特率可以提高通信速率，但可能造成通信不稳定，所以实际中将波特率设置成 115 200 的情况更多。

还要强调的是：这里设置是固件与上位机软件通信的波特率，而用户在使用上位机的软件时，涉及波特率也要和这里的设置一致。

为了让 3D 打印机和 PC 顺利进行通信，要定义好串行口的端口号和波特率。串口号不是指 PC 端的串口号，而是 3D 打印机端的串口号，因此保持缺省的 0 就可以。

（2）控制板选择。前面讲过控制板就是主控板，或者称为电路板。

在 Marlin 固件配置中，选择控制板时，一定要在源代码的配置文件 Configuration.h 中改为自己使用的控制板类型。比如，如果用户使用的是 Melzi 控制板，则是在打开的 Configuration.h 中找到：

```
#define MOTHERBOARD 7
```

将这一行的代码中的数字 7 改为 63，这样就把目标控制板型号从缺省的 Ultimaker 改为 Melzi。控制板的选择如图 5-20 所示。

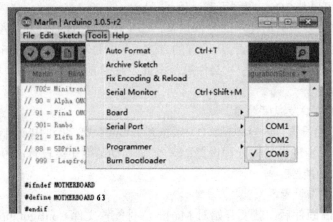

图 5-20　控制板的选择

如果用户使用的是 Ramps1.4 扩展板，且是单挤出头，则将代码 #define MOTHERBOARD 7 改为 #define MOTHERBOARD 33，即

```
#ifndef MOTHERBOARD
#define MOTHERBOARD 33
#endif
```

如果是双挤出头则设置为 34，具体根据用户使用的控制板类型决定。

这里要说明的是：Marlin 固件配置窗口帮助读者来理解如何在 Configuration.h 文件中改动和选择控制板，实际上使用不同版本的 Marlin 固件进行配置还是有差异的。

因此，使用单挤出头的 Ramps1.4 控制板，选择控制板配置的代码及注释如下：

```
//The following define selects which electronics board you have.Please choose
the one that matches your setup
//10:Gen7 custom(Alfons3 Version)"https://github.com/Alfons3/Generation_7_Electronics"
//11 = Gen7v1.1,v1.2 = 11
//12 = Gen7 v1.3
//13 = Gen7 v1.4
⋮
#ifndef MOTHERBOARD
#define MOTHERBOARD 33
#endif
```

前一部分是注释部分，后一部分是代码部分。

（3）挤出头的个数和电源种类设置。还有两个最基本的项目设置，定义了挤出头的个数和电源种类。如果用户使用的 3D 打印机只有一个挤出头，用的电源也是普通电源，Configuration.h 文件中的这两个选项就保持原样不变了：

```
#define EXTRUDERS 1
#define POWER_SUPPLY 1
```

总之，Configuration.h 配置文件中的以上几项设置是 3D 打印机硬件最基本的一组设置。

（4）温度测量设置。温度测量设置是关于 3D 打印机使用的温度传感器和温度控制内容的设置，是 Configuration.h 文件中基本配置项目。温度传感器可以使用热敏电阻，也可以使用温度测量芯片。多数情况下使用热敏电阻（这个电阻叫上拉电阻），那就要设置热敏电阻的类型、与热敏电阻串联电阻的阻值大小。3D 打印机上常用的热敏电阻，具有负温度系数，就是当温度上升时，热敏电阻的阻值减小。热敏电阻与普通电阻不一样，读者选用时要注意区别。对于一个热敏电阻来说，关键的参数是温度—阻值关系曲线。

假设用户使用的是 Ramps1.4 控制板，则串联热敏电阻阻值为 $4.7k\Omega$；如果使用的是 Melzi 控制板，上拉电阻是 $1k\Omega$。相应的设置为：

```
#define TEMP - SENSOR - 0  5
#define TEMP - SENSOR - 1  5
#define TEMP - SENSOR - 2  0
#define TEMP - SENSOR - BED  5
```

其中"#define TEMP−SENSOR−0 5"代码行表示第一个挤出头使用 ATC Semitec 104GT−2 型号的热敏电阻，并且使用 $4.7k\Omega$ 的电阻（上拉电阻 $R_2$）与之串联。

"#define TEMP−SENSOR−1 5"这一行代码表示第二个挤出头使用的温度传感器类型；"#define TEMP−SENSOR−2 0"表示第三个挤出头使用的温度传感器类型。"#define TEMP−SENSOR−BED 5"这一行代码表示加热床使用的温度传感器类型。

部分注释如下：

```
//Temperature sensor settings:（温度传感器设置）
// - 2 is thermocouple with MAX6675（only for sensor 0）
// - 1 is thermocouple with AD 595
//0 is not used
//0 is not used
//1 is 100k thermistor - best choice for EPCOS 1 00k（4.7kΩ 上拉电阻）
//2 is 200k thermistor - ATC Semitec 204GT - 2（4.7kΩ 上拉电阻）
//5 is 100K thermistor—ATC Semitec 104GT - 2（Used in rCan&J - Head）（4 - 7kΩ
```
上拉电阻）

3. Marlin 固件的机械设定

机械设定部分包括限位开关、步进电动机、最大制造范围和运动位移值等内容。

（1）3D 打印机的限位开关设置。机械限位开关通常会把连线连在常闭（NC）端，这就会有一个数字信号 1 输送给主控板。也可以选择常闭接线方式，即将机械限位开关的连线连在常开（NO）端，这就需要在 ENDSTOPS_INVERTING 设为 ture。

挤出头在 $x$、$y$、$z$ 轴的移动最小位置分别用 X_MIN、Y_MIN、Z_MIN 表示；挤出头在 $x$、

*y*、*z* 轴的移动最大距离用 X_MAX、Y_MAX、Z_MAX 表示。实现在各个坐标轴上的最大或最小位移使用限位开关的配合来实现，即使用代码 "ENDSTOPS_INVERTING" 配合实现如下：

```
const bool X_MIN_ENDSTOP_INVERTING = true
const bool Y_MIN_ENDSTOP_INVERTlNG = true
const bool Z_MIN_ENDSTOP_lNVERTING = true
const bool X_MAX_ENDSTOP_INVERTING = true
const bool Y_MAX_ENDSTOP_INVERTING = true
const bool Z – MAX_ENDSTOP_INVERTING = true
```

如果限位开关没有 6 个，假如只有 4 个，读者只需将没有的限位开关设置代码行前面加上注释符号 "//" 就可以。

（2）步进电动机设置。Configuration.h 文件中有一组设置项是关于步进电动机设置的。假如步进电动机运转的方向初始设定如下：

```
#define INVERT_X_DIR false
#define INVERT_Y_DIR false
#define INVERT_Z_DlR false
#define INVERT_E0_DIR false
#define INVERT_E1_DlR false
#define INVERT_E2_DIR false
```

如果发现挤出机沿 *x*、*z* 轴运行方向不正确，仅需将相应的两行代码末尾的 "false" 改成 "true" 及可以了。改正后的设置如下：

```
#define INVERT_X_DIR true
#define INVERT_Y_DIR false
#define INVERT_Z_DlR true
#define INVERT_E0_DIR false
#define INVERT_E1_DlR false
#define INVERT_E2_DIR false
```

（3）*x*、*y*、*z* 轴归位方向设置。*x*、*y*、*z* 轴归零（HOME）的方向设置情况如下。设置中，"–1" 代表沿负轴向最小位置移动，"1" 代表沿正轴向最大位置移动。如：

```
#define X_HOME_DIR _1
#define Y_HOME_DIR _1
#define Z_HOME_DIR _1
```

（4）步进电动机行程设置。每一台 3D 打印机都有自己的打印范围，换言之，在设置上就是要指定 3D 打印机的 *x*、*y*、*z* 轴范围的大小。在 Marlin 固件设置中把三个 MAX_POS 后面加上给定值就可以了。假设用户的 3D 打印机的工作空间为 200mm*200mm*160mm，设置 *x*、*y*、*z* 轴运动的最大行程分别为 200mm、200mm 和 160mm，设置行代码为：

```
#define X_MAX_POS 200
#define X_MIN_POS 0
#define Y_MAX_POS 200
```

```
#define Y_MIN_POS 0
#define Z_MAX_POS 160
#define Z_MIN_POS 0
```

（5）挤出头沿 x、y、z 轴的移动速度和距离设置。设置挤出头沿 x、y、z 轴的移动速度和距离设置实质上是对步进电动机移动速度和移动距离进行设置。使用两行代码设置：

```
#define NUM_AXIS 4
#define HOMING_FEEDRATE{50*60, 50*60, 4*60, 0}
```

这里的 HOMING_FEEDRATE 意思是步进电动机的移动速度或归位速度。两行代码中的第一行定义了 4 根轴：x、y、z、e 轴（控制挤出头挤出动作的步进电动机，通常也称作 e 轴步进电动机）。

{50*60，50*60，4*60，0}分别代表 x、y、z、e 轴挤出机步进电动机的速度。

如果在调试时，发现归位时步进电动机不能正常运转，可以适当降低这组设置数值。

（6）设置步进电动机行进距离。在组装或开发研制 3D 打印机的过程中，需要对步进电动机工作运行的一些重要数据进行计算，其中对步进电动机行进距离进行准确地计算并设置是打印出尺寸正确的三维制品的关键之一。

1）设置步进电动机行进距离的代码。设置步进电动机行进距离有一行非常重要的设置代码：

```
#define DEFAULT_AXIS_STEPS_PER_UNIT{78.7402, 78.7402, 200.0*8/3, 760*1.1}
```

上面代码给出了 x、y、z、e 四个轴的分辨率。

2）分辨率与步进电动机的传动方式。什么是分辨率？通俗地讲，就是实际向前移动 1mm，对应的步进电动机步数。分辨率计算和设置的好坏直接决定 3D 打印机运动的准确性，看以下的代码：

```
#define DEFAULT_AXIS_STEPS_PER_UNIT{100, 100, 407, 95}
```

给出了 x、y、z、e 四个轴的分辨率分别是 100、100、407、95，换言之，挤出头沿 x、y、z、e 四个轴移动 1mm，需要对应的步进电动机转动的步数分别是 100、100、407、95。

3D 打印机控制步进电动机是通过发送脉冲数来控制的，每发送一个脉冲，步进电动机就转动一定的角度。怎样计算步进电动机实际的行进距离？方法是确定移动 1mm 需要发送多少个脉冲，就是分辨率，计算出分辨率后，如果挤出机移动一个确定的距离，相应地发送多少个脉冲就确定了。这就需要用户自行去计算。如果你购买的是 3D 打印机套件，直接采用厂家的数据就行了。如果是自己研制开发或购买散件组装 3D 打印机，就需要自己计算这个数值了。

对于 3D 打印机来讲，x、y、z、e 四个轴主要采用三种传动模式，同步带传动、丝杠传动、挤出齿轮直接驱动，这三种传动方式分别如图 5-21 和图 5-22 所示。

3）同步带传动方式下分辨率的计算。同步带传动方式下，步进电动机提供动力，同步轮固定在步进电动机的轴上，与步进电动机的轴同步旋转，再通过同步带驱动活动部件运动。下面分析同步带传动方式下的分辨率计算。

在非超载的情况下，当步进电动机驱动器接收到一个脉冲信号，它就驱动步进电动机按设定的方向转动一个固定的角度，这个角度，被称为"步距角"。最常见的三种步距角，分别是 0.9°，1.8° 和 7.5°。这三种步距角，也就对应了步进电动机每旋转一周（360°），需要的脉冲信号个数为 400 个、200 个以及 48 个，这个数值也叫步进电动机转一圈的步数。

图 5-21　同步带传动、丝杠传动

图 5-22　挤出齿轮直接驱动　　　　图 5-23　同步轮和同步带

　　进行分辨率计算的时候，还要使用到步进细分数，3D 打印机的步进电动机驱动电路板通常具有驱动细分功能。驱动细分就是把原本一个脉冲信号前进的角度，再次进行分割，比如 1/2、1/4 或 1/16 等。这样，可以对步进电动机进行更精细的控制。假设某步进电动机驱动电路板的驱动细分设置为 1/16，再假定用户使用的步进电动机的步距角为 1.8°，则步进电动机旋转一周，需要 360°/（1.8°/16）＝3200 个脉冲信号。

　　进行分辨率计算还要用到同步轮的齿数。同步轮的齿数从十几齿到三十几齿都有如图 5-23 所示，齿数只要一数就知道。注意同步轮要支持所使用同步带的型号，也就是说，同步轮和同步带必须使用一样型号的。

　　分辨率计算还要使用的最后一个参数是同步带型号。不同型号的同步带，齿和齿之间的距离不同。从 2mm 到 5mm 都比较常见。如果步进电动机旋转一周需要 3200 个脉冲信号，而我们使用的同步轮有 15 个齿，同步带型号是 GT2，也就是节距为 2mm 的同步带，那么步进电动机旋转 1 周，会带动同步轮旋转 1 周，也就是前进 15 个齿的距离，对应到同步带上，就是前进 30mm 的距离（15×2）。在这种情况下，同步带带动打印头或者热床前进 1mm，需要的脉冲信号为 3200/30＝106.67 个。

　　总结一下，如果步进电动机的步进角度为 1.8°，有公式

分辨率＝同步电机旋转一周所需脉冲信号 3200/（同步轮齿数×同步带节距）

4）同步带传动方式下步进电动机行进距离计算。3D 打印机中，$x$、$y$ 轴的同步电机多用同步带传动方式，因此步进电动机的行进距离计算公式是：

行进距离＝步进电动机旋转一周行进距离×（脉冲数/步进电动机旋转一周对应的总脉冲数）

例如：3D 打印机的 $x$、$y$ 轴采用同步带传动，如果 $y$ 轴同步电机的分辨率为 106.67，同步电机旋转 1 周对应的总脉冲数为 3200，完成移动距离 30mm，如果同步电机驱动板发出的控制脉冲数为 106.67×7，$y$ 轴同步电机拖动挤出头在 $y$ 轴向移动多少距离？

计算结果是：行进距离＝30mm×（106.67×7/3200）＝7mm。

5）丝杠传动方式下的移动距离计算。3D 打印机的 $z$ 轴传动有几种不同的形式，但大多使用丝杠传动方式，步进电动机的轴直接是 1 个丝杆。

丝杠传动的计算公式为

挤出机沿 $z$ 轴向的移动距离＝步进电动机转 1 圈的步数×细分数/丝杠的导程

导程就是丝杠转 1 圈螺母所移动的距离，即图 5-24 中的 $D$。

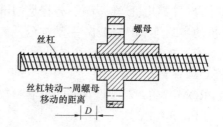

图 5-24　3D 打印机的 $z$ 轴丝杠和导程

直接以丝杆为轴的步进电动机，部件比较少，计算起来也比较简单。但在讨论丝杆传动下移动距离时，要注意螺距、头数和导程这几个术语。螺距指的是螺纹上相邻的两牙对应点的轴向距离，通常用 $P$ 表示，如图 5-25 所示。头数就是螺纹的线数，如图 5-26 所示，双头丝杆有两条不相交的螺旋线，互相缠绕形成。

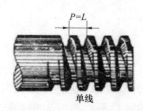
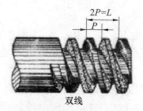
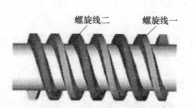

图 5-25　丝杠的螺距和线数　　　　图 5-26　丝杠的头数

导程指同一螺旋线上相邻两牙对应点的轴向距离，可以用 $L$ 表示。因此如果是单线的螺纹，导程就等于螺距。如果是双线螺纹，导程就等于头数乘以螺距（$L=2P$）。我们在这里讲的丝杠是单头丝杆。举例如下：某型号 3D 打印机使用的是 1/16 驱动细分的电路板驱动，配用步距角为 1.8°的步进电动机，这时步进电动机旋转 1 周就需要 3200 个脉冲信号。步进电动机用一个 2 头的，螺距为 2mm 的丝杆是 $z$ 轴，这样的丝杆，导程为 4mm，因此 $z$ 轴每上升或者下降 1mm，需要 3200/4＝800 个脉冲信号。换言之，该 3D 打印机 $z$ 轴的分辨率为 800。

6）挤出机步进电动机的分辨率计算。挤出机步进电动机分辨率的计算较为简单，一种 3D 打印机中常用的挤出机与挤出机齿轮如图 5-27 所示。

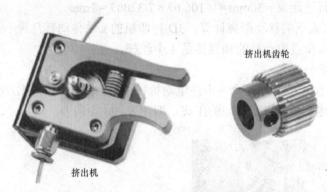

图 5-27 挤出机与挤出机齿轮

假设这样的一个挤出机送料齿轮，外径是 11mm，则周长是 11mm×3.1416＝34.5576mm。配用步进电动机的步距角 1.8°，1/16 驱动细分，旋转 1 周需要 3200 个脉冲信号，那么每毫米的送料，就对应了 3200/34.54≈93 个脉冲信号，即 $z$ 轴的分辨率为 93。

4. EEPROM 设置与固件上传

（1）EEPROM 设置。对于设置好的机器参数，既可以上传，也可以永久性存储在可擦除只读存储器 EEPROM 中。

开启 EEPROM 功能设置代码：

```
//define this to enable EEPROM support
#define EEPROM_SETTINGS
#define EEPROM_CHITCHAT
```

注释……

（2）固件上传。固件上传步骤如下：在 Marlin 固件窗口中：① 选择使用的电路板；② 选择电路板对应的端口号；③ 单击"上传"按钮即可。

## 5.6 3D 建筑打印机的软件及软件开发

对于 3D 打印建筑技术来讲，它仅仅是 3D 打印技术中的一个分支。3D 建筑打印机也仅仅是一种应用于建筑行业应用型 3D 打印机，因此 3D 建筑打印机的软件及软件开发的基础就是 3D 打印机的软件技术，不能脱离 3D 打印技术去搞 3D 打印建筑技术。当然，3D 打印建筑技术有很强的行业特点，它的发展和技术体系、设备制造、软件技术和工程中的施工工艺有大量内容还有待深入研究和开发。

## 5.6.1　将 3D 打印机的软件技术应用于 3D 建筑打印机

### 1. 3D 建筑打印机的软件体系

3D 建筑打印机的成型工艺最接近熔融沉积成型，因此可以将熔融沉积成型的 3D 打印机应用的软件体系移植到 3D 建筑打印机中来，这仅仅是一个方面，由于 3D 打印建筑有自己的行业特色和大量不同于普通 3D 打印的应用，因此还要有适合自身特点的软件体系。因此，3D 建筑打印机的软件体系包括两个主要部分：第一部分就是 3D 打印技术中能够移植进来的软件技术；第二部分就是业界自行开发且具有很强建筑行业特色的软件技术，而且这部分在整个软件体系中所占比重很大，可以用图 5-28 形象地加以表示。

还要补充的一点是 3D 打印建筑除了接近熔融堆积成型的工艺，可以移植使用熔融堆积成型 3D 打印机的软件体系外，还有一类 3D 打印建筑方式使用了接近熔融材料喷墨三维打印成型工艺，也不能够直接照搬熔融堆积成型 3D 打印机的软件体系，需要自行开发新的控制软件。

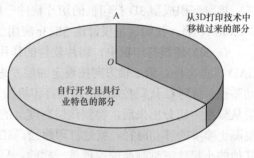

图 5-28　3D 建筑打印机软件体系的组成

### 2. 熔融沉积成型软件技术的应用

在 3D 打印建筑中，主要使用的打印材料是 3D 打印混凝土，当然还可以使用其他种类的一些打印材料，如石膏材料、再造石材料，还有一些新的打印材料，如上海赢创公司开发的特殊玻璃纤维增强石膏板、特殊玻璃纤维增强水泥等。其中 3D 打印混凝土又分为玻璃纤维增强型混凝土和普通混凝土（包括由较低标号和高标号的水泥制成的混凝土），使用这些材料打印房屋成型的时候，材料都是半流质形态，和 3D 打印成型中的熔融成型非常类同。因此本章所讲的软件及配置技术主要是应用于熔融沉积成型 3D 打印机的，也适用于 3D 建筑打印机。前面还讨论了喷涂型 3D 建筑打印机的工作情况，这是熔融材料喷墨三维打印成型的一种应用，涉及另外一种成型工艺，尽管三维建模的情况是一样的，但上位机控制软件、切片软件和控制版固件就不能照搬熔融沉积成型 3D 打印机的软件体系了。

操作 3D 建筑打印机和操作采用熔融堆积成型的 3D 打印机一样，可以使用上位机控制软件、切片软件和主控板固件三类软件。3D 建筑打印机也必须有一个计算机作为上位机进行总体控制，要使用上位机控制软件；上位机处理要打印房屋的三维 CAD 模型，要进行分层切片，必须要使用切片分层软件。另外，3D 建筑打印机本身必须有一个主控电路板，接受上位机发来 G 代码指令进行分析处理并对 3D 建筑打印机进行控制实施打印，主控电路板的软件就是主控电路板的固件。

## 5.6.2　3D 建筑打印机使用软件及其配置

### 1. 3D 建筑打印机的上位机控制软件

3D 建筑打印机的上位机控制软件可以直接使用 Repetier-Host 或其他的一些开源的 3D 打印上位机控制软件，当然在使用设置上必须和 3D 建筑打印机自身的特点相吻合。

3D 建筑打印机的上位机完成打印房屋及建筑模块组件的数据处理和总体控制任务，主要功能有：① 从要打印房屋或建筑模块及构件的三维 CAD 模型生成实施打印所需要的数据信息；② 设置打印参数；③ 监控打印过程；④ 实现人机交互。

3D 建筑打印机的主控板将打印控制的信息和数据传送给 3D 打印混凝土打印头喷嘴，并向控制计算机反馈信息，接受控制命令和运动参数等控制代码，对打印过程进行控制。上位机控制软件将动作指令传送给主控板固件，通过主控板程序解释执行 G 代码指令。

上位机控制软件完成对 3D 建筑打印机的基本设置，如通信端口选择、上位机和控制版固件通信波特率选择、打印区域边界确定等。

上位机控制软件负责三维房屋及建筑模块及构件模型的载入和查看调整。

2. 3D 建筑打印机的切片软件

熔融沉积成型 3D 打印机的切片软件一样可以应用于 3D 建筑打印机，如 Slic3r、Cura 和 Skeinforge 等。我们这里仅讨论 Slic3r 应用的情况。

在 3D 建筑打印机中，切片软件的作用也是载入 STL 格式的房屋或建筑模块组件三维 CAD 模型文件，沿 z 轴方向按设定的层厚进行切片分层，然后计算生成 3D 混凝土喷嘴的移动路径，得到 G 代码控制 3D 建筑打印机的工作运行。将 CAD 模型切片分层的过程中，每一层从模型中切分出来后，得到该层高度上的目标建筑打印体的轮廓及截面数据信息，并形成混凝土喷嘴的移动路径，就是打印路径。3D 建筑打印机打印建筑的过程，和 3D 打印机打印其他的小尺寸三维制品的原理是一样的，只不过前者的目标打印体体量要大得多，每一层的打印路径长度要长得多。但打印建筑与打印其他结构精细的 3D 制品相比，精细程度要差一些，这是由应用行业特点决定的。

（1）3D 建筑打印机的打印设置。使用 Slic3r 软件首先也要进行 Print settings（打印设置），主要设置内容有：① Layers and perimeters（3D 打印混凝土每一层敷设厚度）；② Infill（填充设置）；③ Speed（打印速度设置）；④ Multiple Extruders（混凝土喷嘴设置）。

3D 建筑打印机在敷设打印每一层混凝土时，堆叠的层厚要合理，厚度过大，会成生坍塌，厚度过小，打印时间加长，因此要根据半流质混凝土的喷吐流量、喷嘴移动速度等情况综合设定，确保打印过程保持一个合理的层厚取值，换言之，要对沿 z 轴的分层切分厚度有合理的值。

3D 建筑打印机在使用一个混凝土喷嘴的情况下，填充设置可以简化。

（2）混凝土喷嘴的打印速度设置。该项的设置可综合许多相关因素来确定，诸如混凝土的喷吐流量、混凝土敷设厚度、半流质混凝土的凝固时间、z 轴的分层切分厚度等。

由于不涉及加热及温度控制环节，混凝土喷嘴的打印速度设置较 3D 打印机的设置可将该部分内容不予考虑，而将 3D 打印混凝土的凝固时间考虑进去。

（3）打印机设置。3D 建筑打印机也要对打印机本身进行必须项目的设置。如目标打印建筑实体的大小尺寸，即混凝土喷嘴沿 x、y、z 轴向的打印尺寸，设置 Custom G-code（自定义 G 代码）等。

3. 3D 建筑打印机的控制板固件

对熔融沉积成型的 3D 打印机来讲，必须要有主控板来对现场的打印机进行控制，而主控板的软件系统就是主控板固件，而 3D 建筑打印机一样使用主控板和主控板固件控制打印房屋和建筑模块及构件，主控板固件的主要作用一样是分析并处理上位机中由上位机控制软件传送过来的 G 代码命令，控制 3D 建筑打印机硬件执行命令，实施打印房屋、建筑模块及构件实体。

打印建筑的过程中，混凝土喷嘴可以沿着三条正交的坐标轴轴向受控移动，每一条坐标轴都连接了一台电机驱动喷嘴沿轴向移动，主控板固件要控制电机的正反转及启停。主控板固件接受上位机传送的 G 代码并与 3D 建筑打印机通信，控制各轴电机的运转方式及移动路径。3D 建筑打印机多使用框架导轨结构，一条固定导轨，一条移动导轨，这两条导轨上的移动可以控制混凝土喷嘴在平面上的打印扫描，$z$ 轴向的移动可以控制喷嘴在不同高度的打印层上打印。

3D 打印建筑设备系统中，上位机中运行上位机控制软件和切片软件，完成将三维的房屋、建筑模块及构件模型载入和切片分层，三维房屋、建筑模及构件块模型文件以 stl 格式存在系统里，经过切片分层得到打印房屋、建筑模块及构件的 G 代码文件，并将相应的 G 代码命令送往主控板固件，主控板固件分析和处理接收到的 G 代码命令，然后控制 3D 建筑打印机打印房屋、建筑模块及构件实物，这种关系用图 5-29 表示。

图 5-29　3D 建筑打印机与主控板固件

4. 控制版固件的 G 代码指令对 3D 建筑打印机的控制

G 代码是上位机控制 3D 建筑打印机的指令体系，控制板固件分析判断来自上位机的 G 代码指令并控制 3D 建筑打印机打印房屋及建筑模块实体。G 代码指令中的直线运动、规则曲线运动一样控制混凝土喷嘴进行直线打印和圆弧段打印，如混凝土喷嘴快速直线运动的 G 代码指令为：

G0（$x$ 轴的移动位置）（$y$ 轴的移动位置）（$z$ 轴的移动位置）（喷嘴移动速度）

混凝土喷嘴的直线运动的 G 代码指令：

G1（$x$ 轴的移动位置）（$y$ 轴的移动位置）（$z$ 轴的移动位置）（喷嘴移动速度）

控制混凝土喷嘴速度设置和移动位置设置的 G 代码指令：

G1 F12000

G1 X500 Y1300

其中第一行混凝土喷头速度设置为 1200mm/min，也就是 200mm/s，随后混凝土喷头位置移动到 $x=500$mm，$y=1300$mm 的位置上，$z$ 轴高度不变。

混凝土喷嘴顺指针方向打印一段圆弧的 G 代码指令：

G2 X1500 Y1800 I80 J120 R2600 F1200

（1500，1800）表示混凝土喷嘴打印这段圆弧的目标位置；（80，120）是圆弧对应圆的圆心位置；1600 表示圆弧的半径长度；1200 表示混凝土喷嘴移动速度，单位是毫米/每分钟。

一般情况下，房屋及建筑模块组件的轮廓线都是由若干条直线段、若干条弧线段封闭组成的。

5. 3D 建筑打印机与 Marlin 固件

3D 建筑打印机也要选择一个合适的固件，负责分析处理上位机应用程序发送过来 G 代码指令，然后控制机器执行指令。如同其他 3D 打印机一样，可以有不同的固件可以选择，这里设定 3D 建筑打印机选开源的 Marlin 固件作为控制板固件。

Marlin 固件支持混凝土喷嘴高速打印，支持弧线打印，支持限位开关状态读取，支持 SD

文件和文件夹打印，支持使用主控板的 EEPROM 存储模块存储和修改打印机的各项参数。

Marlin 固件的使用要首先进行一些必须要做的设置：① 主控板类型选择；② 限位开关设置；③ 步进电动机设置；④ $x$、$y$、$z$ 轴归位方向设置；⑤ 步进电动机行程设置；⑥ 各轴移动速度距离和步进电动机行进距离设置等。

3D 建筑打印机也要使用步进电动机驱动打印头或混凝土喷嘴沿各个不同轴向的运动，有些轴向移动是沿导轨进行。3D 建筑打印机中使用的步进电动机一般情况下，扭矩大和工作电流大，不同于一般 3D 打印机中使用的小型步进电动机。

在 3D 建筑打印机的控制运行中，由于基本不涉及温度控制，软件设置、运行控制变得简单了。

### 5.6.3　3D 建筑打印机软件技术的开发

尽管 3D 打印建筑是 3D 打印的一个应用领域，尽管 3D 建筑打印机是 3D 打印机在建筑行业的一种应用和延伸，但毕竟具有很强烈的行业特色，从硬件设备到软件技术都有自身独具特色的体系，因此，3D 建筑打印机必须有自己的应用软件体系。

1. 3D 建筑打印机软件体系的组成

3D 建筑打印机软件体系由以下一些部分组成：使用现有熔融沉积成型 3D 打印机的软件系统，结合打印房屋、建筑模块及构件的特点进行软件设置、开发。如直接使用我们在本章介绍的一些开源上位机控制软件、切片软件和控制板固件，结合 3D 打印建筑的具体应用环境和条件进行设置和开发。

2. 结合各类不同的 3D 建筑打印机开发相应的应用软件体系

3D 打印建筑的概念不是狭义的，如前所述，3D 建筑打印机有各种各样的结构类型，如刚性框架型结构、铰链支架型结构、三自由度机器人臂式结构和其他结构类型。不同的结构类型，应用软件体系就不同。尤其是在打印较大型建筑的时候，可以使用若干台易于移动的小型 3D 建筑打印机进行协同工作，许多小型 3D 建筑打印机的结构更是各具特色，当然需要开发能够很好驾驭硬件工作的应用软件系统。还有喷涂型 3D 建筑打印机，也是全新的一个应用方向，也需要开发自己的应用软件体系。

3. 3D 打印建筑软件的系统性开发

3D 打印建筑技术是一个结合了多种不同现代技术的综合性技术，其内容之丰富，技术之复杂，使得该技术需要进行更为深入的理论研究，并将研发成果应用于实际工程当中进行工程推广，进而推动 3D 打印建筑技术的较全面和较深入地发展。3D 打印建筑软件系统的开发是推动 3D 打印建筑技术加深理论研究和工程推广工作的重要组成部分，里面有大量的工作要做，业界人士应充分地认识到这一点。

# 第6章　3D 模型设计与建模工具

使用 3D 打印技术打印各个不同行业领域的三维制品，以及打印建筑房屋都离不开三维 CAD 模型，也就是 3D 模型，而不论哪种 3D 打印，都采用 STL 格式的 3D 模型，即用三角形网格描述的三维 CAD 模型。STL 格式的文件简单，应用广泛，并已成为快速成型系统和图像处理领域中的默认工业标准。

## 6.1　3D 打印建模和常用的 3D 建模软件

### 6.1.1　3D 打印建模

1. 3D 模型设计在 3D 打印技术环节中的位置

3D 模型设计是 3D 打印技术中的第一步，也是最为重要的一步，是实现 3D 打印三个阶段中的前处理阶段，如图 6-1 所示。

图 6-1　建模是 D 打印技术中的前处理阶段

3D 模型设计包括构造 3D 模型、模型近似处理、模型切片分层等内容。

2. 3D 建模的基本方法

理论上，只要有合适的材料和 3D 模型数据，就可以使用 3D 打印机打印出人们所需要的三维物品包括房屋、建筑模块及构件等。怎样创建 3D 模型？有三种基本的方法，互联网下载，使用 3D 建模软件创建和使用三维反求方法即逆向工程方法建模。

（1）互联网下载。国内外的一些网站提供 3D 模型数据的下载服务，我们可以使用搜索引擎（如百度），以关键词"3D 模型及建模"搜索一些国内的网站，可以提供许多品质较高的 3D 模型数据，免费下载，下载后的数据可以直接用于打印 3D 制品。本书附录中给出了部分国外能够提供 3D 模型的网站网址。

（2）使用 3D 建模软件创建 3D 模型。用户可以使用 3D 建模软件来创建 3D 模型。3D 建模软件有功能强且较为复杂的，也有功能少一些，学习掌握较为简洁一些的，有免费软件，也有付费的软件。对于初步进入 3D 打印技术领域的读者，刚开始可以使用一些功能较少和学习过程较简单的免费 3D 建模软件创建 3D 模型，随着对建模技术学习的深入，从事 3D 打印工作的复杂性增加，再选用功能强但学习难度增大的建模软件，如 3ds Max 软件。

（3）三维反求逆向工程建模。所谓三维反求逆向工程建模是指：对现有实物模型进行三维激光扫描仪扫描或三维坐标仪进行测量，获得实物的点云数据，从而重构实物的三维 CAD 模型。

3D 扫描仪对实物进行扫描，得到三维数据序列，通过对数据进行加工修复，得到精确描述物体三维结构的坐标数据序列，再使用一些 3D 软件将这些数据序列完整的还原出物体的 3D 模型。

部分 3D 建模软件也适合创建房屋、建筑模块及构件的 3D 模型，房屋、建筑模块及构件的 3D 模型和许多其他应用领域的 3D 模型相比，学习和掌握更容易一些。

## 6.1.2 常用的 3D 建模软件应用及注意事项

1. 常用的 3D 建模软件

3D 模型设计，我们主要用的软件有 3ds Max、犀牛软件（Rhino）、Tinkercad、SketchUp、SolidWorks、123D Design 和 123D Sculpt 软件等。

2. 使用注意事项

在使用这些不同的 3D 建模软件时，要注意几个问题：

（1）三种版本的建模软件。3D 建模软件根据使用的应用平台还可分为：在线的网络版本、iPad（平板电脑）/iPhone（智能手机）版本，还有一种是桌面计算机版本。

在线的网络版本建模软件使用环境是：必须在线上（网上），而且该版本的建模软件在拖曳移动物体时反应较慢并受网速的限制，这在需要准确定位一个物体的时候速度慢，工作效率低。

而桌面版的 3D 建模软件只要是从软件源网站下载后，无需在线使用，使用非常方便，要注意的就是从源网站下载时，一般要从官网下载，或从比较安全的软件下载网站下载，不要从一些小网站或生疏的网站下载，避免不良网站将木马、病毒、恶意流氓软件一起捆绑下载。

iPad/iPhone 版本的 3D 建模软件性能还是较为单薄，与桌面版和网络版相比，功能不足。用手指触摸屏幕时，很难做到精确控制。前面提到过的 123D Sculpt 软件就是一款只应用于 iPad（平板电脑）的 3D 建模软件。

（2）基于 Web 页面的 3D 建模软件和浏览器的选择。Tinkercad 是 Autodesk 的产品，并且是一款免费软件，要说明的是，其软件序列中也有付费并能够提供更多和更强功能的版本。Tinkercad 是一款基于 Web 页面的 3D 建模软件，软件在 Web 页面环境下使用。

但不是所有的浏览器都支持 Tinkercad，能够使用 Tinkercad 建模软件的浏览器必须能支持 WebGL（Web Graphics Library），WebGL 是一种 3D 绘图标准，赋予网页浏览器在屏幕上处理三维物体的特殊能力，可被用于创建具有复杂 3D 结构的网站页面。4 个支持 WebGL 的 Web 浏览器是：Opera（http://www.opera.com）、Internet Explorer 10（http://Microsoft.com）、Fairefox（http://getfirefox.net）以及 Chrome（https://www.google.com）。当然读者可以使用双浏览器来工作，一个支持 WebGL 的浏览器，一个不支持 WebGL 但读者喜爱的浏览器。

（3）选择 3D 建模软件的基本要求。选择任何一款 3D 建模软件，必须确认它有保存或输出 STL 文件的功能。STL 文件是 3D 打印机打印三维物体的必备文件，读者要选择适当的建模软件，创建要打印的目标 3D 制品的三维 CAD 模型，并将设计好的三维模型保存为 STL 文件。

用户选择 3D 建模软件时，还要综合性地考虑其他方面的因素，这里不再赘述。

（4）结合建筑行业特点。对于从事 3D 打印建筑技术来讲，要充分地结合要打印房屋、建筑模块及构件的特点选择 3D 建模软件。

## 6.2　3ds Max 软件建模基础

3D Studio Max，常简称为 3ds Max，3ds Max 是世界上最知名的立体建模动画制作软件，早已被国内用户接受并广为使用。3ds Max 在广告、影视、工业设计、建筑设计、多媒体设计、辅助教学以及工程可视化领域都得到了广泛的应用。3ds Max 最大的特点就是在三维建模、动画和渲染等许多方面表现优异，用户使用 3ds Max，可以较容易地制作出许多对象，并把它们放入经过渲染和类似真实的场景中，来展现一个高度模拟真实的三维世界。

### 6.2.1　3ds Max 中的基本几何体和扩展几何体

1. 基本几何体及建模

3ds Max 的版本在不断升级，因此读者应选用较新版本的 3ds Max 软件，但也没有必要2014 年使用 3ds Max 2014 版本，2016 年就用 3ds Max 2016 版本，因为对于太新的版本在培训教材方面的跟进有一个滞后。

3ds Max 首先提供了最基本的几何体建模，只需点击命令面板中的相应按钮就可以制作基本几何体的 3D 模型。

3D 建模首先要将物体尺寸的单位设定好。打开 3ds Max，把单位设定为 mm，注意系统单位也要用 mm，如图 6-2 所示。

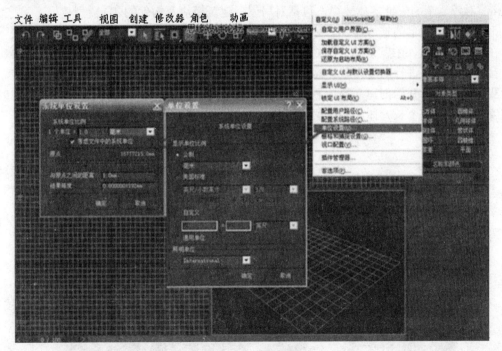

图 6-2　单位设置

3ds Max 提供的基本几何体模型有长方形、球体、圆柱体、圆环、圆锥体、几何球体、管状体、四棱锥、平面和茶壶等，如图 6-3 所示，用户选取建立基本几何体模型，进行选取并设置参数，来创建一个基本几何体的 3D 模型。基本几何体也叫标准基本体。

**2. 扩展几何体**

扩展几何体也叫基本扩展体。扩展几何体包括切角长方体、切角圆柱体、异面体、球棱柱、软管和棱柱等，如图 6-4 所示。

图 6-3　标准基本体

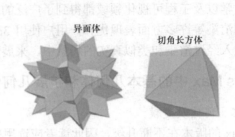

图 6-4　基本扩展体中的异面体和切角长方体

## 6.2.2　一个基本几何体建模举例

3D 建模从简单开始，如刚开始先建立一些基本几何体的 3D 模型，然后再建立一些基本扩展体的 3D 模型。由于大量的三维立体都是由许多基本几何体、基本扩展体通过叠放、组合、处理而成的，因此读者从建立简单三维立体的 3D 模型作为基础，逐渐深入学习和使用 3ds Max 对较复杂的三维实体建模，包括对房屋、建筑模块及构件的 3D 模型建模。

下面是一个简单的长方体 3D 模型建模举例。

在 3ds Max 软件中默认的"顶视图"区域进行绘画，这样软件才会将长方体放置在默认的平台上，不需要进行高度调整。3ds Max 会先创建模型的长宽，然后才会创建其高度，所以当我们点击鼠标开始创建，释放鼠标后就可以设置其高度了，然后再次进行单击就可以设置高度了。创建一个长方体 3D 模型的初始阶段如图 6-5 所示。

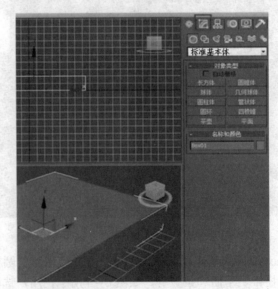

图 6-5　创建一个长方体 3D 模型的最初步骤

接下来，对创建好的长方体模型进行更改操作：首先选中菜单栏中的"选择并移动"选项按钮，选中要修改的模型，然后切换到"修改"选框中，出现了可以修改的选项，包括"长度""宽度""高度""长度分段""宽度分段""高度分段"等选项，接下来我们设置长、宽、高分别为60.0、60.0、15.0值，长、宽、高分段值分别为6、4、2值，如图6-6所示。

当模型制作完毕后，需要将所建模型导出为stl格式的文件，如前所述，只有stl格式的文件才能被用于3D打印机打印操作软件编辑使用。将导出的stl格式文件保存在设计者建立的特定文件夹中，进行适当的命名，并注意将文件存储为stl格式，如图6-7所示。保存完成之后，长方体stl格式的3D模型就制作完成了。

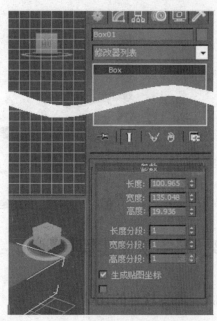

图6-6  模型的参数修改

图6-7  将文件格式存储为stl格式

使用3ds Max创建的阶梯、墙体建筑模块和房屋内墙体分割的3D模型如图6-8所示。当然，要能够被3D建筑打印机打印出来，必须要使用相应的stl格式的3D模型文件。

阶梯、墙体建筑模块

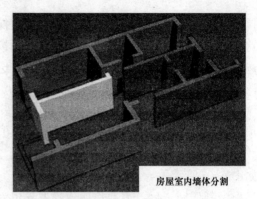

房屋室内墙体分割

图 6-8　阶梯、墙体建筑模块和房屋内墙体分割的 3D 模型

## 6.3　犀牛软件建模基础

### 6.3.1　犀牛软件的功能

Rhino 软件是美国 Robert McNeel&Assoc 公司开发的一款国内外广为使用的高性能专业 3D 造型软件，是 PC 桌面版的 3D 建模软件。Rhino 软件中文名称犀牛，软件仅几十兆大小，硬件要求也不高。

犀牛软件广泛地应用于三维动画制作、3D 建模、工业制造、科学研究以及机械设计等领域，能输出 obj、dxf、iges 和 stl 等不同格式，使用该软件建模感觉非常流畅，用它来建模，然后导出高精度模型给其他三维软件使用。

自从 Rhino 推出以来，大量的 3D 专业制作人员及爱好者都被其优异的建模功能所吸引。用户们普遍反映犀牛软件是一个"平民化"的高端软件，建模很方便，入手很快，它的使用习惯和我们熟悉的 AUTOCAD 很类似。犀牛软件是一款值得 3D 打印技术从业者花费时间去学习和掌握的三维建模软件，也是从事 3D 打印建筑的技术人员值得花费一定的精力去学习和掌握的 3D 建模软件。

任何复杂的模型都可以看成是由简单的三维立体通过组合、堆叠、加工处理而成的，建模时，需仔细分析其结构，借助于许多基础结构搭建合成复杂结构，先整体后局部、先全面后细节、层层深入，最终完成一个模型的制作。

### 6.3.2　犀牛软件的界面及部分工具

1. 犀牛软件的界面

打开犀牛软件（rhino 软件），其界面布局如图 6-9 所示。要说明的是界面中有一个标准工具栏，其中有许多按钮，那是插件按钮，在使用中可以加入，也可以从中撤出。

Rhino 的不同功能区具有不同的功能：

菜单栏——包括了绝大部分的犀牛命令。

命令行——位于软件界面上方，有很多命令参数要在命令行窗口进行输入和选择。

建模区——默认的 4 个视图窗口，双击某个视图标题它将放大，再双击一次它将还原。

状态栏——提供坐标、长度、当前图层和辅助选项等信息。

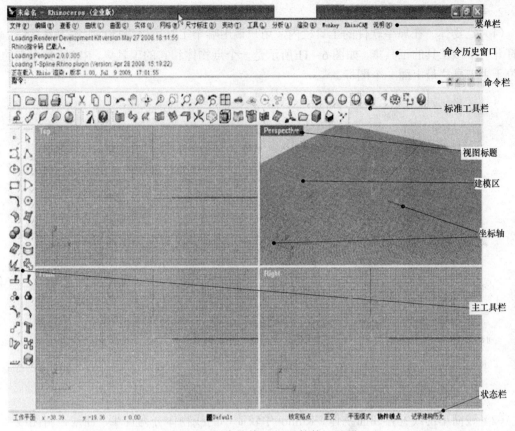

图 6-9　犀牛软件（rhino 软件）界面

　　视窗——Rhino 默认四个视窗布局，分别是顶视图（Top）、透视图（Perspective）、正视图（Front）和右视图（Right），如图 6-10 所示。

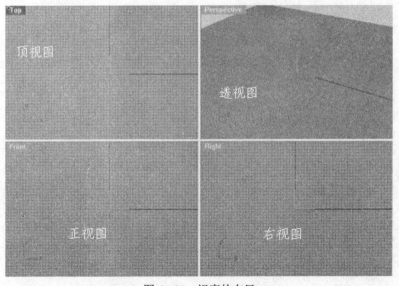

图 6-10　视窗的布局

2. 部分工具

（1）点物体。在犀牛软件的工具栏内，用户调用哪个工具可以直接点击该工具按钮，同时打开一个该工具的工具集，如图 6-11 所示是一个点物体和它的工具集，Rhino 关于点的命令位于主工具栏最上面一个图标。

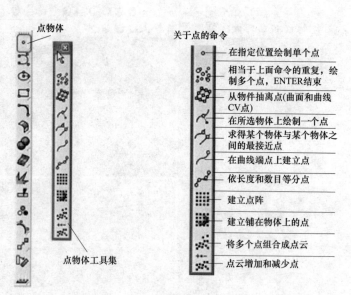

图 6-11　点物体及相关命令

（2）较简单的线物体和面物体。Rhino 中较简单的线物体分为直线、曲线、封闭线（圆形、椭圆形、多边形等），如图 6-12 所示。关于圆的绘制命令如图 6-13 所示。

Rhino 中的面物体分为曲面、多重曲面等。

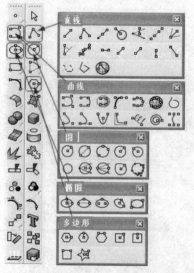

图 6-12　Rhino 线物体及相关命令

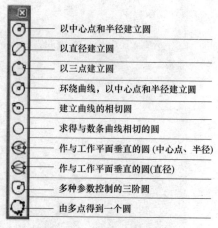

图 6-13　圆的绘制命令

（3）Rhino 曲线绘制。Rhino 曲线绘制相关命令如图 6-14 所示。

（4）基本几何体的绘制。Rhino 中的基本几何体包括立方体、球体、圆柱体、椭球体、圆管、圆锥、抛物面椎体、圆环等，如图 6-15 所示。

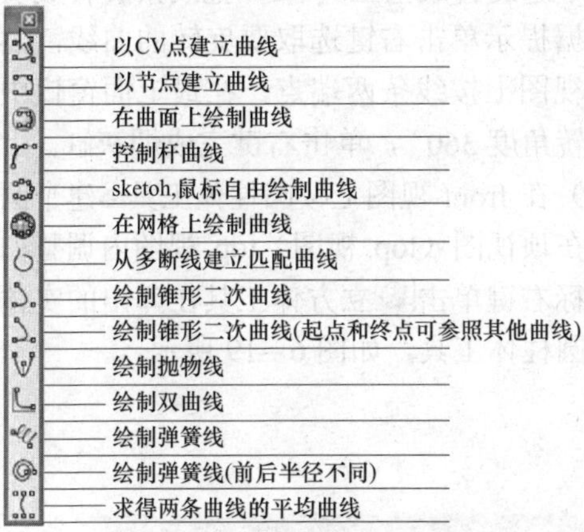

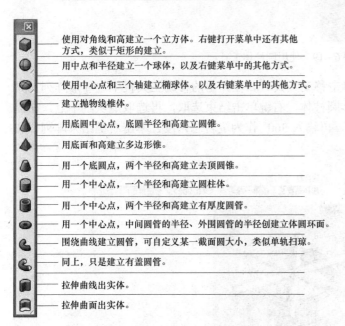

图 6-14　Rhino 曲线绘制相关命令

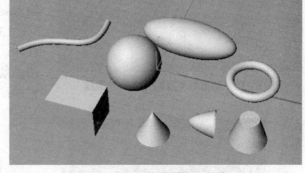

图 6-15　Rhino 中的基本几何体

使用基本几何体的按钮命令，可以绘制基本的几何体，命令的使用如图 6-16 所示。

（5）绘制曲面的工具及功能。在 Rhino 软件中，绘制曲面的工具及功能如图 6-17 所示。

图 6-16　绘制基本几何体命令的使用

图 6-17　曲面工具集及功能

## 6.3.3　犀牛软件简单建模举例

通过一个举例，建立一个"烟灰缸"的 3D 模型，学习犀牛建模的部分基础知识。

建模过程如下：

（1）用多重直线工具 在正视图（front 视图）上画烟灰缸四分之一轮廓线，如图 6-18

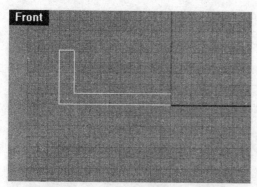

图 6-18　画出烟灰缸四分之一轮廓线

所示。

（2）鼠标右键单击曲面工具，在弹出的曲面栏中选旋转成型工具，把线条旋转成实体。根据提示单击右键选取要旋转的曲线，然后在正视图上按线条两端点，在最上面窗口中输入旋转角度 360°，单击右键完成烟灰缸。

（3）在 front 视图上按圆柱体工具建个圆柱体。在顶视图（top 视图）top 视图内调整如图。鼠标右键单击立方体工具在弹出的实体栏中找圆柱体工具，如图 6-19 所示。

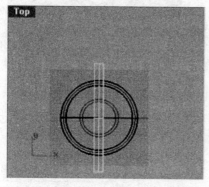

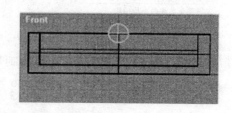

图 6-19　使用圆柱体工具

（4）按环形阵列工具，右键单击移动工具，在弹出的移动工具栏中选环形阵列工具。根据窗口提示选取要阵列的物体圆柱体，右键单击结束选取，再选取烟灰缸中点，在提示窗口中输入阵列个数 3，单击右键，再输入 360°作为旋转总角度，单击右键结束阵列，如图 6-20 所示。

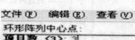

图 6-20　使用环形阵列工具

（5）按布尔运算差集工具，右键单击布尔运算并集工具，在弹出的实体工具栏中选差集工具。根据提示选取烟灰缸实体，单击右键结束选取，接着再选取那三个圆柱体，然后单击右键结束布尔运算。操作处理的情况如图 6-21 所示。

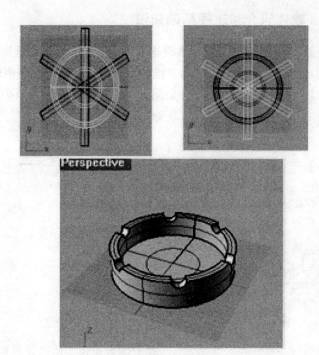

图 6-21　使用布尔运算差集工具和并集工具

（6）最后按不等距边缘工具 修整。在提示窗口中输入要导角的大小 0.4，然后选取要导角的上边缘单击右键就成。然后同样方法给底部导角。导角大小为 1。右击布尔运算并集工具 ，在跳出的实体工具栏中选不等距边缘工具，情况如图 6-22 所示。

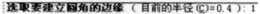

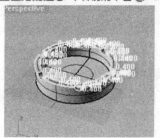 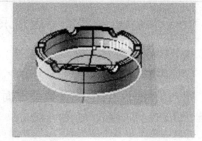

图 6-22　选不等距边缘工具处理

（7）将文件保存为 STL 格式。

一个烟灰缸的 3D 建模完成。

# 6.4　结构设计软件 SolidWorks 建模

SolidWorks 也是一款 3D 打印中常用的 3D 建模软件，对于 3D 打印建筑来讲，也是一款性能较好的 3D 建模软件，但其应用和建模方法有着强烈的建筑特点，主要被用来进行建筑房屋、建筑模块及构件的 3D 建模。

### 6.4.1 SolidWorks 软件简介和建模基础知识

SolidWorks 是一款基于 Windows 的三维设计软件，最大的优点就是简单易学，而且有比较强大的二维图绘制功能，可以使用原来的二维绘图技术来绘制三维图形。

SolidWorks2013 版本软件界面的一部分如图 6-23 所示，软件界面中，也包括菜单栏、工具栏、工作区、命令管理器、任务窗口等功能模块区域。

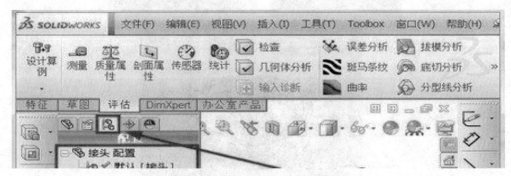

图 6-23　SolidWorks2013 版本软件界面的一部分

图 6-24　SolidWorks 主要特点

对于读者来讲，使用软件尽量使用新版本的，但还要和使用的计算机硬件设备性能匹配，这一节内容中，有些内容的讲解使用的 SolidWorks 版本不是最新的，但方法和原理完全相同，读者应给予注意。

SolidWorks 主要特点如图 6-24 所示。

### 6.4.2 SolidWorks 建模的基础知识

1. SolidWorks 草图设计

（1）草图绘制工具和绘制草图的过程。草图设计是 3D 建模中必须要掌握的一项基本技能。绘制草图时，首先要设置基准面，SolidWorks 有三个默认基准面：前视基准面、上视基准面和右视基准面，如图 6-25 所示。

SolidWorks 草图绘制主要包括直线、圆/圆弧、矩形、多边形、样条曲线、方程曲线等。绘制 SolidWorks 草图还需要进行编辑，草图编辑主要包括曲线裁剪/延伸、转换实体引用/交叉曲线、等距实体、阵列、移动/复制/缩放/旋转/伸展等。绘制出的草图还要进行尺寸标注。SolidWorks 草图绘制基本工具如图 6-26 所示。

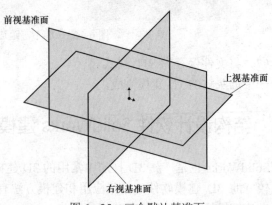

图 6-25　三个默认基准面

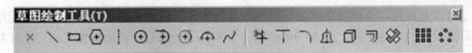

图 6-26  草图绘制基本工具

绘制草图还需掌握图形的拆解、辅助线的应用、熟练地掌握草图的绘制技巧才能绘制复杂的图形，进而制作具有复杂结构的三维模型。

绘制草图的过程：① 进入草图绘制界面。② 单击标准工具栏上的"新建"按钮，打开新建 SolidWorks 文件对话框。③ 单击"零件"按钮，然后单击"确定"。④ 确定绘图基准面和三个基准面中的一个。⑤ 在选定的基准面中绘制草图。⑥ 为草图实体标注尺寸。

绘制一个圆的举例：单击工具栏中"圆"按钮，移动光标至圆心位置处，单击鼠标左键并移动光标，这时在绘图区域中会显示出将要绘制的圆预览，光标旁提示圆的半径，光标移至适当处再次单击鼠标左键，便可完成圆的绘制，如图 6-27 所示。

绘制一段直线和一段圆弧连接的举例：在直线的终点按下鼠标左键（不松开）移动光标远离直线终点，然后移动光标返回至直线的终点，并再次移动光标远离直线终点，这时在绘图区域中会显示出将要绘制的圆弧预览并完成一条直线段和一个圆弧段的链接，如图 6-28 所示。

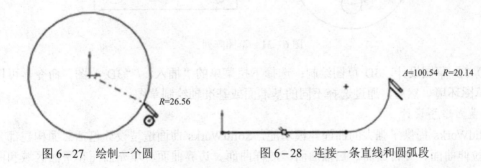

图 6-27  绘制一个圆            图 6-28  连接一条直线和圆弧段

（2）延伸实体。SolidWorks 3D 曲线功能，主要包括分割线、投影曲线、通过 $XYZ$ 点的曲线、通过参考点的曲线、螺旋线/涡状线等，掌握 3D 曲线的绘制方法与技巧是学习后续三维造型必要的基础。

（3）延伸实体。草图绘制中的延伸实体工具可将草图实体直线、中心线或圆弧等延长到指定的元素，这里的元素是指直线、曲线或其他实体。将一段圆弧延伸到一条直线段及将一条直线 $AB$ 的垂线由 $C$ 点延伸到 $D$ 点的情况如图 6-29 所示。

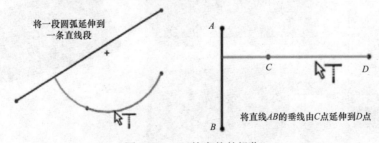

图 6-29  延伸实体的操作

（4）镜像处理。镜像实体工具可以将所绘制草图的一部分按对称性复制到另一侧，镜向的参考点可以是直线，也可以是圆弧的圆心或其他实体。镜向处理是通过简单的草图绘制实现复杂草图绘制的重要工具。图 6-30 绘制一个零件的一部分，使用镜像完成一个较复杂零件草图的绘制。

图 6-30　镜像处理

（5）草图阵列。草图阵列包括为线性草图阵列和圆周草图阵列，如图 6-31 所示。该工具在绘制复杂结构的草图及建模时很有用。

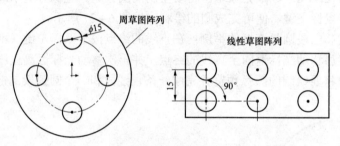

图 6-31　草图阵列

（6）3D 草图设计。3D 草图绘制：选择下拉菜单的"插入"/"3D 草图"命令，可以进入 3D 草图环境。然后，通过选择不同的基准面或基准轴绘制草图。

2. 曲面造型设计

SolidWorks 提供了强大的曲面建模功能，SolidWorks 曲面造型设计包括曲面构建部分功能，如拉伸曲面、旋转曲面、扫描曲面、放样曲面、边界曲面、填充曲面和平面区域和曲面编辑部分功能。这些功能是曲面造型中主要构建曲面的功能。

3. 三维物体的阵列、镜像绘制功能

三维物体线性阵列功能的使用如图 6-32 所示。

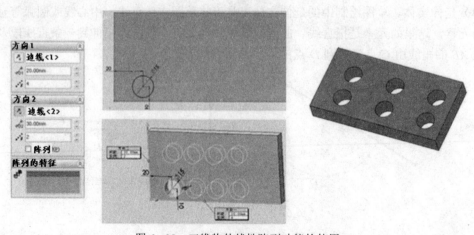

图 6-32　三维物体线性阵列功能的使用

3D 物体的圆阵列功能的使用如图 6−33 所示。

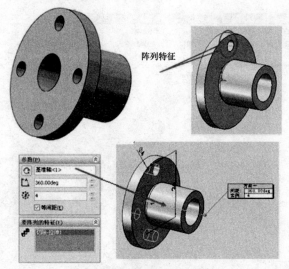

图 6−33　圆阵列功能的使用

"镜像"是将源特征相对一个平面（这个平面称为镜像基准面）进行复制，如图 6−34 所示。

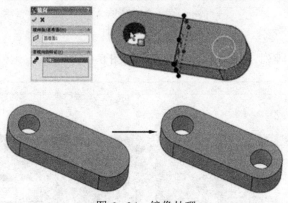

图 6−34　镜像处理

4. 旋转楼梯的 3D 建模举例

新建一个楼梯文件，在前视图绘制草图，对草图沿虚线进行复制如图 6−35 所示。

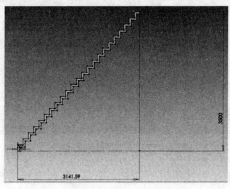

图 6−35　在前视图绘制草图

在拉伸后的楼梯上绘制栏杆，如图 6-36 所示。

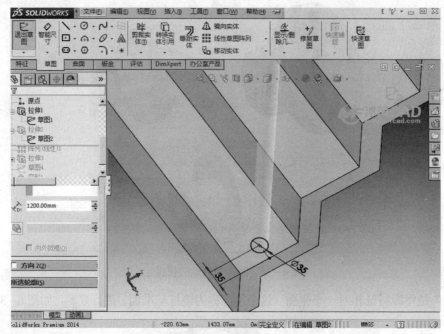

图 6-36　绘制栏杆

对栏杆进行队列，阵列方向为草图斜线方向如图 6-37 所示。

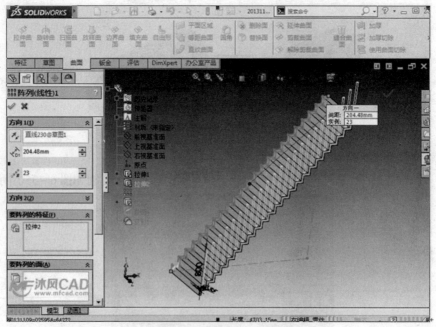

图 6-37　对栏杆进行队列

在前视图中绘制扶手草图，对扶手进行拉伸、变形，得到旋转楼梯的 3D 效果图，如图 6-38 所示。

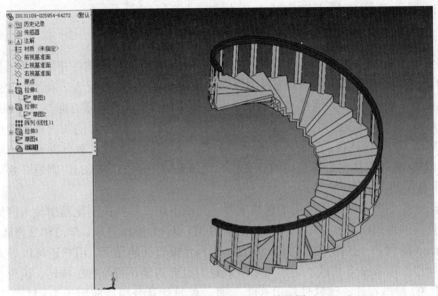

图 6−38　旋转楼梯的 3D 效果图

5. 保存文件

设计好 3D 模型后，单击"另存为"菜单命令，在"保存类型"命名后，选择 STL 格式保存，单击"确定"就能将模型转换到 STL 格式。转换成 STL 文件保存后，可以随时进行 3D 打印。

6. 最佳观察视角

进行三维建模时，要选好最佳观察视角。最佳观察视角的确定主要应从以下几个方面综合考虑：

使建模对象放置方位应使主要面与基准面平行，主要轴线与基准面垂直；所选方向应尽可能多地反映对象的特征形状；较好地反映各结构形体之间的位置关系；有利于减少工程视图中的虚线，并方便布置视图等。

## 6.5　用 Tinkercad 创建三维模型

本章已经介绍了好几款 3D 建模的软件，这一节介绍 Tinkercad 建模软件，对于有意从事 3D 打印技术尤其是有意从事 3D 打印建筑技术的读者来讲，应该将本章介绍的几款不同建模软件仔细阅读和学习完，因为完成了这些不同建模软件的学习后，会使读者基本上掌握 3D 建模的思路和一般性方法，会对 3D 建模从整体上建立清晰的概念，但是具体要学习和掌握哪种建模软件来从事开发工作呢？因为读者不可能同时学习若干个不同建模软件，去从事实际研究开发中的建模工作。这里建议有意从事 3D 打印建筑的读者首先从 Tinkercad 建模软件入手，这是一款简单易学易用和很有趣的建模软件，学会和掌握它，就可以对实际 3D 打印建筑许多工作中的 3D 建模应对自如了。但如果要从事更为复杂的 3D 建模工作，还需再去学习和掌握一款功能更为强大，适用性更强，能处理更为复杂问题的 3D 建模软件。

### 6.5.1 Tinkercad 软件基本情况

1. Tinkercad 软件的推出

3D 软件巨头 Autodesk 是一家全球最大的二维、三维设计和工程软件开发的美国公司，为制造业、工程建设行业、基础设施业以及传媒娱乐业提供卓越的数字化设计和工程软件服务和解决方案。在数字设计市场，没有哪家公司能在产品的品种和市场占有率方面与 Autodesk 匹敌。

AutoDesk 公司一直在致力于 3D 设计软件的普及和推广，向全球的业内读者提供一部分可免费获得的 3D 设计软件，同时不断研发各种简单易用的 3D 设计软件并推向市场，其中 Autodesk 123D 系列软件就是该公司的代表作。而该系列中的 Tinkercad，则是一款可以免费使用的易学易用的 3D 设计软件。

Tinkercad 是一个可以在线使用的建模软件，无须下载，只需在浏览器中输入网址，即可通过 Web 页面的形式在其窗口中进行一些简洁的 3D 设计，操作简单，学习和掌握较为容易。

Tinkercad 提供了一些图形模块供用户直接作为建模设计的图元，用户还可以导入自己的 STL 文件，使用 Tinkercad 修改。用户可以直观地对设计对象进行拖拽、旋转、组合、增减等操作，用于 3D 模型设计。该软件输出 STL 文件，经过切片分层后应用于 3D 打印。

Tinkercad 是免费的软件，只要注册账号就能使用。特别是 Tinkercad 能够导入 STL 软件并进行简单修改的功能对于用户来讲非常方便。使用该软件对用户所使用的计算机硬件配置要求有点高。

直接使用在线的 Tinkercad，网址是 https://www.tinkercad.com，只要注册后就可以使用了。

2. Tinkercad 的主界面和组成

Tinkercad 一款三维建模软件，应用于三维打印前期的模型设计。Tinkercad 提供了一些简单的 3D 模型，通过对这些简单模型的堆砌和编辑可以生成较为复杂的 3D 模型。

Tinkercad 主界面如图 6-39 所示，主界面由 APP 菜单、主工具条、网格、三维视图、导航工具条、工具包、捕捉、单位、登录和帮助菜单组成。

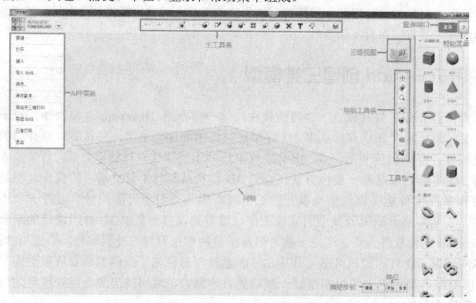

图 6-39　Tinkercad 主界面

（1）APP 菜单。APP 菜单主要的功能是新建模型，打开模型，保存模型，导入/导出二维草图进行建模，导出可以用于三维打印的文件格式。APP 菜单包括 10 项菜单命令：① 新建；② 打开；③ 插入；④ 导入 SVG；⑤ 保存；⑥ 保存副本；⑦ 导出供三维打印；⑧ 导出 SVG；⑨ 三维打印；⑩ 退出。

这里的 SVG（Scalable Vector Graphics）是指可缩放矢量图形，可缩放矢量图形是基于可扩展标记语言（标准通用标记语言的子集），用于描述二维矢量图形的一种图形格式。

（2）主工具条。主工具条主要的功能是利用二维图形和三维模型来设计，编辑和创建复杂的三维模型。主工具条由工具撤消、重做、变换、基本体、草图、构造、修改、阵列、分组、合并、调整、文本、吸附和材质组成，如图 6−40 所示。

图 6−40　主工具条组成

（3）网格。网格是用于创建模型的基本平面，参考平面或工作空间。其在默认状态下是显示在软件的界面上，也可以用导航工具条中的"开启/关闭网格可见性"来隐藏网格。

（4）三维视图。三维视图的功能是切换视图，让模型可以在上视图、下视图、左视图、右视图、前视图、后视图和轴测图的情况下观察和显示。

（5）导航工具条。导航工具条的功能是调整建模的工作环境，如平移、旋转、缩放整个视图，调整视图使模型显示最佳，改变三维模型的材质，改变二维图形和三维模型的显示情况。

导航工具条包括平移、旋转、缩放、全局视图、材质和轮廓/仅材质/仅轮廓、显示实体/网格、隐藏实体/网格、显示草图、隐藏草图、开启/关闭网格可见性、开启/关闭吸附时分组。

（6）工具包。工具包中提供了一些基本的几何模型、数字和字母模型。用户可以利用这些基本的模型进行三维建模。

（7）登录工具。该工具可让用户登录到自己账户，以便管理云端的项目和模型。这里的云端项目和模型是指用户存储在云服务器上的新建项目或已有项目和模型。

## 6.5.2　Tinkercad 软件操作

1. 主工具条中的基本体、吸附和工具包的使用

（1）使用基本体中的立方体工具创建一个 3D 模型。

基本体工具是为三维建模提供基本元素，用户可以在基本体的基础上创建模型。在创建一个最简单的立方体 3D 模型时，单击主工具条中的基本体菜单中的立方体工具，拖动鼠标并且设置立方体的长宽高，然后把立方体放置在网格上，如图 6−41 所示。

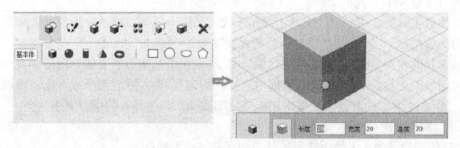

图 6−41　使用基本体中的立方体工具

如果需要将一个立方体堆砌在网格中另一个立体的面上，可以直接将这个立方体拖拽到该立体的同构面上进行堆叠。

对创建的立方体的长、宽和高度进行设置，然后命名另存为 STL 格式的文件，就得到一个最简单的立方体 3D 模型。

（2）工具包的使用。在 Tinkercad 主界面中，有一个工具包，放置了许多不同的工具，如立方体、球体、圆锥体、切角立方体、圆柱体、棱柱体等几何体模型、数字和字符模型，该工具包为设计者的三维建模提供基本的模型作为设计元素。使用时，只需要从工具包中将所需模型元素拖到网格中松开鼠标左键即可。

（3）吸附工具的使用。吸附工具的作用是使两个模型的同构面吸附在一起。吸附分为自动吸附与手动吸附两种形式。下面是一个使用两个模型元：立方体模型元和数字 1 的模型元通过吸附结合成一个模型的操作过程：① 从基本体中选择立方体模型元导入网格中，长、宽、高数据设置完毕后，将立方体模型元的方位调至如图 2-1 所示的情况。② 点击导航工具条中"开启/关闭吸附时分组"功能图标，开启吸附时分组。③ 按住 Shift 键，在工具包中选择并拖动数字 1 到要放置到的长方体的同构面上，松开鼠标左键与 Shift 键，这时数字 1 将会自动吸附到长方体的面上，形成一个组合的结构，如图 6-42 所示。

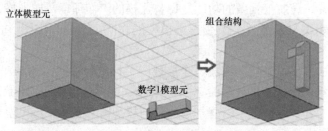

图 6-42 两个模型元通过同构面吸附为一个立体结构

从上面的讲解中看到，使用基本体，吸附和工具包三个工具，可以让建模更加简单，可以将不同的模型元像积木一样堆砌出结构较复杂的三维立体。

2. 插入工具和缩放工具的使用

在 Tinkercad 3D 建模中，插入工具和缩放工具大量被用到。

（1）插入工具的使用。插入工具支持插入 STL/OBJ 等类型的文件。这里讲导入 STL 文件的情况。STL 文件的大小（数据量大小）将会影响导入时的速度，文件越大，导入时间越长。

插入工具使用方法：

Tinkercad 主界面的左侧，单击 App 菜单栏中的"插入"菜单项，选择要插入的对象文件，注意插入对象是 STL 格式的文件。

（2）缩放工具的使用。缩放工具主要用于放大和缩小模型。缩放有均匀缩放和非均匀缩放。均匀缩放是在 $x$、$y$、$z$ 三个维度上的等比例缩放。

缩放工具的使用方法：① 选中某对象。② 单击主工具条中"变换"图标，在功能选项中选择"缩放"工具。③ 在缩放对话框中选择"均匀"，输入缩放因子或者拖动操纵器来缩放模型。④ 在主界面的其他区域单击左键完成缩放操作，使导入的模型大小适当。

3. 移动模型和旋转模型

在 3D 模型设计中，大量地使用移动模型和旋转模型操作。

（1）移动模型。移动模型的操作：① 选择需要移动的模型。② 单击主工具条中"变换"图标，在功能选项中选择"移动"工具。③ 在出现的操纵杆中选择一个方向，然后输入具体的距离值，或者直接拖动箭头，移动模型。

（2）旋转模型。旋转工具可以用来旋转模型，使模型以中心为原点绕 $x$、$y$、$z$ 轴的旋转，也支持绕某个指定的点为原点的旋转。

旋转模型的操作：① 选择需要旋转的模型。② 单击主工具条中"变换"图标，在功能选项中选择"旋转"工具。③ 选择旋转操纵杆，然后输入具体的角度值，或者直接拖动旋转操纵杆，旋转模型到需要的位置。

4. 视图的缩放、平移、旋转

视图的缩放是放大或缩小整个视图。可以用导航工具中的"缩放"工具，也可以用滚动鼠标滚轮来缩放视图。

视图的平移是平移整个视图。可以用导航工具中的"平移"工具，也可以按住鼠标滚轮并拖动鼠标来平移视图。

视图的旋转是旋转整个视图。可以用导航工具中的"旋转"工具，也可以按住鼠标左键并拖动鼠标来旋转视图。

5. 捕捉工具和单位工具的使用

捕捉工具用来辅助移动工具来更好的移动模型，使用时要设置捕捉步长。捕捉工具要和单位工具配合使用。在捕捉工具中设置捕捉步长，接着要设置单位，如捕捉工具中设置捕捉步长为 3，在单位工具中选择毫米作为单位。

改变捕捉步长与单位，可以改变捕捉的步长，如果捕捉的步长大，操作一次，模型位置移动的较远。

合理的配置捕捉步长与单位的参数，合理地使用模型平移、模型旋转、视图的平移、视图的缩放、视图的旋转将有助于精确建模及效率的提高。

6. 拉伸工具和扭曲工具的使用

（1）拉伸工具的使用。拉伸工具的功能是：

1）对二维封闭图形进行拉伸，对模型进行修改。

2）对立体模型的某个构造面进行拉伸，对模型进行修改。

拉伸工具的操作：① 单击主工具条中的"构造"图标，在拉出的"构造"菜单中选取拉伸工具。② 选中要处理模型的某一个构造面。③ 单击操纵器中的方向箭头以选择拉伸方向，输入拉伸距离或者拖动操纵器方向箭头。④ 按下 Enter 回车键，完成拉伸。

（2）扭曲工具的使用。扭曲工具的功能是：

1）移动模型的面或边，使模型扭曲。

2）移动模型的某个构造面使其倾斜。

扭曲工具的操作：① 单击主工具条中的"修改"图标，单击修改菜单中的扭曲工具。② 选中模型需要扭曲的构造面。③ 通过移动操纵器的三个方向箭头来拉伸压缩模型，通过拖动转动杆来倾斜模型。

7. 分组工具和对齐工具的使用

（1）分组工具的使用。分组功能包括分组工具、解组工具、全部解组工具。分组工具的功能是使不同的实体合并为一个组，便于管理复杂模型。解组则是把实体从组中解除出来。

全部解组则是把实体及子组全部解除出来。

以解组操作为例：单击主工具条中的"分组"图标，选择解组工具，选中操作模型中某个组合立体中的几个不同模型元，按下 Enter 回车键，完成几个不同模型元成为独立的个体。

（2）对齐。对齐是指将一个或多个物体沿着某一个坐标轴方向对齐到目标物体上。对齐工具是在主工具条中的调整工具菜单中。

8. 使用草图创建模型

传统的三维建模是在二维草图的基础上创建模型，而 Tinkercad 也提供了草图建模功能。

草图工具可以分为草图绘制工具与草图编辑工具两类。草图绘制工具有矩形、圆、椭圆、多边形、多线段、样条曲线、两点圆弧、三点圆弧。草图编辑工具有草图圆角、修剪、延伸、偏移、投影。利用这些工具可以得到一些复杂的二维图形，然后再在二维图形的基础上创建三维模型。

下面是一个使用草图的举例：一个截面为梯形的立体底座上面安装了一尊雕塑，如图 6-43 所示。需要在雕塑和底座中间加一个抛物旋转体作为过渡结构，首先使用草图工具进行操作如下：

① 首先在 z 轴方向上平移雕塑一段距离。

② 在主工具条中选择"草图"图标，然后在"基本体"工具中的圆工具，输入圆的半径值，把圆放在雕塑的下结构面（下底面），单击左键确认。

图 6-43　使用草图工具在雕塑和底座之间建立一个连接体

③ 选择在雕塑下结构面上新建的圆，按组合键"Ctrl+C"复制该圆，然后按组合键"Ctrl+V"粘贴该圆，在 z 轴方向向下移动该圆到雕塑下结构面与底座上平面中间的位置，单击确定，如图 6-44 所示。

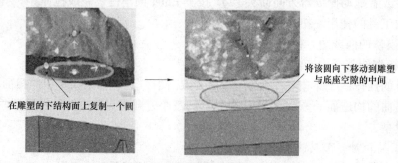

图 6-44　在雕塑与底座之间绘制一个圆

④ 选择雕塑与底座中间的圆的边，选中以后圆边成为黑色，向圆心方向拖动鼠标将圆调到合适的大小，如图 6-45 所示。

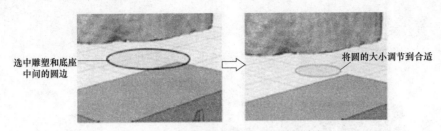

选中雕塑和底座中间的圆边

将圆的大小调节到合适

图 6-45　调节雕塑和底座中间的圆直径

⑤ 单击草图工具中圆，再选择底座的上结构面（上平面），指定圆的中心并输入圆的半径，单击图中出现的绿色多选按钮，在底座上结构面上建立了一个圆，如图 6-46 所示。

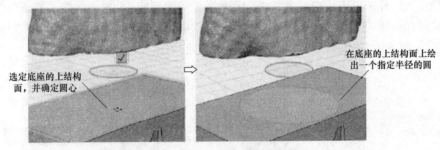

选定底座的上结构面，并确定圆心

在底座的上结构面上绘出一个指定半径的圆

图 6-46　在底座上绘一个圆

还要说明的是：工具草图圆其只能在模型元的结构面上创建草图，不能在网格面上创建草图，所以这里用基本体中的圆工具在雕塑的下结构面及底座的上结构面来创建草图圆。

9. 使用"放样"工具将几个封闭的轮廓转化成 3D 模型

（1）什么是放样。放样是将一个二维形体对象作为沿某个路径的剖面，而形成复杂的三维对象。可以利用放样来实现很多复杂模型的构建。

3D 建模软件常使用：首先创建数个封闭的轮廓曲线，再将这些封闭轮廓曲线通过放样得到 3D 对象。3D 建模中，可以利用放样来实现很多复杂模型的构建。

（2）使用"放样"工具制作底座和雕塑的连接件。前面已经讲述了使用草图工具建立了三个不同的圆，一个圆在雕塑的下结构面上，一个圆在底座的上结构面上，还有一个直径较小的圆悬浮在以上两个圆中间，如图 6-47 所示。

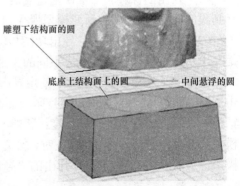

雕塑下结构面的圆

底座上结构面上的圆 —— 中间悬浮的圆

图 6-47　使用草图工具绘制的三个封闭的圆

下面将这三个封闭圆通过放样转化成 3D 实体连接件。操作过程如下：选择雕塑模型元后，单击导航工具条中的"隐藏实体/网格"图标工具，于是雕塑这个模型圆被隐藏，如图 6-48 所示。必要的操作完成之后，还要通过"显示实体/网格"工具来重新显现雕塑模型圆。

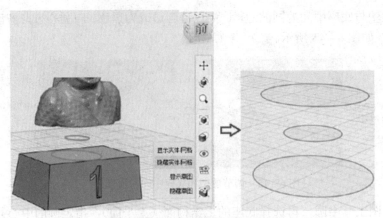

图 6-48　隐藏雕塑模型圆

　　按住 Ctrl 键，分别单击选中轮廓线 1、轮廓线 2 和轮廓线 3，单击"主工具条"中的"结构"图标按钮，再单击"构造"工具中的"放样"，单击确定放样结果。再单击"显示实体/网格"，完成了将 3 段封闭的轮廓线转换成 3D 实体连接件，如图 6-49 所示。

图 6-49　将几条封闭轮廓线放养成 3D 实体连接件

　　如上所述，通过二维草图创建模型的方法广泛使用在三维建模中。前面还提到过利用二维草图使用有拉伸建立 3D 模型的方法也广为使用。

　　10. 模型的保存与导出

　　（1）模型的保存。三维模型建立后，单击 APP 菜单栏中的"保存"菜单命令，单击"保存到我的计算机"，即将所建模型保存到了本地计算机中。

　　（2）导出功能的使用。导出功能与保存功能类似，都是对文件进行储存的一种方法。但是导出功能可以把文件保存成不同的文件格式，如 STL、SVG 等。

　　当建立了一个三维模型后，使用导出工具将其存储为 STL 格式的文件，操作如下：① 单击 APP 菜单中的"导出供三维打印"菜单命令，打开一个一个网格细分设置对话框，在该对话框中设置生成网格的细分程度：粗略、中等和精细。② 当工作空间中如果数个不同的 3D 模型圆没有结合成一个 3D 模型时，勾选"合并对象"，将数个模型元合并成为一个完整的 3D 模型，最后单击"确定"，在弹出的"导出为 STL"的对话框中保存文件。

### 6.5.3　新版本的 Tinkercad

　　Tinkercad 有几个特别显著的优点：首先，Tinkercad 并不需要下载安装。这给起点较低的建模爱好者带来了极大的方便。我们知道：安装一些免费软件和参数设置有时候是一件费时费力的事情，尤其是下载软件还经常收到一些恶意软件的困扰等，而 Tinkercad 基于 Web 页面的使用方式，就可以避免这些不便。第二个优点是：Tinkercad 的使用非常简便。Tinkercad 的命令序列包含的命令不是很多，使用的难度也不大，同时建模效果简洁方便易操作，建模快效果也不错。作为免费且面向普通大众的一款 3D 建模软件，深受大量使用者喜爱。Tinkercad 的建模命令被设计得较为精简易用，有效地组合这些命令，就能创建出精美的 3D 模型。

一位新的用户使用 Tinkercad，仅用几分钟就建成了一个小型 3D 模型如图 6－50 所示。

图 6－50　新用户仅用几分钟建成的一个小型 3D 模型

不断推出的新版本 Tinkercad 功能越来越强，但依然保持着以上几个特别显著的优点。要注意的是，Tinkercad 是英文版的软件，如果用户的英文水平对该软件的使用造成了限制，建议读者在使用该软件的时候，可同时开启一款英文翻译软件，如有道词典，帮助对内容及技术术语的理解。

图 6－51 是一款版本较新的 Tinkercad 主界面。

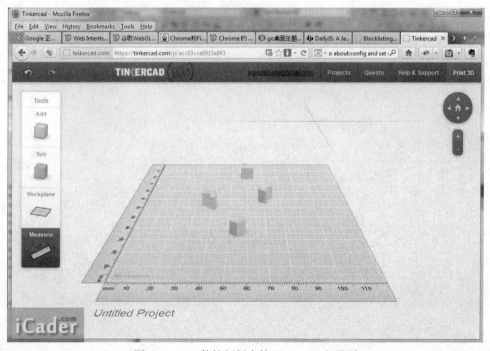

图 6－51　一款较新版本的 Tinkercad 主界面

主界面中的 Toolbar & Camera Tools（工具栏和摄像工具）和几种基本几何立体如图 6-52 所示。

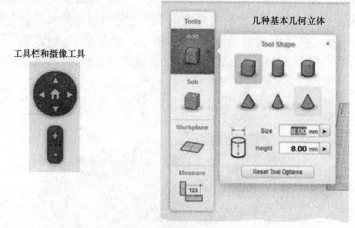

图 6-52　工具栏、摄像工具和几种基本几何立体

# 第7章 3D打印建筑技术中的
# 三维反求工程

我们知道，实施3D打印的步骤是首先建立被打印对象的三维CAD模型，然后再使用软件对STL格式的3D模型进行分层切片，进一步得到能够控制3D打印机工作的G代码指令，控制操纵3D打印机完成打印，得到目标实体。3D打印建筑的过程也是一样的，不过所用的打印机是3D建筑打印机，被打印的对象是建筑房屋、建筑模块及构件。与上面的过程相反，如果首先有三维实体，而没有3D模型，怎样打印出这个三维实体？可以依循这样的路径：对已有的三维实体进行三维扫描，得到该实体大量的外轮廓面的三维坐标数据，应用计算机强大的数据处理、运算和逻辑处理能力，使用专用软件将数量很大的外轮廓面的三维坐标数据处理并复原成与已有3D实体一样或近似的三维模型，有了三维模型，再通过3D打印机打印和复制出已有实体，不过这种"复制"，可以得到大小、材质完全不同的三维实体。如从建筑房屋、建筑模块及构件实体开始，通过三维扫描，得到这些实体的大量三维坐标数据，再建立其三维模型，到使用3D建筑打印机打印出目标房屋、建筑模块及构件。这就是3D打印建筑技术中的三维反求工程。

## 7.1 三维反求工程的原理和应用

### 7.1.1 三维反求工程的概念和原理

#### 1. 三维反求工程的概念

说起三维反求工程，首先得从逆向工程说起。逆向工程（Reverse Engineering，RE）也称反求工程、反向工程等。逆向工程起源于精密测量和质量检验，它是设计下游向设计上游反馈产品制造的信息，到最终完成实体产品的制造，但制造路线是从产品实体开始进行设计、建模到完成实体产品生产。对于现代制造业来讲，逆向工程技术能够大幅度缩短新产品开发周期。逆向工程所需硬件设备是多种不同的测量设备，使用的软件是逆向设计软件。

反求工程包括形状反求、工艺反求和材料反求。我们在这里主要关注的是基于实体物件的三维模型的反求，即从已有的实体物件、建筑、建筑模块及构件来建立相应的三维CAD模型，建造出内容更为丰富和样式更为多样化的三维制品和建筑。

利用三维反求技术可以快捷地获得实物构件和建筑的3D模型，用三维反求技术获得实物的3D模型比利用CAD软件绘制要快得多，对于一个较复杂的三维实体，使用反求工程方法建立3D模型甚至几十分钟的时间即能够完成。

三维反求工程从实物样本获取产品数学模型开发制造新产品的技术，已经成为现代制造业中CAD/CAM系统中一个研究和应用热点。"三维反求技术"可以认为是将实物转变为CAD

模型的数字化技术、几何模型重建技术和产品制造技术的总称。

三维反求工程建模的流程如图 7-1 所示。

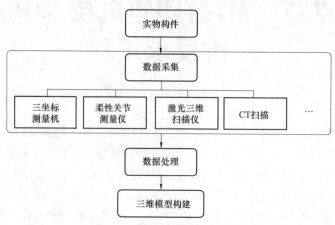

图 7-1  三维反求工程的建模

从图中看到，三维反求工程建模的过程是从实物构件开始，经过数据采集环节，再到数据处理实现 3D 建模。数据采集环节借助于多种不同的测量设备，如三坐标测量机、激光三维扫描仪等。

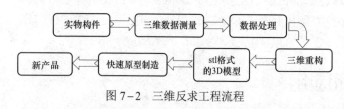

图 7-2  三维反求工程流程

完整的三维反求工程工艺流程如图 7-2 所示。

三维反求工程流程中的三维重构环节是对测量设备获得大量三维数据进行处理并使用专用的逆向工程软件建立 3D 模型的过程。

对于 3D 打印建筑中的三维反求工程来讲，实物构件是指建筑房屋、建筑模型及构件。另外需要强调的是，使用逆向工程建造出的建筑房屋、建筑模块及构件不会仅仅是原始建筑房屋、模块实体的简单复制生产，使用反求工程建造的房屋、建筑模块会更美观、坚固、样式会更加多样化。

2. 三维反求工程的原理

三维反求工程依据的原理是：对于已有三维结构的实体（尤其是包含有复杂不规则自由曲面的三维实体），利用三维数字化测量仪表测量出实体表面外形信息的原始数据；通过逆向软件，按照一定的算法处理原始数据，计算采样点的三维坐标和关联色彩信息数据，构建已有实物的三维模型，再由快速成型制造出新的产品。

三维反求工程中的建模要完成的主要工作有：将已有三维实体的原型数字化；在数字化过程中对原型实体的特征进行识别和提取；对原型实体构建三维 CAD 模型；对 CAD 模型进行检验与校正。

反求工程中将已有实体的原型数字化是通过三维数字化测量仪表进行的，具体可以使用三坐标测量机、3D 激光扫描仪等测量设备来获取原型外表面上点的三维坐标数据。

对测量数据进行预处理、分块，采用几何特征匹配与识别的方法来获取零件原型所具有的设计与加工特征。

在逆向工程中，三维 CAD 模型的重建是指利原型表面的散乱点数据，通过插值或者拟合，构建一个近似模型来逼近原型。

检验由逆向过程得到的 CAD 模型是否满足精度或其他试验性能指标的要求，通过调整获得原型的 3D 模型。

在三维反求工程的实际应用中，完全复制或再生已有的产品仅仅是一种情况，更多的情况是通过逆向工程，制造空间尺寸不同、材质不同、风格样式更为美观及多样化的 3D 制品。

3. 逆向系统的组成

三维反求系统由四个部分组成：① 测量测头（接触式和非接触式）；② 三维坐标测量设备；③ 数据处理软件；④ 三维模型重构软件。

## 7.1.2　三维反求工程的应用

反求工程技术历经几十年的研究与发展，已经成为新产品快速开发过程中的核心技术之一，它与计算机辅助设计、优化设计、数控设计、激光测量技术和其他三维测量技术一起构成了现代设计理论和方法的整体。目前，反求工程技术被广泛地应用于飞机、汽车、家用电器、模具和建筑等产品的改型与创新设计，成为消化、吸收先进技术，实现新产品快速开发的重要手段。

随着发展，反求工程技术的内涵与外延都发生了深刻变化，是工程技术人员通过实物样件、图纸等快速获取工程设计概念和设计模型的具体技术手段。

借助反求工程，3D 打印技术可用来快速复制实物，包括放大、缩小、修改等，可以对已有产品进行优化和创新设计。建筑领域借助于反求工程与 3D 打印建筑技术的结合，不仅仅可以快速复制一些结构新颖的建筑、建筑模块与构件，而且可以在古建筑保护中发挥重要作用。尤其是能够加快 3D 打印建筑的设计施工速度，并且使现代建筑的设计建造有着更丰富的内容。因此，3D 打印建筑技术和三维反求工程系统技术的协调运用有着特别重要的意义。

1. 反求技术的应用

采用反求技术提高产品质量，设计和制造出大量高质量的新产品和建造新型建筑，建筑模块及构件主要表现在以下几个方面：

（1）产品在无图纸和模型但有实物情况下的设计和制造。在仅有某产品实物样品，但没有图纸和 CAD 模型，要求对产品进行分析、加工、改进和模具设计制造等情况下，需要利用反求工程手段将实物转化为 CAD 模型。

（2）对结构较复杂且外观美学要求高的产品进行开发。反求工程的另一类重要应用是对结构较为复杂且外形美学要求较高的零部件、新型建筑、建筑模块及构件进行设计。如在汽车工业中的外形设计阶段，通常首先制作部件外形的油泥模型，再用反求工程的方法生成 CAD 模型，到实际生产出产品。对于一些既美观但结构较为复杂的建筑模块及构件也是从反求工程方法入手，先用一些可塑性好的材料用手工辅助一些简易工具制作出实物模型，通过反求技术获得 CAD 模型，然后对模型进行必要的修改完善，到开发制造模具，实现批量生产。

（3）和 3D 打印技术结合形成产业链。将反求工程和 3D 打印技术、3D 打印建筑技术结合，组成产品、建筑、建筑模块及构件设计、制造、检测、修改的高效产业链。

（4）数字化模型检测。对加工后的零件，进行扫描测量，再利用反求工程手段构造出 CAD 模型，将实物对应的 CAD 模型和与原始设计的 CAD 模型进行比较，可以检测制造误差，提高检测精度。

（5）其他一些方面的应用。反求工程在医学、地理信息和影视业等领域都有很广泛的应用；还可以应用与损坏或磨损零件的还原；在范围广泛的行业，反求工程技术的应用都有着极大的潜力。

在这里更多给予关注的是反求工程和 3D 打印建筑技术的结合在建筑领域的应用。可以不夸张地说，随着反求工程和 3D 打印建筑技术结合的深入，能够大幅度提升现代建筑建造业的设计和建造水平。

2. 应用举例

（1）古建筑中作品的复制。法国著名的 Notre Dame 大教堂始建于 12 世纪，该教堂保存着一些珍贵的中世纪预言者雕像群，这些雕像作品雕琢精细，如图 7-3 所示。但由于漫长的岁月及变故而遭到损坏，法国公司一家从事逆向工程的公司使用反求技术对已损坏的雕塑进行了三维数据采集及建模，最后根据三维数据复制出了与原雕像完全相同的模型。

图 7-3　预言者雕塑

（2）使用反求工程技术开发汽车发动机。丰田 8A 是 20 世纪 90 年代丰田公司专门为其小型车开发的一款发动机，应在一些价格较为经济的轿车上。由于 8A 不错的动力性以及低油耗，同时成本控制的较低，被誉为"1.5 的动力，1.0 的油耗"。2000 年，丰田与天津夏利汽车股份有限公司合资建厂，因此不再将 8A 发动机卖给非合作企业。这种情况倒逼国内其他汽车企业开发模仿 8A 发动机，吉利公司应用反求工程技术开发出了 MR479Q 发动机，其最大功率/扭矩都不输丰田 8A，而且在点火方式、缸径和行程等多方面上进行了较大改进和创新，燃油定量控制精度高，更为省油，动力特性更为优良，还降低了发动机的制造成本。

吉利将自己开发的新型发动机搭载在豪情、美日、自由舰、美人豹和华普等旗下众多的经济型轿车上，获得了成功。吉利生产且使用新型发动机的美人豹轿车如图 7-4 所示。

图 7-4　使用新型发动机的美人豹轿车

　　积极运用反求技术，不是简单的照搬照用，也不是不求甚解的盲目改造。而是应该在吸收外国先进技术的基础上实现自己的再创新。反求工程绝不是简单的仿造复制，也是充满着创新意涵并有着巨大发展潜力的新技术。

　　（3）模具的翻新。工业领域、建筑领域中的模具在批量化生产中大量使用，一些模具使用年代已久，如果重新使用传统方法去开模具费用不菲，使用反求工程技术则使模具翻新变得快捷和经济。

　　一个在 20 世纪 60 年代生产的防水面罩模具，经过长年使用已经磨损严重，利用激光三维扫描仪对该模具进行测量，重构了 CAD 模型，使用快速成型技术方法，生产出了全新的防水面罩模具如图 7-5 所示。

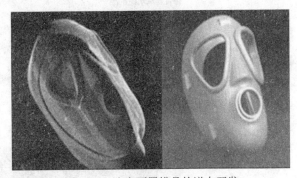

图 7-5　防水面罩模具的逆向开发

　　（4）人造景观山石、建筑模具的反求开发制造。人造假山和人造景观山石在现代建筑的周边环境营造中用的很多，开发、设计一个唯美的人造景观山石环境需要花费很大的精力及较多的时间进行设计构思、图纸设计、基本上靠手工方式辅助制造部分模具成型来完成人造山石的景观工程。有大量的情况需要建造各种不同规模和不同风格的人造景观山石环境，反求工程技术能够大幅度提高这类工程的设计、绘图、可以通过三维扫描装置获得多个局部山石景观的三维模型建模的外形点云数据，分片建模和合成建模，逆向设计出廉价经济型的成型模具，主要使用模具来完成人造山石景观系统的建造。人造景观山石的实物图如图 7-6 所示。

　　现代建筑中大量使用由水泥、石膏或特殊玻璃纤维增强石膏 GRG 材料制作的异形结构建筑模块及组件，如图 7-7 中的异形结构仿古建筑水泥组件、室外托梁树脂磨具等，其生产制造需要首先开建模具，如玻璃钢复合材料模具及树脂材料的模具，尤其是要建造和使用没有现成模具的异型构件，模具开发及最后完成这些建筑构件的生产，成本高，耗时长，使用反求工程技术，迅速地建模，设计和制作低成本的模具，完成构件的生产制作。

图 7-6  人造山石景观

仿古建筑水泥组件                         轻质建材的室外托梁

图 7-7  使用逆向工程技术制造异形结构的建筑构件

对于年代久远已经残破不堪的一些古建筑，进行复原维护修建，应用反求工程技术能够很好地完成逆向建模、模具开发和工程实施。一幢古建筑的一部分复杂结构如图 7-8 所示，用传统的方法进行复原维护修建，难度非常大。

图 7-8  一幢古建筑的一部分复杂结构

3D 打印建筑中，涉及建筑结构造型较为复杂的情况时，可以使用反求技术帮助建模，一幢具有较复杂结构的楼宇如图 7-9 所示。在使用逆向建模时，可以分区建模，首先对门廊、侧墙立柱、窗体和墙体的结合部、墙体分区反向建模，最后在将分区建模进行整合。3D 打印建筑的关键之一是要有建筑的 3D 模型，只有完成建模，才能够将房屋打印出来。

窗体和墙体的结合部

侧墙立柱

墙体

门廊

图 7-9　复杂结构建筑的分区反求建模

# 7.2　三维反求工程中的数据采集

## 7.2.1　接触式和非接触式测量

反求技术中必须要首先使用设备或仪器进行三维数据采集，使用测量设备进行数据采集时的测量方法主要有接触式测量、非接触式测量和逐层扫描测量方法三类。

逐层扫描测量方法主要指使用工业 CT 扫描、核磁共振扫描和自动断层扫描，这里不做讨论，主要讲接触式及非接触式测量。

1. 接触式测量

接触式测量使用的三维扫描装置是三坐标测量机。接触式测量不受样件表面的反射特性、颜色及曲率影响，配合测量软件，可快速准确地测量出物体的基本几何形状，如面、圆柱、圆锥、圆球等。接触式测量的机械结构及电子系统已相当成熟，有较高的准确性和可靠性。

接触式测量的缺点有：确定测量基准点时使用特殊夹具，测量费用较高；以逐点方式进行测量，测量速度慢；测量系统的支撑结构存在静态误差和动态误差；不当的操作会损坏物件，还会使测头磨损或损坏。采用接触式测量时，由于测头半径的影响，得到的三维坐标数据严格讲不是测头触及物件表面点的坐标，而是测头球心的坐标，如图 7-10 所示，因此在进行数据处理时，需要进行补偿。

如果接触式测量用于对于建筑房屋、建筑模块及构件进行测量时，由于被测物体的表面都较毛糙，产生的

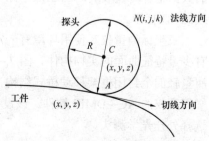

图 7-10　探头半径对测量值的影响

问题会多一些。

2. 非接触式测量

非接触式测量多采用三维激光扫描仪进行扫描测量，其优点主要有：测量速度和采样频率高；不必进行探头半径的补偿；测量量程大；扫描获得的信息内容丰富。

这种测量方式也有一些缺点：测量精度不是很高；使用 CCD（电荷耦合器件图像传感器）探测器时，成像镜头的焦距会影响测量精度；由于非接触式探测头是接受物件或工件表面的反射光或散射光，测量结果容易受到环境光照及物件表面反射特性的影响，噪声较高，噪声信号的处理较为麻烦。

3. 三维数据采集方法的采用

接触式和非接触式测量法都各有特点和合适的应用环境和范围，具体选用何种测量方法和数据处理技术要根据被测物体的形体特征、应用目的和行业特点来决定。对于 3D 打印建筑来讲，使用非接触测量方法更为合适。

三维数据采集如果能获得物件的色彩信息，这样的扫描仪就是三维彩色扫描仪，否则就是三维扫描仪。我们这里主要讨论对物件外表面或建筑物外表面扫描的三维数据采集和相关的三维扫描设备。三维扫描设备的扫描方式又可分为点扫描、线扫描和面扫描方式。虽然各类三维扫描装置不尽相同，但是其组成上都包括三个模块：传感器、扫描装置和软件。

## 7.2.2 三坐标测量仪法

三坐标测量仪，有时候也叫做三坐标测量机（Coordinate Measuring Machine，CMM），是一种精密的三维坐标测量仪器，设备组成如图 7-11 所示。

CMM 是典型的接触式测量系统，多采用触发式接触测量头，接触探头一般配有多种不同直径和形状的探头，一次采样只能获得一个点的三维坐标值。使用 CMM 时要首先设定运行中的一些参数。设备工作运行时，测头扫描方向与模型陡峭面成正交位置，在移动中逐点地捕捉样品表面数据。当探头上的探针沿样件表面运动时，样件表面的反作用力使探针发生形变，这种形变的大小和方向由传感器测出。检测信号送给计算机或微处理器，通过运算，显示出所测点的空间坐标，并将数据有序地存储下来。

使用三坐标测量仪所测数据有较高的测量精度，对被测物体的色彩信息无特殊要求，测量过程较简便。由于这种方法是接触式测量，易于损伤探头和划伤被测实物样件表面，人工操作的经验对所获数据影响大，测量数据点较少，还不足以直接将所测物件外表面各坐标点的数据集合转换成实用的 3D 模型，还需要在 CAD 软件中修改模型或重构模型，才能用于后续的 3D 打印。

三坐标测量仪对使用环境有一定要求，测量速度较慢，只能测量没有复杂内部型腔和具有少量特征曲面的实物构件。图 7-12 所示一台 DAISY 系列的三坐标测量机，采用刚性好、质量轻的全封闭框架移动桥式结构，配备先进的控制系统，测头系统，计量系统及具有自主知识产权的 AC-DMIS 软件。该设备还使用了误差空间修正技术、自动温度补偿技术，还可选择外挂光学测头。

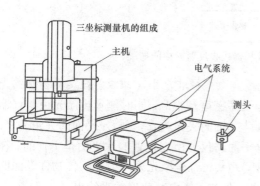

图 7-11　三坐标测量仪组成

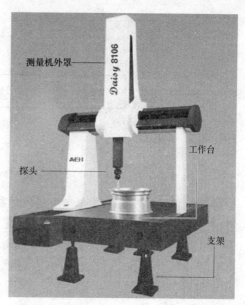

图 7-12　DAISY 系列三坐标测量机

### 7.2.3　使用三维激光扫描仪的数据采集

反求工程中使用最多的数据采集方法还是使用三维激光扫描仪对实体物件扫描，直接采集及获取数据。

1. 激光三角形法

三维激光扫描仪工作的原理是基于激光三角形法。下面我们以一款 Cyrax 三维激光扫描仪为例，分析三维激光扫描仪测取实体物件外表面激光束照射点的三维坐标原理。Cyrax 三维激光扫描仪如图 7-13 所示。

该款设备由三维激光扫描仪和配套软件组成。扫描仪内部有一只半导体激光器，有两个旋转轴异面且互相垂直的反光镜。反光镜由步进电动机带动旋转，而激光器发射的窄束激光脉冲在反光镜作用下，沿纵向和横向依次扫过被测区域。激光脉冲被物体漫反射后，一部分能量被三维激光扫描仪接收。测量每个激光脉冲从发出到返回仪器所经过的时间，可以计算出仪器和物体间的距离 $S$。三维激光

图 7-13　Cyrax 三维激光扫描仪

扫描仪的激光束经过旋转棱镜入射实体物件表面，然后通过探测器接收并记录反射及漫射返回信号来捕获数据，最后经过软件处理后建模输出，如图 7-14 所示。

由于扫描仪发出的激光束在实体物件表面上扫描测距和测量扫描点的三维坐标，必须首先建立一个坐标系，这个坐标系固着在扫描仪框架结构上，是仪器内部坐标系如图 7-15 所示。

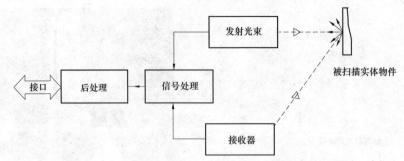

图 7-14  扫描仪发射光束和接收器接收反射光束的情况

半导体激光器发出的激光光束是单色相干光，光束直径非常小，即照射在实体物件的光

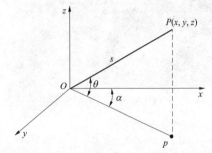

图 7-15  固着在仪器上的坐标系

斑很小，但功率密度却很高。同时测量出激光束与仪器固有坐标系与 $x$ 轴的夹角为 $\alpha$，与 $xOy$ 平面的夹角为 $\theta$，注意，$xOy$ 平面与仪器所在位置的水平面是平行的。在图 7-15 中，$P(x, y, z)$ 是激光束照射在实体物件表面的点，该点的三个坐标值由三角形关系给出：

$$\begin{cases} x = s\cos\alpha\cos\theta \\ y = s\sin\alpha\cos\theta \\ z = s\sin\theta \end{cases}$$

通过半导体激光器发出的激光束在对实体物件表面照射点测距的同时，瞬时测得改点空间三维坐标值。

三维激光扫描仪每次测量的数据不仅仅包含 $x$, $y$, $z$ 点的信息，还包括照射点的 $R$, $G$, $B$ 颜色信息，同时还有物体反射率的信息，将扫描各点所得到数据信息绘制在屏幕上，组成密集的点云。

应用激光三角形法的三维激光扫描仪的测量速度快，精度高，设备整机体积小、质量轻，安装方便等特点，可以作为扫描测头安装在三坐标测量机上。

激光三角形法存在的主要问题是对被测实体物件的表面粗糙度、漫反射率和倾角过于敏感，存在"阴影效应"，限制了探头的使用范围；不能测量激光束照射不到的位置，对表面出现突变的台阶和深孔结构的数据获取不理想。激光三角形法扫描得到的数据量较大，需经过专门的反求数据处理软件建立曲面模型，在曲面的边缘、不同几何曲面结合的部分需要人工在建模过程中进行修饰及处理。

较新的三维激光扫描仪扫描处理一个较复杂的实体物件扫描点多达数百万个，仪器配置的微处理器处理速度也很快，每分钟能够处理上万个点的坐标数据及关联信息。

激光三角测量法一般适用于高精度、短距离的测量。测量要确保激光传感器的测量范围内不存在异物干扰。灰尘或者其他小颗粒进入光路，会明显影响测量结果。

2. 三维激光扫描仪的分类及原理

三维激光扫描仪使用激光束扫描获得的原始数据为点云数据。点云数据是扫描离散点形成的数据集合。按照不同的划分方法可以进行分类。

（1）按有效扫描距离分类。可分为短距离激光扫描仪、中距离激光扫描仪和远距离激光扫描仪。

短距离激光扫描仪，其最远扫描距离不超过 3m，一般最佳扫描距离为 0.6～1.2m，通常这类扫描仪适合应用于小型模具的扫描，扫描速度快且精度较高。许多手持式三维激光扫描仪属于短距离型的设备。

中距离激光扫描仪，扫描距离最远达到 30m，多用于大型模具或室内空间的测量。

长距离激光扫描仪，扫描距离大于 30m，主要应用于建筑物、矿山、大坝和大型土木工程等的测量。加拿大 Cyrax 公司生产的 Cyrax 2500 三维激光扫描仪就属于这类扫描仪。

使用短距离独立式三维激光扫描仪扫描艺术品、机械零件和装饰配件的情况如图 7-16 所示。

图 7-16　扫描实体物件

（2）其他一些分类。按照扫描仪搭载的平台不同，可划分为手持、车载、机载扫描仪。不同类型的扫描仪对应着不同的应用领域，只有根据需求选择合适的扫描仪，才能真正发挥扫描仪的功能。

（3）三维激光扫描仪的工作原理。无论扫描仪的类型如何，其构造原理都是相似的。三维激光扫描仪的主要构造是由一台高速精确的激光测距仪，配上一组可以引导激光光束并以均匀角速度扫描的反射棱镜。激光测距仪主动发射激光光束，同时接受由实体物件表面反射的信号从而可以进行测距，首先测得仪器距至实体物件表面激光束入射点（扫描点）的直接距离，再计算扫描点在仪器内固有坐标系的三维坐标。

三维激光扫描测量一般为仪器自定义坐标系。$x$ 轴在横向扫描面内，$y$ 轴在横向扫描面内与 $x$ 轴垂直，$z$ 轴与横向扫描面垂直。

三维激光扫描仪的主要组件示意如图 7-17 所示。

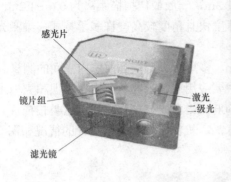
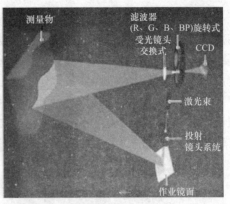

图 7-17　三维激光扫描仪的主要组件

3. 三维激光扫描仪的使用及部分技术参数

（1）一款手持短距离三维激光扫描仪的使用及部分技术参数。手持式激光三维扫描仪 HSACN300 外观如图 7-18 所示。

HSACN 系列手持式激光三维激光扫描仪是杭州思看科技有限公司自主研发的产品。该系列扫描仪采用多条线束激光来获取物体表面的三维点，云可以手持仪器并灵活移动操作，通过视觉标记来确定扫描仪在扫描过程中的空间位置，从而完成物体表面的三维点云整体重构。扫描仪可以方便携带到工业现场或者生产车间，并根据被扫描物体的大小和形状进行高效精确的扫描，使用操作过程灵活方便，适用各种复杂的应用场景。型号为 HSACN300 的设备是其系列中的一款。

部分技术特点及参数如下：

- 重量：0.95kg。
- 光源类别：Ⅱ级激光（人眼安全）。
- 基准距：300mm。
- 景深：250mm。
- 扫描速率：205 000 次测量/s。
- 软件输出：ply、obj、igs、stl、stp、fbx、wrl 格式文件等。

（2）一款中距离三维激光扫描仪及部分技术参数。一款由美国公司生产的型号为 Focus 3D X330 的三维激光扫描仪如图 7-19 所示。

图 7-18　一款手持式激光三维扫描仪　　　　图 7-19　Focus 3D X330 的三维激光扫描仪

这是一款中距离的扫描仪，属于大空间扫描仪。主要技术参数：

1）扫描范围达到 330m。能够对远处的大型的场景、地形复杂的地貌地物、大型地基坑道或物体完成测量。

2）室外扫描。能够在阳光直射条件下进行快速和高精度的扫描。

3）建筑测绘、创建 3D 建筑模型。无论室内还是室外，都可以快速、完整的记录建筑体的当前状况，通过扫描获取的点云数据，导入到 AutoCAD 中，进行 2D 与 3D 的绘图，并建立 3D 模型。

4）文物保护、古建保护、考古遗址数字化记录。

5）扫描仪软件 SCENCE。可以对扫描数据进行自动对象识别，扫描注册和定位，SCENCE 可以简单高效地处理和管理扫描获得的数据；SCENE 还可以对点云进行着色。

（3）手持三维激光扫描仪使用的部分说明。

1）扫描建模。使用三维激光扫描仪激光光束扫描一个实体物件的时候，扫描仪将在操作电脑中呈献该物件的三维图像。激光扫描仪分别扫描实体物件的各个面，软件将自动合成渲染成全角度的三维立体模型。

激光扫描仪扫描结果可以存成各种标准 3D 文件格式（obj、stl、ply 等），对于 stl 格式的 3D 模型就可以通过 3D 打印机将实体物件复制出来。

2）激光扫描仪中使用的激光束对用户是否有危险。三维激光扫描仪中含有低功耗的激光设备，可安全使用（一类激光）。激光测距产品危险等级分类是描述激光系统对人体造成伤害程度的界定指标，国际上对激光有统一的分类和统一的安全警示标志，激光器分为四类，一类激光器对人是安全的，二类激光器对人有较轻的伤害，三类以上的激光器对人有严重伤害，使用时需特别注意，避免对人眼直射。但不管怎样，还是一定要避免激光光线对眼睛的伤害，因为人眼中的水晶体对光线具有汇聚聚光作用。

3）文件导出。用户可以将融合图像或调整的过滤 3D 扫描图像按 obj、ply 和 stl 文件格式进行选择性导出。

4）手控扫描激光束移动。用户手动控制激光束在物体表面进行扫描。照射方向十分灵活，可以有效地避免激光阴影和异常等问题。用户可以从各个方向对实体物件进行扫描，包括目标顶部和底部。

## 7.2.4　对古建筑和古人类遗址进行三维数据建档

古建筑和古人类遗址的三维数据存档对于古文化的弘扬、研究是非常重要的手段，同时与 3D 打印建筑技术也息息相关。

1. 运用三维激光扫描仪进行天主教堂古建筑的三维扫描

某公司对位于市区内的一座天主教堂使用三维激光扫描技术，建立该建筑的三维数据存档。这座教堂始建于 1926 年，有近 100 年的历史了，如图 7-20 所示。

为完成教堂的数据建档，使用了一台扫描距离为 350m 的 RIEGL VZ-400 三维激光扫描仪和一台 Nikon D800 高性能数码单反相机的硬件设备。反求数据处理软件为 RISCAN PRO。

建立的 3D 模型外部如图 7-21 所示，该模型给出了教堂外部真彩色点云效果。

图 7-20  近一百年历史的哥特式教堂          图 7-21  教堂外部真彩色点云效果

读者看到场景三维扫描为建筑三维数据保存带来了更为精确的测量和很高的工作效率。创建一幢较大体量古建筑的三维模型，使用传统的方法，工程量很大，因为建筑内还包括许多建筑构件，如果都使用手工测量，然后通过正常的 3D 建模，将花费许多的时间，而使用逆向工程三维数据采集建模，很快就可以完成。

使用高精度的扫描仪创建的三维模型和三维数据存档，还可以对古建筑中已经损坏的部分快捷地创建其构件模型，直接使用 3D 打印进行复制和再生产，对古建筑进行修复。

2. 对古人类遗址进行三维数据建档

河南洛阳某地发现古人类遗址，一个内藏许多动物骨骼化石、古生物化石且历史久远的洞穴，发掘工作完成后，文物保护单位委托企业对该古人类遗址建立高精度三维模型，做好三维数据存档。遗址现场使用三维扫描激光仪采集数据的情况如图 7-22 所示。

图 7-22  三维扫描激光仪在现场扫描

通过数据采集、反求软件处理，建立了该古人类遗址的彩色点云模型。

3. 3D 打印建筑中的反求建模

使用三维激光扫描仪对已有不同风格的现代建筑、房屋、建筑模块及构件进行三维扫描，获取这些建筑实体、模块和构件的 3D 模型，可以直接应用于 3D 打印建筑。还可以对各种风格和功能不同建筑的局部实体、部分构件进行三维建模，并将他们作为建模要素加入和组合到新的建筑三维模型中，进一步将其打印实现。

# 7.3　反求工程中的数据处理技术

采用三维激光扫描仪对实体物件扫描获得的数据量非常大，被称作点云（Point Clouds）。点云不经过必要的数据处理就不能获得实体物件完整、准确的数据，就不能获得实用的三维模型，因此需要在模型重建前进行数据预处理和处理。

## 7.3.1　反求工程中的数据处理

1. 数据处理的步骤

反求工程中的数据处理步骤用一个流程图表示，如图 7-23 所示。

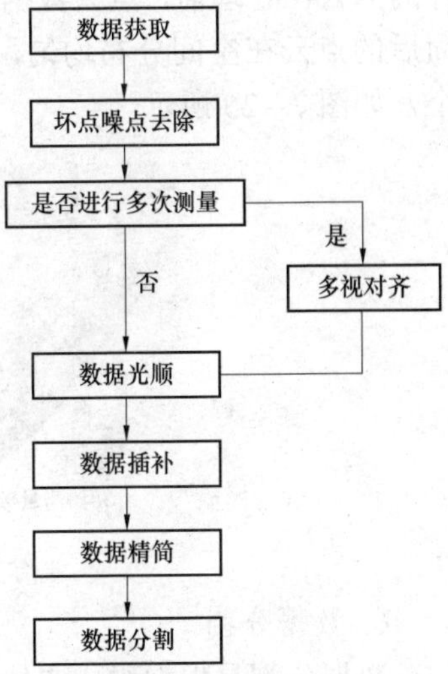

2. 坏点噪点去除

由三维扫描仪获取的点云数据中，包含了许多噪点、坏点。所谓噪点是指测量误差点，坏点也叫跳点，是指由于测量设备的标定参数和测量环境突然发生变化造成的，对于手动人工测量，还会由于误操作使测量数据失真。

对于噪点可以使用直接识别的方法识别去除，即对那些明显的异常点和散乱点进行去除，也可以使用诸如曲线检查、角度判断等方法识别并去除。

坏点对模型中曲面的光滑性影响很大，在数据预处理中首先要进行去除。

图 7-23　数据处理的步骤

3. 数据光顺

在数据处理的步骤中，数据光顺环节的前面有一个多视对齐的内容。因为三维数据测量过程中，有时候需要多次测量，每次测量所得到的点云并不完全一致，因此需要将多个不同的点云图像视图进行所谓的"多视对齐"。

数据经过坏点、噪点去除后，就要进行数据光顺的处理了。

通过数据光顺，达到曲面之间没有隙缝、视觉效果光滑流畅。换言之，数据光顺就是对点云滤波。

4. 数据插补

由于被测实体物件的结构各种各样，有的物件还具有复杂的结构，如孔洞、曲面的跳变（台阶），还有一些检测不到的区域，如凹边、凸起和拐角等。这样一来，所获点云中，就有了一些数据"空白"，影响曲面的逆向建模。

反求工程中数据插补的常用方法有实物填充法、造型设计法和曲线、曲面插值补充法等。某实物样件的点云中，明显地出现了局部破损，通过软件对破损进行了插值修补，如图 7-24 所示。

### 5. 数据精简

使用非接触式测量设备对实体物件进行扫描采样时，会获得海量点云，因此必须要对原始的点云进行数据精简。具体方法可以是平均精简、按距离精简和按弦偏差精简等。

当数据量过大时，不仅影响曲面的重构速度或建模速度，而且会影响曲面的光顺性。使用均匀精简方法，通过某一点定义采样立方体，求立方体内其余点到该点的距离，再根据平均距离和用户指定保留点的百分比进行精简。一个实物样

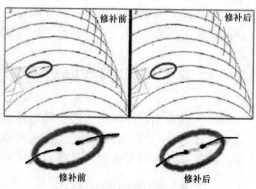

图 7-24　对实物样件的点云进行修补

件的点云在处理前，点云数据量为 24 500 个，使用均匀精简方法精简，精简距离为 2mm，精简后的点云在空间分布均匀，适合数据的后续处理，进行精简处理后，数据量减少到 4607个，如图 7-25 所示。

初始测量数据(24 500个)

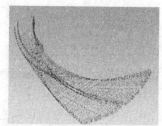
精简后的数据(4607个)

图 7-25　数据精简

### 6. 数据分割

数据分割是根据组成实体物件外形曲面的子曲面的类型，将属于同一子曲面的数据分组，这样一来，全部数据将划分为代表不同曲面类型的数据区域，为后续的曲面重构和建模提供方便。

一个被测样件如图 7-26 所示，从图中看到该样件的外表面由多个规则和不规则的平面、曲面构成。

进行数据分割时，要合理地对多个不同位置的规则曲面进行分割，分割成多个单个的曲面或平面点云，整体的曲面模型由多个不同子曲面和平面通过拼接、缝合等构成。

一个被测样件的原始点云数据，通过数据分割，将点云分割为左端面、中见面和右端面三个部分，分割前后的情况如图 7-27 所示。

反求软件能够提供多种不同的分割点云的方法。

图 7-26　一个样件外表面

某样件原始点云数据

分割后的点云

图 7-27　分割前后的点云数据

## 7.3.2　建筑物及构件反求建模的数据处理和加工精度检查

3D 打印建筑或建筑模块需要首先建立目标的三维 CAD 模型并存储为 STL（三角网格）格式文件，然后经过切片分层，得到要操纵 3D 打印机打印房屋或建筑模块的 G 代码指令并实施，到建造打印出房屋和建筑模块。对于复制或改造已有建筑及建筑模块的工作来讲，使用反求工程技术手段，效率会高得多。

1. 建筑物及构件反求建模的数据处理

我们知道：三维激光扫描可以快速获取目标表面大量点云数据，如果对目标建筑物进行三维数据采集，在建筑物体量较小时，数据处理的工作量也较小，但对于大型建筑物的点云数据处理就要借助于专业反求软件耗费专业人员较多的时间和精力，后期的建模工作量就相对较大。因此就要较多地使用去噪、拼接、精简、分割、拟合、曲面重构等点云数据处理方法，对海量点云数据进行处理，直到建立精度满足特定要求的三维模型为止。图 7-28 给出了一幢建筑物通过三维扫描后得到点云数据。从图中看出，点云图像还要经过进一步的数据处理，才能建立满足要求的 3D 模型。

图 7-28　一幢建筑物通过三维扫描后得到的点云数据

对一个实物构件进行 3D 扫描得到的点云数据及经过数据处理后得到的 3D 模型如图 7-29 所示。

图 7-29　一个实物构件的点云数据和模型

对于建筑物、建筑模块及构件的点云数据处理并得到最后的 3D 模型过程是一样的。

2. 对建筑预制构件的加工精度检查

现代建筑中大量采用新型材料艺术型构件，这些艺术型构件首先在生产车间预制生产，再将其运到施工现场并完成安装施工，因此对构件的尺寸精度要求高，如果尺寸误差较大，就无法很好地和建筑安装环境进行配伍，严重时要重新加工制造这些构件。

图 7-30 给出了某公司生产的 GRG 玻璃纤维增强石膏及 GRC 玻璃纤维增强混凝土艺术

型预制构件，要在安装施工之前，进行加工精度检查的情况，还可以将制成品与三维模型在尺寸、结构方面进行比较来检查模具及产品的加工精度，如图 7-31 所示。

图 7-30　新型材料建筑艺术型构件加工精度检查

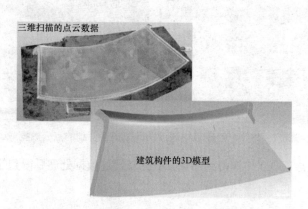

图 7-31　成品与 3D 模型比较检查加工精度

### 7.3.3　数字城市建设中的数据处理技术

数字化城市是现代城市发展的方向，数字城市三维建模日益成为数字城市化研究的热点。传统的数字城市建模方法，主要是由航空影像或卫星影像，配合航测获取的少量信息来重建三维场景。但是通过这种方式建立的建筑物、场景模型工作量很大，效率较低、精度不高，往往需要浏览分析大量地面拍摄的照片，进行方位及大概结构的分辨，不能够快速确认三维空间数据、精确地建立数字城市模型。使用先进的三维扫描技术，可以较为快捷地建立现代城市中的各种标志性建筑、特有功能建筑的数学模型，从而构建对真实环境模拟程度很高的三维场景。建模过程中要对由测量环节获取的海量数据进行处理，处理主要是使用反求软件进行。

北京著名的体育建筑"鸟巢"的三维扫描点云如图 7-32 所示。这样的点云数据距离 3D

建模还有一段距离，需要经过数据处理才能建立非常逼真的"鸟巢"3D 模型。

图 7-32　"鸟巢"的三维扫描点云

# 7.4　使用 123D Catch 的反求建模

123D 家族中有一个很有用但又不复杂的免费 3D 建模软件：123D Catch。只要用户对一个实体物件拍摄一系列的照片（20 张到 70 张不等），通过 123D Catch 软件的处理，就可以得到实体物件的彩色三维模型。用户可以在屏幕上旋转得到的三维图像，从不同的方向观看和审视。该软件是一款很有用和很有趣的软件，使用它制作 3D 模型是许多读者不再认为 3D 建模是复杂和神秘的了。当然这个软件也有缺点：3D 模型成型精度不太高。

123D Catch 有 3 种版本可供选择：在线版本、iPad 版本以及桌面版本（只用于 PC 机）。

123D Catch 软件在窗口中可以放大图像，使用户看到更细致的局部细节。创建一个实体物件的三维模型时，使用的照片数量越多和拍摄的距离越近，创建的 3D 图像及模型就越精细。

下载 123D Catch 的网址是：http：//www.instructables.com/id/Making-a-3D-print-of-a-real-obje-using-123D.atc/。

创建出实体物件的 3D 模型，存储为 stl 格式文件，再通过 3D 打印的过程就可将物件复制出来或改进后制作出来。

## 7.4.1　123D Catch 的注册

123D Catch 的主界面如图 7-33 所示。

使用 123D Catch 需要注册，注册过程：

单击"Greate ab Empty Project：创建一个新作品"的图标。打开如图 7-34 所示的窗口。

→单击窗口中的"My project"标签，打开登录窗口，如图 7-35 所示。

→在登录窗口中，单击"创建账户"，填入用户的信息。

→创建了一个账户，如图 7-36 所示。

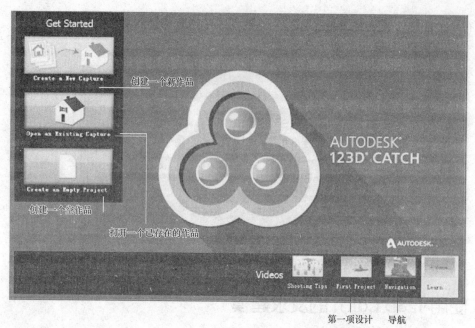

图 7-33　123D Catch 的主界面

图 7-34　单击"Greate ab Empty Project"图标打开的窗口

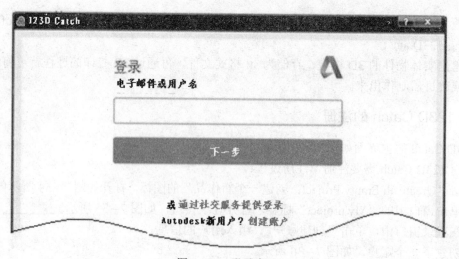

图 7-35　登录窗口

图 7-36　创建了一个账户

## 7.4.2　123D Catch 的工作过程

123D Catch 建模的工作流程如图 7-37 所示。

图 7-37　123D Catch 建模的工作流程

在使用 123D Catch 建模的工作过程中，为了尽可能获得精度较高的 3D 模型，应注重每个环节的操作、设置与调整。

（1）拍摄环节。拍摄环节涉及的因素也较多，例如：使用相机的分辨率高低；拍摄相片是的对焦情况；拍摄照片时对局部细节的获取情况等。

（2）手工调整。这个环节的调整内容是：对照片进行检查，筛选掉干扰照片，保留可使用照片；人工匹配特征点；删除建模过程中的多余面；精度选择。

（3）输出。建模完成后输出：模型或视频。

输出模型时，进行模型文件格式选择，如 stl、obj、las 格式，要能够进行 3D 打印需要选 stl 格式了。

（4）使用 123D Catch 建模的说明。123D Catch 软件为用户提供多种方式生成 3D 模型：用简单直接的拖拽 3D 模型并进行编辑建模；直接将拍摄好的数码照片上传到 Autodesk 的云端服务器，经过很短的时间，就能下载到所需要的 3D 模型。123D Catch 反求建模软件的使用不需要复杂的专业知识，用户可以轻松使用 123D Catch 来建立 3D 模型。

123D Catch 可以将照片转成 3D 模型，最终可以使用 3D 打印机打印。要对实体物件进行 360 度的不同方向进行拍照，照片的数量较多，模型的精度就较高。

需要强调是：用户需要使用 A123D Catch 账号登录，就要注册一个账号。

# 第8章 BIM 与 3D 打印建筑

随着科学技术的进步，数字化建造与信息化技术越来越深入地融入建筑业，使建筑业迅速走上了数字化、信息化的道路。BIM 技术与 3D 打印建筑技术都是推动建筑业数字化、信息化的标志性技术，二者的融合是必然的趋势。

## 8.1 BIM 技术及其在建筑业中的应用

### 8.1.1 BIM 技术

#### 1. 什么是 BIM 技术

随着建筑业的发展，建筑物的功能越来越复杂，应用的新材料、新工艺越来越多，导致了建筑工程的规模越来越大，再加上环保、绿色、智能化的要求，工程的复杂程度越来越高，因此附加在建筑工程上的信息数据量越来越大。如果将这些与工程高度关联的数据与信息处理与利用得好，就能够大幅度提升设计、施工质量，避免工程中的返工，缩短工期，获得很好的经济效益。

将建筑工程中重要且相关联的数据信息架构成一个动态的 3D 数学模型，用来指导整个建筑全生命周期中建筑工程的设计、施工及运营维护；用来协调不同专业、工种和不同部门的运行；能够实时检测工程中的各类"碰撞"，这样的模型就是 BIM。"BIM"是源自于"Building Information Modeling"的缩写，中文译为"建筑信息模型"。

BIM 通过数字信息仿真模拟将建筑工程中所有重要的关联数据信息融入数学模型里，不仅仅是三维几何形状信息，还包括诸如建筑构件的材料、重量、几何尺寸、价格、初步设计、深化设计、计划进度和实际进度、工程协调信息等。

根据国外对建筑业生产的相关数据统计：现有模式生产建筑的成本接近合理成本的两倍；72%的建筑工程项目不同程度地超预算；70%的项目超工期；75%不能按时完成的项目至少超出初始合同价格的 50%。使用 BIM 技术能够大幅度提高建筑业的生产效率和管理效能。

据美国建筑行业研究院的研究报告，工程建筑行业的无效工作和浪费高达 57%。导致这种情况的原因是多方面的，较多地使用先进的技术和生产流程，才能改变这种情况。BIM 通过集成项目信息的收集、管理、交换、更新、储存过程和项目流程，为建设项目全生命周期中的不同阶段和各方参与者提供及时、准确、足够的数据信息，来支持工程各方参与者之间进行信息交流和共享，以支持工程各个部分的生产效率和各个不同阶段的高运行效率。

BIM 具有可视化属性。可视化不仅指 3D 立体实物图形可视，也包括项目设计、建造、运营等全生命周期过程的三维实体可视，重要的是 BIM 的可视化具有互动性，信息的修改可自动馈送给模型，实时地为工程参与方共享。

BIM 具有"关联修改"的属性。BIM 所有的图纸和信息都与模型关联，BIM 模型建立的同时，相关的图纸和文档自动生成，对 BIM 做出的修改，会实时和自动地进行关联修改，即对与 BIM 关联的全部文件都同步进行修改。BIM 的核心价值之一就是高效协同。协同从根本上减少了重复劳动的损失并解决了信息传递难的问题，大大提高工程各参与方的工作效率。BIM 的应用不仅需要项目设计方内部的多专业协同，而且需要与构件厂商、业主、总承包商、施工单位、工程管理公司等不同工程参与方的协同作业。

BIM 改变了建筑行业的生产方式和管理模式，它成功解决了建筑建造过程中数量较多的参与者、工程进行的不同阶段、工程全生命周期中的信息共享问题。

2. BIM 技术是建筑工程数字化、信息化的支撑性技术

从发展的角度讲，现代建筑业的数字化、信息化在一定程度上体现为建筑工程的数字化、信息化，而建筑工程的数字化、信息化离不开 BIM 技术，原因如下：

（1）现代建筑的子系统越来越多并越来越复杂。现代建筑体量越来越大，并有大量的高层建筑，功能越来越丰富和复杂。仅就主要系统而言，就包括 8 大建筑功能综合体，7 种结构体系，超过 30 以上的机电子系统，30 多个建筑弱电系统（建筑智能化子系统），还配置多种有线网络和无线网络及通信系统。换言之，现代建筑系统结构中有数量较大且复杂的子系统，这些子系统尽管是独立的子系统，但又相互联系，尤其是建筑工程本身的各个部分和各个阶段会源源不断地出现各种矛盾。对建设工程项目团队的统筹协调及有效管理提出了很高的要求。

（2）建设工程项目参与单位多。建筑系统的复杂性直接决定了项目涉及学科的多样性。前期设计团队就已经包括建筑、结构、机电、安全监控、消防、网络布线等多个咨询及设计单位。在施工总承包单位管理下，参与施工的包括机电、建筑弱电及室内装饰等十几支施工分包队伍。巨大的建筑、机电材料和弱电系统设备的采购量和安装工程量决定整个建设过程中必然要对数量众多的供货方以及施工方队伍进行沟通和管理。

（3）巨量信息数据的交流有较高的难度。对于每一个较大的建筑工程，都会有大量的设计、深化设计及施工图等资料，不仅仅是设计及施工图纸，还有合同、订单、施工计划、现场采集的数据等。这些数据的保存、分类、更新和管理工作难度巨大。尤其是在参与建设的各方，使用这些巨量的数据信息彼此进行交流的难度非常大，这就会导致工程的停顿、返工、工期延误、严重的原材料损失等。

（4）建设工程设计工作中创新理念的应用。现代建筑和个性化很强的建筑越来越多地采用新技术和新的设计理念，这也对工程设计、施工、管理提出了不小的挑战。

（5）建设工程成本控制难度增大。没有精确的计算模型和现代化的管理手段就很难对建设工程成本进行较精细的控制，有了 BIM 模型，应用了 BIM 技术，能够密切地监控实际工程建设项目的进程和进度，实施对建设工程成本的有效控制。

## 8.1.2　使用 BIM 技术进行碰撞检测

1. 建筑工程中的碰撞举例

"碰撞"在建筑工程中经常遇到。图 8–1 所示线管与线架交叉碰撞的情况。图 8–2 所示暖通管道的设计标高于天花板的设计标高，这是在设计中出现的"碰撞"。

某楼宇风管与线管交叉碰撞的情况如图 8–3 所示。

图 8-1 线管与线架交叉碰撞

图 8-2 设计中出现的一种标高尺寸碰撞

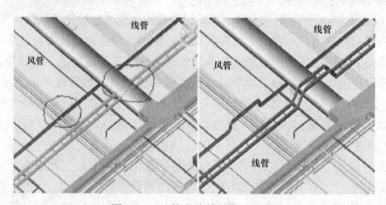

图 8-3 风管和线管的交叉碰撞

写字楼、办公楼大量装备中央空调系统，空调机组制备温度、湿度适宜的冷风经送风管道送至各个空调房间，图 8-4 所示送风管道与给排水的输水管发生了碰撞。

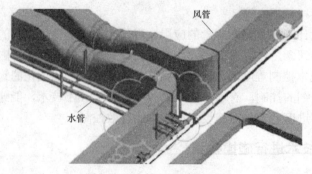

图 8-4 水管与风管的碰撞

图 8-5 描述了几个不同设备子系统的碰撞情况：暖通设备和敷设弱电线缆的弱电桥架发生碰撞；消防喷淋水管和送风管道发生碰撞；弱电桥架和消防喷淋水管也发生了碰撞。

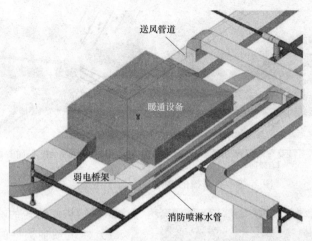

图 8-5　暖通设备、弱电桥架和消防喷淋水管的碰撞

某城市人防地库管线碰撞优化的情况如图 8-6 所示。从 BIM 模型中看到，新风管道、供水管道和通信线缆线管之间已经没有发生碰撞的情况了，这是进行消除碰撞调整后的 BIM 模型的一部分。

敷设弱电或通信线缆的桥架和室内风管的碰撞，从 BIM 模型中非常清晰地表现出来，图 8-7 左边部分是发生碰撞时的 BIM 模型，右边部分是在 BIM 模型上做了修改后得到新的 BIM 模型的情况。从修改后的新 BIM 模型中，可以看到碰撞已经消除。BIM 模型中消除了碰撞，从新的 BIM 模型关联打出的设计图和施工图中同时消除了该处的碰撞。

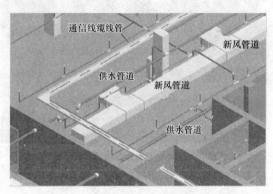

图 8-6　消除碰撞调整后的 BIM 模型

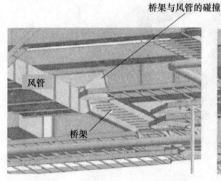
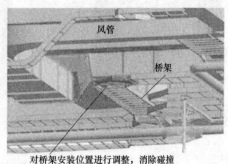

图 8-7　桥架与风管的碰撞以及基于 BIM 的调整

某大型建筑内的一条走廊，在走廊顶部的交叉处敷设了较多的管线，在初始的设计中出现了碰撞，有碰撞的 3D BIM 模型在图 8-8 左边的部分，经过基于 BIM 模型的优化处理后，消除了碰撞，右边的 BIM 模型清晰地显示出碰撞的消除。

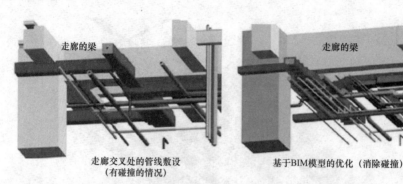

走廊交叉处的管线敷设　　　　　　　基于BIM模型的优化（消除碰撞）
（有碰撞的情况）

图 8-8　有碰撞的 BIM 和消除了碰撞的 BIM

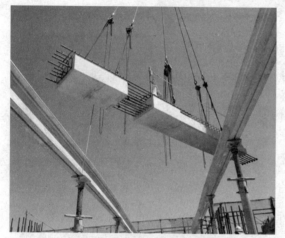

图 8-9　建筑工地现场吊装建筑构件

2. 预制构件结构的冲突检测及方法

（1）建筑预制构件的冲突检测。对于装配式建筑的建造来讲，预制构件的建造是主要工作内容之一，要使预制的大量构件在现场工地能够准确无误地进行安装，使用 BIM 模型对预制件的配合安装首先要进行模拟，模拟中进行构件尺寸、构件配合细部形状碰撞检测非常重要，通过碰撞检测，发现碰撞，处理碰撞并消除碰撞。

建设工地吊装建筑构件进行装配安装的情况如图 8-9 所示。

装配式建筑大量使用建筑构件，图 8-10 给出了大量使用的外挂墙板构件外观图。

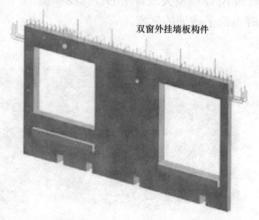

图 8-10　大量使用的外挂墙板构件

在建筑工地上，将不同的预制建筑构件吊装到安装现场，进行配合组装，如果需要配合的不同建筑构件没有碰撞，装配组装将很顺利。建筑构件的现场吊装装配的情况如图 8-11 所示。

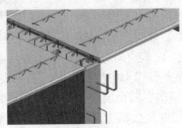

图 8-11　建筑构件的现场吊装装配

基于 BIM 技术，搭建预制装配式建筑建造信息管理平台，对预制构件设计、生产、施工全过程管理，减少各个阶段错误的发生。对于预制构件的设计、生产和装配，首先要对不同的构件进行建模，内容包括参数化配筋，要进行配合安装构件钢筋的碰撞检查，使装配安装过程大幅度减少返工、停工。

要保证每个构件到现场都能准确地安装，不发生错漏碰缺。但建筑规模越大，使用的预制构件数量就越多，要保证每个预制构件在现场拼装不发生问题，靠人工校对和筛查是很难完成的，而利用 BIM 技术可以快速准确地把可能发生在现场的冲突与碰撞在 BIM 模型中事先消除。

（2）碰撞检测的方法。碰撞检测要检查构件之间的碰撞，进一步的碰撞检测还要更加精细化，需要对构件钢筋的配筋节点做碰撞检测，保证配筋节点钢筋没有碰撞，然后再基于整体配筋模型进行全面检测。

对于建筑构件的碰撞检查仅仅是建筑构件结构检测内容的一部分，还要进行节点检测，二者综合起来的检测就是结构模型的碰撞检测。

结构模型的碰撞检测方法一为直接在 3D 模型中实时漫游，对模型进行宏观审视，结合具体构件或节点进行检测。

结构模型的碰撞检测方法二为通过 BIM 软件中自带的碰撞校核管理器进行碰撞检测，碰撞检查完成后，管理器对话框会显示所有的碰撞信息，包括碰撞的位置、碰撞对象的名称、材质及截面，碰撞的数量及类型，构件的 ID 等。软件提供了碰撞位置精确定位的功能，设计人员可以及时调整修改。

建筑构件模型经碰撞检测并校核后，将已建成的水、电、暖、气等安装模型依次导入结构模型中，进行管线之间、管线与结构之间的碰撞检查。对出现的管线之间的碰撞、管线与结构的碰撞进行调整和重新设计，直至整个模型的结构与管线之间无碰撞发生。

## 8.1.3　BIM 模型的架构

实际的建筑工程项目是复杂的，对应的 BIM 模型的内容也是复杂的，绝不是仅仅限于一个直观的 3D 模型，因为面对实际工程项目，有较多的参与方还涉及多个不同的专业分工。工程运作在不同的阶段要处理和解决的工程内容也不同，因此不同的参与主体还必须拥有各自的模型，例如，场地模型、建筑模型、结构模型、设备模型、施工模型、竣工模型等。这些模型是从属于项目总体模型的子模型，但规模比项目的总体模型要小，在实际的操作中，这样有利于不同目标的实现。

换言之，BIM 模型是由多个不同子模型组成的。这些子模型从属于项目总体模型，这些子模型和工程运行的不同阶段、专业分工紧密关联着。这些子模型有机电子模型、建筑弱电子模型、电梯子模型和给排水子模型等。这些子模型都是在同一个基础模型上面生成的，这个基础模型包括了工程目标要建造的建筑物最基本架构：建筑覆盖区域的地理坐标与范围、柱、梁、楼板、墙体、楼层、建筑空间等。专业子模型就在基础模型的上面添加各自的专业构件形成的，这里专业子模型从基础模型中生长出来，基础模型的所有信息被各个子模型共享。

BIM 模型的架构有四个层级，分别最顶层是子模型层，接着是专业构件层，再往下是基础模型层，最底层则是数据信息层，BIM 模型架构如图 8-12 所示。

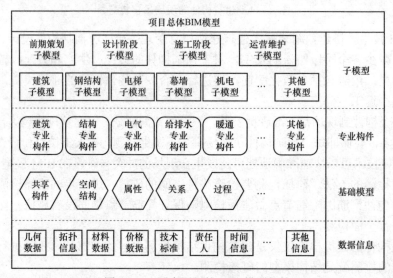

图 8-12　四个层级的 BIM 模型架构

BIM 模型中子模型层包括按照工程项目全生命周期中不同阶段创建的子模型，也包括按照专业分工建立的子模型。

BIM 模型中的专业构件层应包含每个专业特有的构件元素及其属性信息，如结构专业的基础构件，给排水专业的管道构件，中央空调系统的送风、回风和新风风管等。

基础模型层应括基础模型的共享构件、空间结构划分（如场地、楼层）、相关属性、相关过程、关联关系（如构件连接的关联关系）等元素，这里所表达的是项目的基本信息、各子模型的共性信息以及各子模型之间的关联关系。

数据信息层应包括描述几何、材料、价格、时间、责任人、物理、技术标准等信息所需的基本数据。

BIM 是一个智能化程度很高的 3D 模型，同时还可以把 BIM 模型看作是一个透明的、可重复的、可核查的、可持续的协同工作环境，在这个环境中，各参与方在设施全生命周期中都可以及时联络，共享项目信息，并通过分析信息，做出决策和改善设施的过程，使项目得到有效的管理。

## 8.1.4　BIM 技术在设施全生命周期的应用

前面已经介绍过，BIM 有着很广泛的应用范围，从纵向上可以跨越设施的整个生命周期，在横向上可以覆盖不同的专业、工种，使得在不同的阶段中，不同岗位的人员都可以应用 BIM 技术来开展工作。本节将介绍 BIM 技术在设施全生命周期各个阶段的应用。

国内业界将 BIM 技术的常见应用归纳为 20 种，这 20 种常见的应用跨越了设施全生命周期的四个阶段，即规划阶段（项目前期策划阶段）、设计阶段、施工阶段、运营阶段。

BIM 技术在设施全生命周期四个阶段的 20 种典型应用如图 8-13 所示。

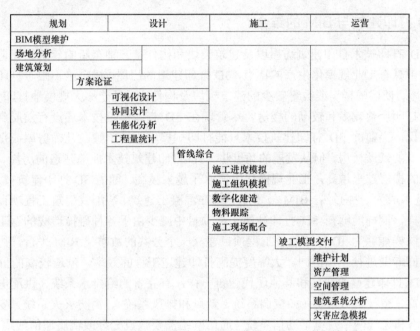

| 规划 | 设计 | 施工 | 运营 |
|---|---|---|---|
| BIM模型维护 | | | |
| 场地分析 | | | |
| 建筑策划 | | | |
| | 方案论证 | | |
| | 可视化设计 | | |
| | 协同设计 | | |
| | 性能化分析 | | |
| | 工程量统计 | | |
| | | 管线综合 | |
| | | 施工进度模拟 | |
| | | 施工组织模拟 | |
| | | 数字化建造 | |
| | | 物料跟踪 | |
| | | 施工现场配合 | |
| | | | 竣工模型交付 |
| | | | 维护计划 |
| | | | 资产管理 |
| | | | 空间管理 |
| | | | 建筑系统分析 |
| | | | 灾害应急模拟 |

图 8-13　BIM 在设施全生命周期四个阶段的 20 种典型应用

## 8.1.5　BIM 技术的应用

BIM 技术在建筑工程项目中的应用是多方面的，从碰撞检查、空间管理、协同设计、采光分析、通风分析、节能分析到场地分析、结构分析等，应用的范围大，应用的程度深。BIM 技术在建筑工程中多方面的应用如图 8-14 所示。

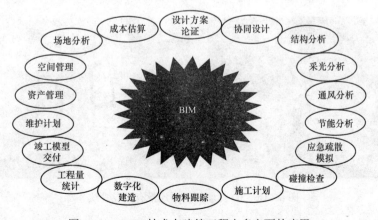

图 8-14　BIM 技术在建筑工程中多方面的应用

## 8.2 BIM 与 3D 打印建筑的结合及其在 3D 打印建筑中的应用

3D 打印建筑技术属于装配式建筑范畴中的数字化建造技术，装配式建筑中对于 BIM 的应用完全可以移植到 3D 打印建筑中来。

### 8.2.1 3D 打印建筑与 BIM 的结合

使用 3D 打印技术打印建筑房屋以及建筑模块和构件是一种全新的建筑物建造新技术，在实际应用中具有工业规模化生产的特点，3D 打印建造的房屋、楼宇绝不限于打印单幢的小型别墅、房屋、低层的楼房或数量较少的建筑模块及构件，而是能够大规模地打印大型别墅、联排别墅、打印层数较多和较高的楼房，尽管现在 3D 打印建筑技术还没有发展到这一步。实事求是地说，当前的 3D 打印建筑技术只能打印规模较小的单幢、几幢房屋或别墅，只能打印层数较少的低矮楼房，但从发展的角度讲，3D 打印建筑技术能够建造的房屋、别墅越来越大，建造的楼层越来越高，工业规模化生产水平越来越高。随着 3D 打印建筑技术的发展，应用 BIM 技术成为一种必然，BIM 技术能够像在混凝土建筑、装配式建筑工程项目中发挥巨大的作用一样，同样能够在 3D 打印建筑工程项目中减少由于各种碰撞造成的返工、停工和材料损失，同样能够为 3D 打印建筑工程项目建立一个公共的数字化 BIM 平台，协调工程参与各方和不同专业进行工作协同，大幅度提高打印建造工程的效率，创造较高的价值。

使用 3D 打印建造的房屋和其他现代建筑一样，有完备的给排水系统、供配电装置和线路、照明装置、空气调节系统（如空调系统、新风和排风系统）、消防灭火系统、安全防范系统、有线网络和无线网络及电话通信系统（通信网络需要敷设光纤或铜质通信线缆）、家用电器部分，建造过程中还要使用大量的建筑预制构件。因此要在建筑墙体、房屋地平、房屋顶部、吊顶及房屋的部分区域中敷设许多管线。如果没有应用 BIM 技术，混凝土建筑、其他装配式建筑建设过程中的许多弊端会一样地困扰 3D 打印建筑工程项目。

图 8-15 是国内两家使用 3D 打印建造出的两幢别墅的部分区域，从中看出，室内的管线部分还要在后续的工作中进行敷设，前提是还要在墙体上打孔，在后来的吊顶中敷设管线，这会给工程进度带来延误，会产生材料的附加损耗。

图 8-15 3D 打印的房屋还没有敷设管线

如果建筑体量、规模增大，功能变得更为复杂，问题就会变得很严重。

图 8-16 是菲律宾的一位新型建筑制造者使用 3D 打印建造一幢酒店建筑的一部分,读者看到在打印墙体的同时就已将供水及排水的管路敷设到了墙体中。房屋规模不大的情况下,设计、施工中出现的碰撞问题不多,采用人工方式处置问题

图 8-16　打印墙体的同时敷设了供水管路

不大,但房屋规模增大,房屋功能更复杂时,采用人工方式处理“碰撞”难度大幅度增加。

3D 打印位置彼此分散的别墅需解决好化粪池的管线敷设问题。在国外的一些地区,由于住宅太分散,一般不建设统一的自来水管道统一供水以及排放污水的统一排污管道。解决方法是:每户使用一口水井配合水箱供水;每户还要建一个深埋地下排放污水的化粪池。化粪池通过排污管道和室内连接,如图 8-17 所示。

图 8-17　用于别墅排污的管道

在国内的一些地区,如果没有统一的生活给水及污水排放系统,使用 3D 打印建造技术,建筑内容包括化粪池的建造,应用 BIM 技术进行管线冲突检测时,相应的管线就要考虑在内。

3D 打印建筑技术中融入 BIM 是必然的,只有融入 BIM 技术,3D 打印建筑技术才会发展得更好更快。

## 8.2.2　BIM 与广义的 3D 打印建筑

对于读者来讲,仅仅知道 3D 打印建造的建筑是装配式建筑还是不够的,还要稳固地建立起广义 3D 打印建筑的概念。如前所述,狭义 3D 打印建筑是指在一个大型的刚性框架中,3D 建筑打印机通过“熔融沉积成型”的方式一层一层地将一幢房屋完整地打印出来。而广义的 3D 打印建筑,其含义在第 4 章的“4.1.1 3D 建筑打印机主要工作原理和成型工艺”一节中,做了详述。在建筑房屋的 3D 打印建造中,有许多建筑构件可以在施工现场,也可以在生产车间打印生产,在现场打印建造的房屋绝不是房屋的全部,而仅仅是房屋的一部分,工地现场是完成房屋组装的地方。

建造一幢房屋、一幢别墅,或建造一幢楼房,所使用的大量预制建筑构件一部分是开发者自己打印建造的,另一部分还可以是从建材市场上直接购买的传统或新型预制构件,这两

部分的数量及价值没有任何比例限制，但如果建造一幢房屋完全使用的是外购的建筑预制构件或型材，则这样的房屋也就不能称其为 3D 打印建造的房屋了，那是装配式建筑。3D 打印建筑一定是动用了 3D 建筑打印机完成房屋的预制构件或主体工程一部分的打印建造，不管所使用的 3D 建筑打印机是大型机器还是小型机器。

钢结构建筑如果采用 3D 打印方式为主体工程提供了许多预制构件，如打印开发模具生产许多建筑构件及装饰构件，如老虎窗、门廊、装饰结构一体化墙体、楼板、免拆模板的柱、梁和套窗等，建成的钢结构房屋也是 3D 打印建筑。钢结构建筑的部分墙体或大部分墙体由 3D 打印建造而成，毫无疑问也是 3D 打印建筑。

部分预制建筑模块及构件或预制装饰构件分别如图 8-18～图 8-20 所示。

图 8-18　几种款式的老虎窗预制构件

图 8-19　不同的门廊预制构件

图 8-20　不同的窗套预制构件

当我们讨论 BIM 与 3D 打印建筑关系的时候，主要还是指 BIM 与广义 3D 打印建筑的关系。

## 8.2.3　BIM 技术在 3D 打印建筑中的预制构件装配中的应用

3D 打印建筑中大量地使用预制构件，通过工厂化生产打印建造出预制构件，运输到工地现场，甚至可以在工地现场打印，然后在工地现场进行拼装连接。这种方式施工方便，节能环保，极少产生建筑垃圾，很好地抑制有害气体及粉尘的排放。

3D 打印的预制构件尺寸精度高，配合安装效果很好，并且能将保温、隔热材料融入生产工艺中，能很好地配合水电管线布置。

由于 3D 打印建造房屋中使用数量很大、结构规格各异的预制构件，还要与建筑配置的多个子系统的管线进行配合，必然会发生各种不同情况的"碰撞"以及不能有效地进行多专业、多部门的协同，导致设计变更、施工工期的延滞，最终造成资源的浪费、成本的提高。

通过 BIM 技术进行碰撞检查，将只有专业设计人员才能看懂且复杂的平面图纸信息，转化为一般工程人员可以很容易理解的形象直观的 3D 模型，能够方便地判断可能的设计错误或发生碰撞的地点与位置；能够有效解决在 2D 图纸上不易发现的设计盲点、错误，早期解决可能的碰撞问题，降低施工成本，提高施工效率。

BIM 模型是可视化的 3D 模型，而且这种可视化具有互动性，数据与信息的修改可自动馈送回 BIM 模型。如果对某一个预制构件进行修改，会产生关联修改，因为 3D 打印建筑的各个部分的预制构件是配合组装的关系，因此使用 BIM 模型，检测参与装配的各种功能、规格和材质的预制构件之间的碰撞，是十分有效的。有了参与装配的各种预制构件的模型，这些构件的安装，在尺寸配合上具有较高的精度，尤其是带钢筋的预制构件，在装配的节点处，如果不能很好地配合，会出现很大的麻烦，BIM 技术可以帮助设计者和施工者解决较好地解决这些问题。

## 8.2.4　三维管线综合协调

3D 打印建造的房屋或楼宇规模越来越大，建设工程越来越复杂，建造过程中，强弱电系统管线线槽、配管及装备在建筑中的多个其他不同种类子系统的敷设管线，会与建筑结构发生空间碰撞，使用 BIM 模型及相关的软件进行碰撞位置检测，并将碰撞结果用特定的方式给出。

对 3D 打印建筑工程项目进行三维管线综合协调是实施工程的重要内容,有了工程的 BIM 模型后，应首先与设计方、施工方、业主和参与方协调沟通，确定模型的功能区域划分。对于 3D 打印建造工程来讲，一般来讲，设计方就是施工方，随着 3D 建造房屋技术的发展和分工的细化，设计方和施工方彼此成为独立的实体也是一种发展趋势。

对于体量较小的单体建筑，一次性完成全部建筑、结构、机电各工种之间的三维碰撞检查；对于体量较大的单体建筑，可采用分层分区的方式进行划分，逐次完成碰撞检查。

### 8.2.5 采用钢结构的 3D 打印建筑中 BIM 的应用

欧美许多国家以及日本的现代建筑越来越多地使用钢结构，在国内建造钢结构装配式房屋的情况越来越多，国内企业生产开发的各种外观优美能够抵御较高级别地震的轻钢别墅、集装箱装配式房屋，层数较高的大、中、小型钢结构办公楼、写字楼、住宅也越来越多。

3D 打印建筑的主体采用钢结构，具有保温功能的外围护非承重填充墙体、非承重墙体、大量的预制构件，如前面讲过的老虎窗、门廊、污水井、化粪池、窗套以及许多标准或非标准的装饰用预制构件使用 3D 打印建造生产，当然其中一部分预制构件完全也可以采用建材市场中现成的标准化预制件。这种结构的 3D 打印建筑施工速度快、抗震等级高，建造工期短，坚固耐用和外观时尚美观，深受用户和业主的青睐。

对于主体采用钢结构的 3D 打印建筑工程项目进行 BIM 建模后，使用 BIM 模型对建造对象进行"碰撞校核"，以检查出设计人员在建模过程中的误差，这一功能执行后能自动列出所有结构上存在碰撞的情况，以便设计人员去核实更正，通过多次执行，最终消除检出的碰撞内容。

主体结构是钢结构的 3D 打印建筑在建造过程中，要考虑到实施安装的工地现场特性，安装的顺序，安装空间的预留，基本分段，构件设计重量和重心位置，利用 BIM 三维软件进行碰撞检测，使协同工作的效率大幅度提高，并且能够直接用于指导施工。碰撞检测的目标是为了避免碰撞、解决冲突、明确各设施位置标高以及辅助确定施工工艺等。

使用 BIM 模型，检测内容包括：构件连接之间相互碰撞以及螺栓安装预留安装空间的问题；对构件、节点安装模型进行合理性检验；钢构件的配合冲突；钢构件上的孔洞位置、数量确定；使用高强度连接螺栓、铁质铆钉的配合选用；不同构件上的连接孔洞位置的精确配合；防止构件焊接过程中由于热应力对钢结构造成破坏性的变形；钢结构空间中三维管线协调配合和消除冲突。除此而外，还要检测整个建筑建造过程可能会出现的碰撞。

## 8.3 BIM 应用软件

### 8.3.1 BIM 应用软件的格式、兼容性和 BIM 服务器

1. BIM 应用软件的格式

IFC 文件是用 Industry foundation classes 文件格式创建的模型文件，可以使用 BIM 程序

打开浏览。IFC 标准是 IAI（International Alliance of Interoperability）组织制定的建筑工程数据交换标准。

IFC 标准有以下几个特点：面向建筑工程领域；IFC 标准是公开的、开放的；是数据交换标准，用于同类系统或非同类系统之间交换和共享数据。

IFC 标准的核心技术分为两部分：工程信息如何描述和工程信息如何获取。IFC 标准整体的信息描述分为资源层、核心层、共享层和领域层 4 个层次。

IFC 信息获取的最常用方法是：通过标准格式的文件交换读取信息。

有了 IFC 标准，建筑工程领域中使用不同软件创建的文件都可以存储为 IFC 格式的文件，业内的工程技术人员就不必为不同软件因为数据格式不兼容无法交换而发愁，也无需为了能打开对方的文件而另外采购对方所使用的软件。

由于建筑业的信息表达与交换的国际技术标准是 IFC 标准，因此要求 BIM 应用的输出文件都采用 IFC 格式。

2. BIM 应用软件的兼容性和 BIM 服务器

在建筑工程领域尽管有 IFC 国际标准，一些软件输出文件格式也是 IFC 格式的，但并没有完全达到 IFC 国际标准的要求，因此在应用中会出现许多问题。读者对于这一点要给予注意。BIM 应用软件较多，而且在建筑工程不同的阶段要使用不同的软件，为防止出现诸如：① 无法形成完整的 BIM 模型；② 不支持协同工作和同步修改；③ 无法进行子模型的提取与集成；④ 信息交换不顺畅，交换读取数据的速度和效率低；⑤ 用户访问权限管理困难等问题，就需要精心选择 BIM 应用软件，克服不同的 BIM 软件兼容性不好为用户带来不便。

对于一个具体的建设工程项目，如果业主、承建商、建筑师、设备工程师和结构工程师等使用一个公共的 BIM 模型，并在其基础上建立各自的子模型，每个子模型都是基于参与方各自系统而建立的，那么所有的参与方实现 BIM 的信息交流会碰到很大的障碍。解决的办法是：在 BIM 应用系统中设置一台 BIM 服务器，所有的参与方、不同的部门及不同的专业彼此之间都用同样的"客户机/服务器"方式来存储、交换 IFC 格式的数据，使建设工程项目的所有直接参与者实现系统内交换、读取和调用相关 IFC 格式的工程数据信息。这是一个解决不同的 BIM 软件兼容性不好，同一个建设项目不同的参与方不能顺畅使用 IFC 格式文件交流的好办法。

在 BIM 的应用系统中设置可以存储、交换 IFC 格式数据的服务器，这样的服务器就是 BIM 服务器（BIM Server），基于某工程项目设置的 BIM 服务器和 BIM 知识库（BIM Repository）一起，组成该工程项目的 BIM 应用数据集成管理平台。

图 8-21 给出了没有使用 BIM 服务器时，工程参与方之间的数据信息交流情况，还给出了使用 BIM 服务器时，工程参与方之间的数据信息交流方式。

由于 BIM 模型具有随工程进度动态变化的属性，工程参与方实时调取、修改或补录信息时通过 BIM 服务器进行，用户可以很方便地进行 BIM 数据的存储、管理、交换和应用。

## 8.3.2　BIM 应用的相关软件

1. 关于 BIM 应用软件的两个认识要点

对于任何一个建设工程项目，不存在一种能够覆盖建筑物全生命周期的 BIM 软件，BIM 软件的准确含义应该是一个包括对应不同工程应用阶段使用不同软件的软件序列。

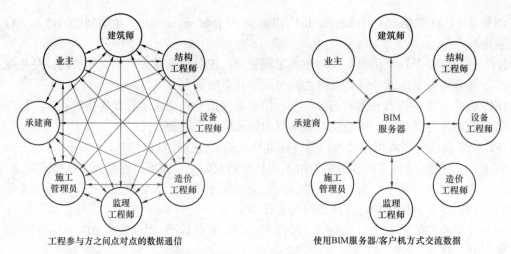

工程参与方之间点对点的数据通信　　　　　　　使用BIM服务器/客户机方式交流数据

图 8-21　工程参与方使用 BIM 服务器/客户机方式的数据通信

在严格的意义上讲，只有在 buildingSMART International（bSI）获得 IFC 认证的软件才能称得上是 BIM 软件。实际工程的 BIM 应用中广为使用的主流软件如 Revit、MicroStation、ArchiCAD 等都是典型的 BIM 软件。

还有一些软件，并没有通过 bSI 的 IFC 认证，但在 BIM 的应用过程中也常常用到，这些软件能够解决建筑及设施全生命周期中某一阶段、某个专业的问题，但软件处理后的数据或文件不能输出为 IFC 的格式，这就无法参与 BIM 应用系统中正常的数据信息交流与共享。这些软件不能称为 BIM 软件，而是将其归于和 BIM 应用相关的工具性软件一类中去。

2. 部分 BIM 软件介绍

在向读者介绍的时候，我们将 BIM 软件和 BIM 应用相关的工具性软件放在一起讲了，并且仅仅介绍部分软件。

当前 BIM 应用中使用较多，具有代表性的部分软件如下：

（1）Affinity（美国）。适用于建筑专业。主要应用于项目前期策划阶段的"场地分析"，设计阶段的"设计方案论证""设计建模"。Affinity 软件的主要功能在于提供一个独特的建筑及空间规划和设计解决方案。支持格式：IFC，RVT，DWG，DXF，gbXML，SVG 等。

（2）ArcGIS（美国）。适用于建筑专业。主要应用于项目前期策划阶段的"数据采集""投资估算""场地分析"和"设计建模"。

（3）AiM（美国）。适用于建筑专业和运营维护。主要应用于项目前期策划阶段的"投资估算"，设计阶段的"设计方案论证"，运营维护阶段的"维护计划""资产管理""空间管理"等。

（4）AutoCAD Civil 3D（美国）。适用于建筑专业和土木专业。主要应用于项目前期策划阶段的"数据采集""场地分析"，设计阶段的"设计建模""3D 审图及协调"，施工阶段的"场地规划""施工流程模拟"。

（5）Design Advisor（美国）。适用于水暖电专业。主要应用于"设计阶段"的"能源分析"。

（6）PKPM（中国）。适用于建筑专业、水暖电专业、结构专业和土木专业。主要应用于"设计阶段"的"设计建模""结构分析""能源分析""赵明分析""其他分析与评估"和"3D 审图及协调"。

（7）天正 BIM 软件系列（中国）。适用于建筑专业、水暖电专业、结构专业、土木专业和运营维护。主要应用于项目前期策划阶段的"投资估算""阶段规划"，"设计阶段"的"设计建模""结构分析""能源分析""照明分析"和"3D 审图及协调"。

以上仅仅举出部分的 BIM 软件及相关的工具性软件，可选择应用的软件多达几十种，开发主体有美国、德国、匈牙利、中国、法国、英国、芬兰和荷兰等国的公司及研发机构。

不同的 BIM 软件适用不同的专业。适用专业分别有建筑、水暖电、结构、土木等。

前期策划阶段要做的工作有数据采集、投资估算、阶段规划和场地分析等。

设计阶段分别要做的工作有设计方案论证、设计建模、结构分析、能源分析、照明分析、其他分析与评估和 3D 审图及协调。

施工阶段要做的工作有数字化建造与预制件加工、施工场地规划、施工流程模拟和竣工模型。

运营维护阶段要做的工作有维护计划、资产管理、空间管理和防灾规划等。

3. 建筑物全生命周期不同阶段应用的 BIM 软件或工具性软件举例

（1）项目前期测绘阶段使用的软件。

1）数据采集用软件。数据采集用软件，如国产的"理正系列软件"，主要用于数据获取、数据输入、数据分析和 2D/3D 制图。

2）用于阶段规划的软件。用于阶段规划的软件有国外开发的，也有国内开发的，如国内广联达公司开发的应用软件，其主要功能有时间规划、工程量计算、多维信息模型建造与应用。

（2）设计阶段所用软件。

1）用于场地分析的软件。主要是国外开发的软件，如 ArcGIS（美国），其主要功能有地理信息处理、气候信息处理（温度、降水）、阴影、光照等设计信息处理。

2）设计方案论证阶段的应用软件。如 Autodesk Navisworks（美国），其主要功能有处理布局、设备、人体工程、交通和照明等数据信息。

3）设计建模。工程应用中，为适应不同的情况，BIM 建模的侧重点不同。如初步概念 BIM 建模是指在很多情况下，不是使用核心建模软件一次性地完成建模，而是首先进行初步 3D 建模，为主体 BIM 建模打下很好的基础。另外还有可适应性 BIM 建模，即在建模初级阶段（扩初阶段），要吸纳大量的反馈及修改意见，尽可能用来完成多项工作任务的建模。还有表现渲染 BIM 建模、施工级别 BIM 建模和综合协作 BIM 建模。

常用于设计建模的软件也很多，例如：

① ArchiCAD（美国），可用于初步概念 BIM 建模、可适应性 BIM 建模、表现渲染 BIM 建模、施工级别 BIM 建模和综合协作 BIM 建模。

② 斯维尔系列，可用于初步概念 BIM 建模、可适应性 BIM 建模、施工级别 BIM 建模和综合协作 BIM 建模。

4）结构分析。结构设计是建筑建设过程中最为关键的一个环节，对整个建筑工程质量有着决定性的作用。BIM 建模过程中，将建筑结构分析整合到 BIM 模型中。用于结构分析的软件，如 Robot，可用于概念结构、深化结构和复杂结构分析。

还有能源分析、照明分析等功能的一些专用软件。

在施工阶段，有 3D 视图及协调、数字化建造与预制件加工、施工场地规划和运营阶段的专用软件等。

### 8.3.3　BIM 应用中借助 3D 扫描技术对建筑工程进行记录、检验和阶段验收

BIM 应用中使用 3D 扫描配合不同时间节点上对建筑工程检验、记录和验收工作。具体使用三维激光扫描和全景扫描两种方式采集现场数据。

全站仪和三维激光扫描采集数据的方式是不同的。全站仪是单点测绘，由目镜对准被测物体，激光发射出去一次，测量一次数据。当然也有连续测量功能，获取的是单点坐标数据。而三维激光扫描仪是多点测绘，在规定的测量范围内，激光不停地测量，获取扫描仪到被测物体之间的空间关系，由激光扫描仪自身完成，人工干预少，获取的是百万点以上的 3D 点云数据。

1. 全景扫描

全景扫描是使用高像素数码相机拍摄采集工程项目建筑场景的一系列数码图像，再使用软件对图像群进行 3D 整合处理，最后合成为一张"超级图像"，这个"超级图像"展现了建筑场景的全景。

2. 三维激光扫描

使用三维激光扫描仪快捷地扫描采集建筑场景及其中的建筑实体及构件，得到建筑实体及构件表面的 3D 点云数据，获取高精度、高分辨率的 3D 模型。

三维激光扫描采集数据得到 3D 图像与模型能够很好地对工程进行总体记录。这种方法对现场扫描环境的要求较高，在实施扫描前，最好能够对采集环境清场。3D 激光扫描有很高的精准度，得到的 3D 图像及 3D 模型在 BIM 的应用中有很重要的应用。通过整体扫描，配合全站仪进行对建筑工程进行阶段或竣工验收。

## 8.4　BIM 应用举例

### 8.4.1　117 大厦的 BIM 应用概述

在中国天津市的郊区，一幢 117 层的摩天大楼穿透浓雾拔地而起，这座全球第五高的大楼将为租户提供迷人的建筑设计、优质的办公空间、一座五星级酒店以及一个毗邻的"大型高端"购物中心。该项目是天津市 20 项重大服务业工程项目之一，由高银地产（天津）有限公司投资兴建，中建三局承建，华东建筑设计研究院有限公司设计。项目地上 117 层（包含设备层共 130 层），总建筑面积为 84.7 万 m²。大厦从 2008 年开工建设，至 2015 年封顶，在长达 7 年的项目建设期间，117 大厦项目面临着要求高、施工技术难度大、涉及协作方多、工期长等管理难题，尤其各阶段产生的进度、成本、合同、图纸等业务信息量巨大，如果使用传统的项目管理方式难度非常大。项目方与国内的广联达公司进行了合作，应用 BIM 技术，实现了项目精细化、施工和管理数字化，保证了项目如期封顶。

117 大厦的雄姿如图 8-22 所示。

图 8-22　117 大厦的雄姿

随着 117 大厦的开工和施工建设，项目部积累了数量巨大的图纸、文档等资料，这些资料包括大量的设计图纸、施工图纸、相关的来往函件、会议纪要、电子邮件、多媒体等电子文档和部分相关的国家标准、法规性文件等。怎样对这些图纸、文档、电子文档等资料实现统一集中管理，从而提高团队工作效率，节约成本，有效进行授权访问、文档访问记录跟踪、文档的全功能检索。如果这些问题不解决，工程参与方对工程文件的数据信息共享和动态交流就不能顺畅进行。117 大厦项目决定与建设工程领域信息化技术领域的从业企业广联达公司合作，建立"基于 BIM 的项目管理和集成应用平台"。

广联达云服务平台成为项目 BIM 数据管理、任务发布和信息共享的数据平台。实时收集项目运行中产生的数据，实现云端存储、文件在线浏览、三维模型浏览、文档管理、团队协同工作等功能。将不同建模软件建立的模型集成到同一平台中，包括建筑、结构、装饰、钢结构、机电模型，并将合约管理、图档管理、验收管理和计划管理环节的数据进行集成，为后期的系统集成应用，提供基础。

项目参与方的人员可以在集成平台在线或使用移动终端对 3D 可视化的 BIM 综合模型进行数据信息录入修改、数据查询、浏览、统计、分析及工程量、预算、计划、进度、材料成本核算等信息的综合应用。

在数据集成应用方面，主要包括 BIM 深化设计模型的创建和 BIM 模型与业务信息的集成，通过统一的信息关联规则，实现模型与进度、工作面、图纸、清单、合同条款等海量信息数据的自动关联。

利用 BIM 可视化优势首先对施工组织设计中的关键工况穿插、专项施工方案等进行模拟，通过虚拟模拟评估进度计划的可行性；其次，以 BIM 模型为载体集成各类进度跟踪信息，将方案审批、深化设计、招标采购等工作纳入辅助工作并跟踪其进展状况，便于管理者及时查阅全面的现场信息，客观评价进度执行情况，为进度计划的进一步优化和调整提供数据支撑。另外，可为进度管理提供模型工程量数据，为物料准备以及劳动力分配提供依据。

平台进行了统一集成化的合同管理、质量安全管理的和图纸管理。

### 8.4.2 BIM 集成应用为项目建设带来的成果

117 大厦项目的 BIM 应用集成管理平台为项目有效地管理了超万份工程文件，并为来自近 10 个不同单位的项目成员提供模型协作服务，并取得了较好的成效。

通过 BIM 模型直观、准确地展现施工过程、关键的施工现场及工程进度关键节点的现场问题细节，进行可视化方案交底，减少专项交底会议 53 场，大幅提高了沟通效率。基于 BIM 模型为计量、报量、变更等商务工作提供数据支撑，实现了项目设计模型与商务管理之间信息共享，达到了一次专业建模满足技术和商务两个应用要求，提高商务算量效率 30%以上，精度误差小于 2%；基于 BIM 的图档管理应用，解放了项目部人员每天花大量时间进行图纸汇总和查询的时间，查询图纸效率提高了 70%，同时图纸版本的管理以及深化图纸送审状况的管理，提高分包协调管理能力和信息沟通效率。

## 8.5 BIM 在 3D 打印建筑中的应用

### 8.5.1 3D 打印建筑中 BIM 应用特点和内容

1. 3D 打印建筑中 BIM 应用特点

3D 打印建筑技术数字化的装配式建筑技术，是现代建筑技术的一个分支，尽管 3D 打印建筑是一种先进、智能的现代建筑建造技术，有着许多传统建筑及大多数现代建筑技术所没有的特点和新的内容，但从本质上来讲，建造的房屋、楼宇和别墅依然是建筑物，因此，应用于现代建筑中的 BIM 技术一样能够应用在 3D 打印建筑中。当然这种应用有着自己鲜明的特点。

另外，由于 3D 打印建筑技术在目前还不能支持大型建筑、高层建筑的建造，只能建造一些小型、楼层层数较少的房屋、别墅和楼房，还没有相应的国家标准和国际标准规范 3D 打印建筑行业的发展，应用 BIM 技术还处于一个较低的水平上，但随着 3D 打印建筑技术的发展，3D 打印建筑技术和钢结构的装配建筑技术、模块化建房技术的结合越来越紧密。随着 3D 打印建筑材料技术的发展，3D 打印的建筑体量越来越大，结构越来越复杂，楼层越来越高，使用复杂的建筑预制构件越来越多。客户对建筑质量、安全、个性化的要求越来越高，BIM 技术在 3D 打印建筑行业中的应用是大势所趋。即使在较为小型、结构相对简单的小型 3D 打印建筑，如果不去应用 BIM 技术，都将会给工程带来许多不必要的损失，如预制构件的碰撞返工，建筑内管线碰撞造成的返工，没有应用数字化管理带来的原材料损失、进度不合理的损失等等。

在 3D 打印建筑中应用 BIM 技术将为工程项目带来高效的管理，可以大幅度减少碰撞返工、高效施工，从而避免不必要的损失而产生较好的效益，较多地加快施工进度。

2. 3D 打印建筑中的 BIM 应用内容

BIM 在 3D 打印建筑中的应用也是多方面的，诸如设计方案论证、协同设计、结构分析、空间管理、施工计划、碰撞检查、场地分析等方面，如图 8-23 所示。

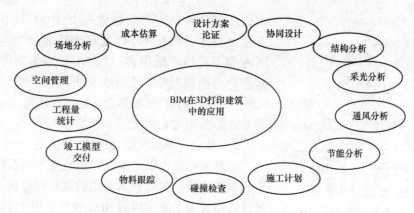

图 8-23　BIM 在 3D 打印建筑中的应用

### 8.5.2　三维管线综合协调和碰撞检测与软件使用

1. 3D 打印建筑中的三维管线综合协调

3D 打印建造的建筑中，一般要配置以下一些系统：

• 给配水系统，除了生活供水的供给以外，还有污水排放，为了节水可能还有中水流通管路；

• 空气调节系统，如独立空调系统或家用中央空调系统；

• 供配电及照明装置；

• 电视、电话、网络系统；

• 通风与新风系统；

• 办公用建筑的网络布线系统和无线网络覆盖系统；

• 电炊设备及通风；

• 可选的天然气或液化气供给管路；

• 其他的建筑弱电系统。

以上这些系统的管线、线槽的三维敷设如果不纳入到 BIM 系统中进行三维管线综合，必不可免地会发生碰撞，造成返工及工程延期的损失，使用 BIM 管理，能够很好地避免以上的碰撞和损失。

2. 三维管线和建筑预制构件的碰撞检测

在 3D 打印建筑中，由于大量使用建筑预制构件，对于不同构件之间的碰撞，包括安装尺寸碰撞、构件安装结合部的钢筋碰撞，这些建筑预制构件和上面讲到的其他三维管线的碰撞，通过 BIM 模型可以很好地在工程设计阶段或较早期发现并消除。

随着 3D 打印建筑的规模越来越大，没有 BIM 技术的配合将会出现许多由于碰撞而出现的返工、停工以及进度碰撞而产生很大的损失，这与建筑的数字化、智能化建造是冲突的。

### 8.5.3　3D 打印建筑中 BIM 模型在线应用方式和 BIM 软件使用

1. 3D 打印建筑中 BIM 模型在线应用方式

对于 3D 打印建筑的 BIM 应用来讲，也不宜采用：不同的工程参与方使用不同的平台进行信息交流与共享，即使用不同 BIM 应用平台创建的文件通过互联网或移动互联网彼此进行

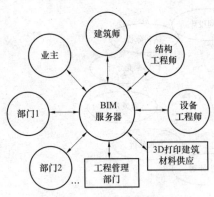

图 8-24　3 工程参与方通过 BIM
服务器的数据交流和共享

数据交流与共享。必须创建一个 BIM 服务器，所有工程参与才可以使用 PC 或移动终端作为同一个局域网内的不同用户采用客户机/BIM 服务器方式进行数据通信与数据共享。工程参与方和工程管理部门彼此之间以及与 BIM 服务器之间进行在线数据交流和共享的方式如图 8-24 所示。

2. 3D 打印建筑中的 BIM 软件使用

在目前阶段由于 3D 打印建筑技术的发展还处于一个起步的阶段，BIM 技术应用的复杂程度还不是很高，可以选用少量主流应用的 BIM 软件应用于 3D 打印建筑工程项目中就可以了。如使用 AutoCAD Civil 3D（美国），用于"数据采集""场地分析""设计建模""3D 审图及协调"，也可以采用 PKPM（中国），用于"设计建模""结构分析""能源分析"和"3D 审图及协调"等。

总之，可以根据工程需求选用较为合适的 BIM 软件和与 BIM 相关的工具性软件，应用于 3D 打印建筑工程的全生命周期中。

# 第9章　建筑模具的制造

在装配式建筑中，在 3D 打印建筑中要使用许多结构、材料不同建筑模块及构件，包括许多建筑预制构件，这些建筑模块及构件可以在工厂车间生产，然后再运往工地现场进行安装装配。较大型的混凝土预制构件大多数可以使用传统的大型模具进行生产而一部分采用不同材料、几何形状新颖、美观、个性化强、装饰性强的小型模块及构件就可以采用 3D 打印的方式建造模具后，再进行生产。有些装饰性和具有特殊功能的预制构件还可以工地现场打印后安装装配。

## 9.1　生产建筑预制构件的模具

建筑预制构件有大、中型混凝土材料的，也有大量中小型各种材料的功能性、装饰性的建筑模块及构件，对于后者，使用 3D 打印建造模具，在使用模具批量生产，既可以较大幅度地降低生产成本，又可以提高建筑工程的建造速度。

### 9.1.1　生产较大型混凝土建筑预制构件的模具

装配式建筑中有许多较大型的混凝土建筑预制构件，图 9-1 就是大型混凝土预制构件及吊装的情况。

大型混凝土预制构件

预制梁吊装

图 9-1　大型混凝土预制构件及吊装

对于较大型的建筑预制构件，需要用较大型的专用模具去生产，这些模具属于传统性的加工类模具，图 9-2 和图 9-3 分别给出了生产转角飘窗、外墙挂板、预制楼梯的模具外观图。

生产墙体和楼板的模具如图 9-4 所示。

装配式建筑较多地使用较大型的建筑墙体预制构件，同时可以使用 3D 打印建筑技术现场快速打印非承重墙体，并承担许多类似打印任务。

生产转角飘窗的模具

卧室的转角飘窗

图 9-2　生产转角飘窗的模具

外墙模具　　　　墙体模块

水泥楼梯模具　　　　水泥楼梯

图 9-3　生产外墙挂板和楼梯的模具

墙体模具　　楼板模具

图 9-4　生产墙体、楼板的模具

## 9.1.2　使用 3D 打印建造模具生产装饰性建筑模块及构件

1. 装饰性建筑模块及构件使用的材料

装配式建筑中使用了许多具有不同功能的、装饰性建筑模块及构件，可以使建筑的建造速度大幅度提高以外，还可以使建筑更美观，有更多的功能。这样的功能性、装饰性建筑模块及构件可以使用多种不同的材料制作，如 GRC 材料、EPS 材料、石膏、GFRG 玻璃纤维增强石膏、GRG 特殊玻璃纤维增强石膏、SRC 特殊玻璃纤维增强水泥、FRP 特殊纤维复合材料和一些新型环保型材料，如秸秆纤维超强聚酯材料、秸秆纤维材料等。

GRC 材料是玻璃纤维增强水泥的简称，是以玻璃纤维为增强材料，以水泥净浆或水泥砂浆为基体而形成的一种复合材料。GRC 制品抗拉强度高，能够防止制品的表面龟裂，GRC 强度高，所以制品薄，因而能做到自重轻。GRC 制品可塑性好，加工方便，能做成各种多面形状的异型制品。GRC 材料适用于非承重和半承重构件，除了大量用作装饰性构件外，还可以用来制作建筑外墙板、通风管道、阳台拦板、遮阳板、商亭、活动房子、汽车站候车亭、仿瓷浴缸、彩色板、天花板、永久性模板、园林建筑小品、下水管道、隧道衬里等。

EPS 构件是以高强度阻燃型聚苯乙烯为基体，耐碱玻璃纤维网格布作为中间层，外层由无机抗老化聚合物乳液复合成型。产品自重轻，耐冲击，强度高，耐水性能优良，韧性好，是传统 GRC 构件的升级换代产品。EPS 装饰构件主要用于别墅、欧式风格小区、酒店及时代感强的建筑门套、窗套、檐角线、腰线及庭柱等部位。对于欧式风格的较高层建筑，安装 GRC 构件难度大，而采用轻质的 EPS 构件优势很大。

2. 使用 3D 打印模具生产不同功能的装饰性建筑模块及构件

随着经济和生活水平的提高，人们对建筑的功能构造及审美需求水平也越来越高，现代建筑中需要许多功能性、装饰性的预制构件。部分使用了许多装饰性模块及构件且外形美观的建筑如图 9-5 所示。

图 9-5　使用了许多功能性、装饰性预制构件的建筑物（一）

图 9-5　使用了许多功能性、装饰性预制构件的建筑物（二）

大量的这种具有不同功能的装饰性构件是使用模具生产出来的，如果生产模具由于受使用寿命的限制而不能继续使用，或开发具有新功能和具有新几何尺寸及外形的构件，那么就要开模具，使用 3D 打印的方式制造这些模具是很方便的。

常见到的不同功能的装饰性建筑模块及构件如图 9-6 所示。

装饰性GRC建筑立柱　　　　宝瓶柱栏杆GRC构件　　　　欧式立柱GRC构件

墙面GRC装饰构件　　　　　GRC装饰构件

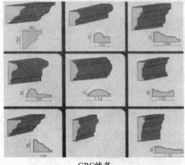

GRC线条　　　　　　　　屋檐GRC装饰构件

图 9-6　部分不同功能的装饰性构件

常用的 GRC 模具材料可分为软模（如橡胶模、硅模、聚氨酯模等）和硬模（如钢模、铝模、FRP 模、GRC 模、石膏模等）。使用 GRC 模具可以制作结构较复杂的建筑制品，一个使用 GRC 模具制作的 GRC 材质的假山非常逼真，如图 9-7 所示。

图 9-7　GRC 假山

建筑装饰性构件中，EPS 材料的构件具有更好的性价比，部分 EPS 装饰构件及使用如图 9-8 所示。

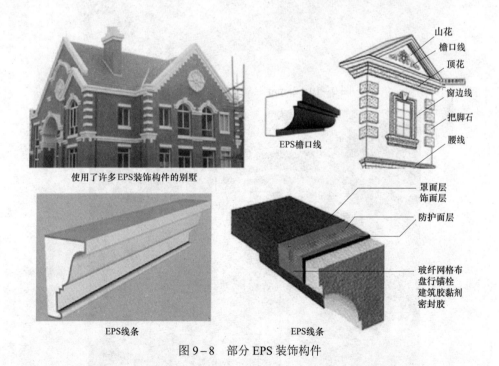

图 9-8　部分 EPS 装饰构件

3. 部分装饰性建筑构件模具

建筑工程中用到大量的装饰性预制构件及生产模具，如图 9-9～图 9-11 所示，使用价格不菲的装饰性石塑线条挤出模具、28mm 混凝土墙和预制模具和园路小饰件的模具。

装饰性石塑性线条挤出模具

装饰性石塑性线条

图 9-9　价格不菲的装饰性石塑线条挤出模具

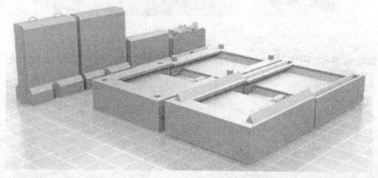

图 9-10　28mm 混凝土墙和预制模具

制作前　　　　　　　　　　制作后

图 9-11　园路小饰件的生产模具

使用 3D 打印建造部分建筑预制构件的模具所花费时间比使用传统方法制作花费的时间要少得多，而且结构越复杂，使用 3D 打印制造优势越大。

4. 使用 3D 打印建造建筑模块及构件的模具

GRC 构件的模具价格较贵，如 GRC 线条模具约 1500 元/根；GRC 欧式构件模具约 3000 元/根左右。因此借助于 3D 打印制造 GRC 构件和 EPS 构件的模具，成本低，制作速度快，尤其是一些具有新型几何形状的构件，使用 3D 打印建造更有优势。

3D 打印建造不仅仅可以用来建造装饰性的建筑模块及构件，还可以制造其他功能性的建筑预制构件。另外，由于模具一般都属于小批量生产而且形状都比较复杂，很适合 3D 打印来完成。

## 9.2　3D 打印建造建筑模块及构件模具的优势与构件模具

### 9.2.1　3D 打印建造建筑模块及构件模具的优势

用 3D 打印制造建筑模块及构件模具的优势：① 模具生产周期缩短；② 制造成本降低；③ 能在很短时间内制造出较精细的模具，对加快建筑施工过程十分有利；④ 大量减少设计、生产过程中的人力资源；⑤ 可以制造具有特殊结构的模具。

### 9.2.2　3D 打印快速建造建筑模块及构件模具

1. 3D 打印建筑模块及构件模具的工艺方法

3D 打印建造建筑模块及构件模具是一种快速模具制造技术，使用两类方法：第一类方法是从模具的三维 CAD 模型直接使用 3D 打印的方式建造；另一类方法是使用逆向工程的方法建造。两种方式的制造流程如图 9-12 所示。

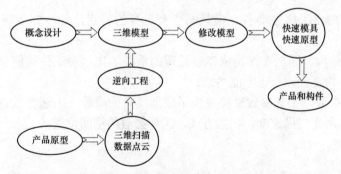

图 9-12　两条工艺路线打印建造建筑模块及构件模具制造流程

快速的模具建造分为间接制模法和直接制模法。间接制模法生产出的模具又分为软质模具和硬质模具两大类。

间接法是利用 3D 打印的原型件，通过不同的工艺方法翻制模具，如硅橡胶模具、石膏模具、环氧树脂模具、砂型模具等。直接法是利用 SLS、DMLS、SLM 等 3D 打印工艺直接制造软质模具或硬质模具。这里的 SLS 是选择性激光烧结 3D 打印工艺，所用的金属材料是经过处理并与低熔点金属或者高分子材料的混合粉末，在加工的过程中低熔点的材料熔化但高熔点的金属粉末是不熔化的。SLM 3D 打印工艺是选择性激光熔化，就是在加工的过程中用激光光束的能量使粉体完全熔化，不需要胶黏剂，成型的精度和力学性能都比 SLS 的要好。

DMLS 直接金属激光烧结（Direct metal laser sintering，DMLS）这种技术可以打印几乎任何合金，基于这个技术的工业级 3D 打印机应该已经开发成功并应用了。

软质模具用于新产品开发过程中的产品功能检测和投入市场试运行。软质模具生产制品的数量较少，一般不超过几千件；如果产品数量很大，则需要使用硬质模具来生产。

基于逆向工程的模具制造使用的三维 CAD 模型来自实物物件或样品实物模型，通过数字化扫描和三维重建来获得。有了 STL 格式的三维 CAD 模型，使用 3D 打印的方法将其打出。

2. 使用 SLM 成型方式打印模具的方法举例

下面介绍 SLM 激光熔化成型工艺生产制作硬质模具的原理。SLM 工艺生产模具的流程如图 9-13 所示。

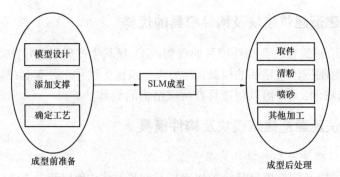

图 9-13　SLM 工艺生产模具的流程

使用 SLM 激光熔化成型工艺生产制作硬质模具的流程说明如下：

（1）成型前准备。

1）STL 格式的 3D 模型准备。模具制作有自身的特点，如冷却处理、某些特征的处理等。

2）添加支撑结构。添加支撑是成型前处理的重要工作，对工件的成型质量有着重要影响。添加的支撑结构要合理，还不能多余。

3）确定工艺参数。工艺参数直接决定了成型模具的质量。工艺参数包括金属合金粉末材料的铺粉厚度、激光扫描速度、扫描方式、工件摆放的空间位置等。

（2）SLM 成型。

（3）成型后处理。

1）取出模具的毛坯。当打印成型完毕后，模具的毛坯沉浸在没有融化的粉料里，取出模具毛坯，对模具毛坯周边熔结产生的废料清除。

2）取出支撑。

3）喷砂。采用压缩空气为动力，形成高速喷砂料射流喷射到模具毛糙的表面，清理黏结在模具表面的粉料，提高工件精度并降低表面粗糙度。还可以消除热应力，提高工件的力学性能。

4）后续加工。借助其他传统机械加工方式进行后续加工，能满足模具使用的精度。

## 9.3　3D 打印生产模具与传统模具制造技术的互补

3D 打印生产模具以及生产建筑模块及构件模具由于技术发展水平的限制,还不能完全取代传统模具制造,在目前阶段,二者是一个互补的关系。

### 9.3.1　3D 打印生产模具的现状

3D 打印技术引入到模具设计和制造以及引入到建筑模块及构件模具的生产中来是一种趋势,但目前国内在这方面的技术发展水平及应用现状情况,业界人士都非常关注。

目前,在广东东莞,已经有几十家企业在制造业领域使用 3D 打印技术,使用 3D 打印生产模具的公司在这几十家企业中数量也不在少数。这些模具企业应用 3D 打印技术,主要集中在样品的生产上。样品生产出来之后,对产品的结构、外观以及功能进行测试,如果产品及技术能够满足市场和用户的需求,就正式开发模具进行批量化生产,即将 3D 打印生产模具主要应用在新产品开发的研发阶段。

从总体来看,国内目前进行 3D 打印模具应用研究开发的企业并不多,从事 3D 打印建筑模块及构件模具的情况并不多,但国内为数很少的 3D 打印建筑企业在这方面还是做了许多开创性的工作,如上海的赢创公司。在该公司 3D 打印建筑的作品中使用了许多打印的预制构件,如具有保温功能的墙体、艺术感很强的老虎窗等。随着 3D 打印建筑的产业化及规模化,必然会越来越多地使用 3D 打印建筑模块及构件模具去提升 3D 打印建筑工程的建设速度及质量。

3D 打印生产各类模具以及建筑模块及构件模具是一个很好的发展方向。从 3D 打印的应用来看,航空航天、军工领域技术要求较高,医疗领域准入条件高、个性化定制需求有限;现代制造业很多领域对 3D 打印生产模具都有着巨大的需求,3D 打印建筑领域的情况是一样的。

### 9.3.2　3D 打印模具与传统模具生产的互补

#### 1. 3D 打印模具的优势和不足

如前所述,3D 打印生产建筑模块及构件模具除了已经介绍过的优势以外,还具备一些传统模具制造技术所没有的优势,这些优势主要有,能够制造结构复杂的构件模具,还可以制造带有随形冷却水路模具等。所谓带有随形冷却水路模具是指模具内部用于冷却水路的走向随模具表面形状的凹凸情况的变化而变化,因此冷却效果大为提高。当建筑预制构件模具由几个部分组成时,3D 打印具有很强的整合设计能力。3D 打印模具技术具有优质、高产、低消耗和低成本等特点;传统模具设计与制造中出现的问题无法改正,而 3D 打印生产模具可以迅速地进行改进修正设计。

3D 打印生产建筑模块及构件模具也存在一些不足。打印的精度和表面粗糙度不够理想,需要进一步进行加工后才能使用,3D 打印模具的零件尺寸受限,3D 打印模具的力学性能还有待提高,同样价位上,直接采用 3D 打印建筑构件模具比传统生产构件模型精度要差等。

#### 2. 3D 打印模具和传统模具生产技术的互补

3D 打印生产建筑模块及构件模具和传统建筑构件模具生产方式相比有很多优势,但也有不足，让它们相容互补是 3D 打印建筑预制构件模具技术发展的方向。企业在开发新的建筑构件时，可以利用 3D 打印技术先行制造样品，经过改进及定型后再使用传统制造技术开发模具批量生产产品。这种方法和传统方法路线不同，但速度加快了，成本降低了。对于那些结构较为复杂的建筑预制构件来讲，可以直接使用 3D 打印模具来进行生产。

有一种认识误区：认为 3D 打印技术会取代传统的模具制造技术，其实不然，两者是相互补充的。3D 打印技术和传统制造技术都存在优势和劣势，目前 3D 打印技术还不能替代传统制造技术。为此只有通过探索、研究取两种技术之长处来推动 3D 打印建筑模块及构件模具技术的发展。

# 第10章 3D打印建筑技术在装配式建筑中的应用

装配式建筑包括了3D打印建筑，3D打印建筑是装配式建筑中的一种建筑形式。

## 10.1 装配式建筑和模块化建筑

在更深入讨论 3D 打印建筑在装配式建筑中的应用之前，首先将业内常见和常用到并且容易产生误解的几个概念，如装配式建筑、PC 装配式建筑、预制装配钢结构建筑、预制集装箱式建筑和模块化建筑的含义及彼此间的区别解释清楚。当然，诸如装配式建筑、预制装配钢结构建筑和模块化建筑与 3D 打印建筑有着十分密切的联系。

### 10.1.1 预制装配式建筑

1. 装配式建筑

装配式建筑是指用预制的构件在工地装配而成的建筑。这种建筑的优点是建造速度快，受气候条件制约小，节约劳动力并可提高建筑质量。

装配式建筑特点：① 大量的建筑部件（构件）由车间生产加工完成，构件种类主要有外墙板、内墙板、叠合板、阳台、空调板、楼梯、预制梁、预制柱、各种不同功能的构件和装饰性构件等。② 现场装配作业工作量，比现浇作业工作量大为减少。③ 采用建筑、装修一体化设计、施工，理想状态是装修可随主体施工同步进行。④ 设计的标准化和管理的数字化，构件越标准，生产效率越高，相应的构件成本就会下降，整个装配式建筑的性价比很高。⑤ 符合绿色环保的要求。

工厂车间生产建筑预制构件如图 10-1 所示。

图10-1 工厂车间生产建筑预制构件

建筑工地现场装配房屋如图 10-2 所示。

图 10-2　在建筑工地现场装配房屋

装配式建筑中除了使用大量的大中型建筑预制构件以外，还使用许多不同功能的装饰性预制构件，在图 10-3 中看到建筑工人正在处理房屋屋檐处的轻质装饰性构件。

图 10-3　建筑工人处理房屋屋檐处的轻质装饰性构件

装配式建筑种类有：① 装配式建筑砌块建筑，用预制的块状材料砌成墙体的装配式建筑，适于建造 3～5 层建筑，如提高砌块强度或配置钢筋，还可适当增加层数。② 装配式建筑板材建筑，由预制的大型内外墙板、楼板和屋面板等板材装配而成，又称大板建筑。③ 装配式建筑盒式建筑。④ 装配式建筑骨架板材建筑。

在较发达国家，木材、预制钢筋混凝土、型钢、轻钢、EPS 等建材已经完全替代红砖，装配式建筑体系也替代了现场作业，其材料的环保性能、建造快速、房屋的保温性能良好。

2. PC 装配式建筑

（1）预制装配式建筑的分类。

在讨论 PC 装配式建筑之前首先叙述一下预制装配式建筑的分类。预制装配式建筑主要有以下三种形式：

　　1）预制装配式混凝土结构形式。这种结构形式也叫装配整体式钢筋混凝土结构，是以预制的混凝土构件（也叫 PC 构件，PC 为 Precast Concrete）为主要构件，经工厂预制，现场进行装配连接，并在结合部分现浇混凝土而成的结构。

　　2）预制装配钢结构建筑。以钢柱及钢梁作为主要的承重构件。钢结构建筑自重轻，跨度大，抗风及抗震性好，保温隔热，隔声效果好，特别适用别墅、多高层住宅、办公楼等民用建筑及建筑加层等。

　　3）预制集装箱式建筑。以集装箱为基本单元，在工厂内流水生产完成各模块的建造并完成内部装修，再运输到施工现场，快速组装成多种风格的建筑。

　　（2）PC 装配式建筑及其优缺点。

　　1）PC 装配式建筑。PC（Precast Concrete）是预制装配式混凝土结构的简称，是以混凝土预制构件为主要构件，经装配、连接以及部分现浇而成的混凝土结构。

　　图 10-4 给出了 PC 装配式建筑中使用预制混凝土阳台和工人安装预制混凝土楼梯的情况。

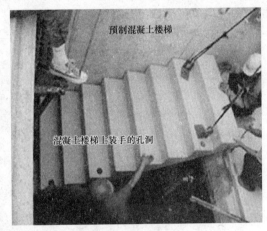

图 10-4　预制阳台和工人安装预制楼梯的情况

　　2）PC 装配式建筑的优缺点。PC 预制构件的大量使用可以减少现场施工人员，提高施工速度；有利于提高施工质量；减少现场扬尘和垃圾。

　　PC 预制构件采用的主要材料是混凝土、钢筋、石子，还是采用传统的建筑材料，仍然要消耗大量的自然资源，回收利用率低。所以 PC 材料还不是真正意义上的绿色建筑材料。PC 装配式建筑的建筑成本比传统生产方式要高。

　　在 PC 装配式建筑中，为了增加 PC 构件和现浇层之间的连接，确保结构的可靠性和安全性，PC 构件表面都留有键槽或进行毛糙处理。

　　（3）PC 构件的生产。PC 构件是怎么生产出来的？以 PC 板为例，生产工序：钢模制作→钢筋绑扎→混凝土浇筑→脱模。PC 板构件的脱模后成品如图 10-5 所示。

　　PC 装配式建筑中大量地使用了 PC 构件，要保证 PC 构件预留钢筋和现浇部位钢筋的配合，使用 BIM 模型对构件建立 3D 模型，并进行碰撞检测，大幅度减少现场施工过程中构件的错位和碰撞，如图 10-6 所示。

图 10-5　PC 板构件的脱模后成品　　　　图 10-6　应用 BIM 对构件预留钢筋和
　　　　　　　　　　　　　　　　　　　　　　　　现浇部位钢筋进行碰撞检测

3. 预制装配钢结构建筑

　　预制装配式钢结构建筑以钢柱及钢梁作为主要的承重构件，特别适用于别墅、较高楼层的建筑、办公楼等民用建筑及建筑加层等。

　　一个正在建设的预制装配钢结构建筑如图 10-7 所示。

图 10-7　一个正在建设的钢结构建筑

　　预制装配钢结构建筑和传统建筑相比有许多优点，在较先进的工业化国家中，广泛地被采用，国内的此类建筑也越来越多。图 10-8 是国内某中学的一幢钢结构教学楼。

图 10-8　国内某中学的钢结构教学楼

预制装配钢结构建筑中大量使用 H 型钢作为承重柱和承重梁,加工 H 型钢需要一些辅助机械设备,钢结构构件制作需要进行一些先期加工,需要现场悬空拼装的,需要先搭设一个或多个支架进行支撑,这个支架就是支撑胎架。图 10－9 中的左侧是对 H 型钢进行加工的胎架,右侧是使用专用锁口机对 H 型钢的端部进行铣平加工,便于装配安装。

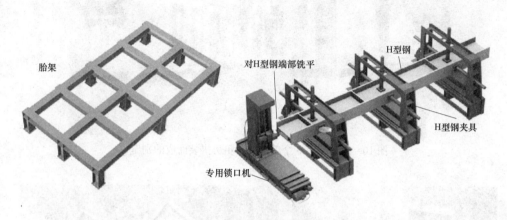

图 10－9 对 H 型钢的端部进行铣平加工

4. 预制集装箱式建筑

在工厂车间内流水生产完成各集装箱单元的建造并完成内部装修,再运输到施工现场,快速组装成多种风格的新潮建筑。每一个集装箱单元都是一个 3D 模块,这个 3D 模块都有一个钢结构的框架,如图 10－10 所示。

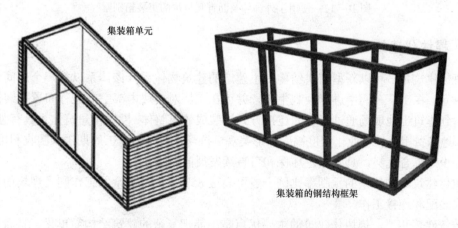

图 10－10 集装箱单元和内部的钢结构框架

使用 6 个内部面积为 30m² 的单元集装箱房拼装而成的别墅如图 10－11 所示。

集装箱单元组合一些外饰件及加沥青瓦坡顶的别墅如图 10－12 所示,图中右侧的别墅还加装了干挂外墙装饰板。

图 10-11　使用 6 个单元集装箱房拼装而成的别墅

集装箱单元组合加外饰的别墅

集装箱加沥青瓦坡顶的别墅

图 10-12　使用了外饰件及沥青瓦坡顶的集装箱别墅

## 10.1.2　模块化建筑

模块化建筑是一种以新型模块结构为主建造的建筑物体系，该体系以每一个房间作为一个模块单元，在工厂车间中进行预制生产，并可在工厂对模块内部空间进行布置与装饰，完成后运输到建筑工地现场通过可靠的连接方式组装成建筑整体。模块化建筑体系具有强度高、自重轻、地基费用低、工业化程度高、外形美观、抗震性能好、施工周期短、回收利用率高、环境污染少等综合优势，具有绿色环保和可持续发展的特点。

模块化建筑结构体系的预制率比例一般可高达 85% 以上，其余的工作则是现场的基础施工与模块装配和连接工作。

与传统建筑相比，模块化建筑的主要优点是：能把复杂的建筑结构简单化，把较复杂的系统功能分解为子系统功能，从而更易于管理和实施。模块化建筑的空间模块都是由平面组件构成，通过工厂车间的生产装配线以及严格的质量监控系统，能把所有平面构件组装成一个个空间模块，运输方便，建造灵活；建筑垃圾很少；减少现场的施工量，大量节约人力。模块化建筑生产周期短，工地建造一栋住宅可能需要半年以上时间，而工厂制造一栋模块化住宅只需要不到一个月时间，到现场装配一栋模块化住宅只需要几个小时。

　　模块化建筑可以将各种有效的节能措施融入到预制模块及构件的生产当中，如使用不同规格及有不同结构特点的保温外墙，图 10−13 是有卓达公司开发的保温装饰一体化外墙。

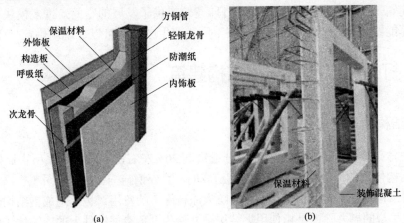

图 10−13　保温装饰一体化外墙
（a）功能较复杂的保温装饰一体化外墙；（b）保温装饰一体化外墙

　　远大集团采用模块化解决方案在长沙盖起 30 层高的星级酒店。一共用了 15 天就完成了整个建筑的施工。施工过程中，工人像搭积木一样，快速地安装框架和建筑钢材，整个建筑施工场所，基本上没有产生建筑垃圾。

　　某公司开发生产的模块化房屋如图 10−14 所示。将屋顶、承重的外墙墙体、非承重的内墙墙体、套窗、楼梯、外饰面、内饰面以及干挂的装饰面板模块，在现场完成组装。这里要注意的是：作为预制模块构件的楼梯可以采用各种不同的材质，如混凝土材质的、木材质的、钢材质的或钢木组合材质的，由用户选择自己喜爱的模块进行组合装配。

图 10−14　某公司开发生产的模块化房屋
（a）有不同模块装配而成的房屋；（b）多种材质的楼梯预制构件

　　模块化建筑及技术的发展也存在一些有待解决的问题。模块化建筑技术标准还不完善。这是制约模块化建筑及其施工技术的关键因素。另外，工厂化模块式生产对工人的技术要求较高，而相关的职业技术培训还远不能满足工程的需求以及训练有素的工人数量远远不够。这些问题都是制约推广模块化建筑及技术的瓶颈。

模块化建筑及技术的发展，也为 3D 打印建筑提供了发展的空间，许多模块化的各种材质预制构件都能够由 3D 打印建造的方式在工厂车间生产，也可以在现场进行打印生产。

## 10.2　3D 打印建筑技术与钢结构建筑

### 10.2.1　钢结构建筑的优势

钢结构主体部分造价比混凝土主体部分造价高 20%左右，钢结构体系所占比例略高，主要是由于钢结构体系的用钢量大、加工费高造成的，另外钢结构工种的人员工资高于普通建筑工种，以及钢结构特有的抛丸除锈、油漆、防火涂料施工的费用，也是造成钢结构体系造价偏高的因素。这里说的抛丸除锈是指使用钢结构抛丸除锈设备清理钢件上的锈蚀体，由电气控制的可调速输送辊道将钢结构件送进清理设备内抛射工作区，构件的各个承受面受到来自不同方向强力密集弹丸的打击与摩擦，使构件上的氧化皮、锈层及其污物迅速脱落，完成除锈。

钢结构建筑施工周期短、梁柱截面积小、有效使用面积比混凝土结构高等，能够大幅度降低施工企业的管理和设备租赁费用；钢结构体系施工中，由于减少了湿作业，减少了诸如扬尘、噪声、废水排放等污染，钢材的可回收循环利用；施工工期的大幅度缩短；具有优良的抗震能力，使得钢结构建筑的综合经济效益显著。

### 10.2.2　常用钢结构建筑的结构体系

目前我国的多层、高层和超高层建筑结构体系应用比较多的有框架结构体系、框架支撑体系和框架剪力墙体系等。

1. 钢框架结构

钢框架结构是一种常用的钢结构形式，是一种成熟的结构体系。钢框架是由沿建筑物的横向和纵向布置梁与框架柱作为承重和抗侧力主要构件结构体系。钢框架结构体系多应用于低层或层数较少的建筑以及抗震设防烈度相对较低的地区。

钢框架的设计较为简单，受力和传力体系明确。其构件形状较为规则，制造安装简单，适宜于预制装配式的施工模式。一种钢框架结构如图 10－15 所示。

图 10－15　一种钢框架结构

2. 钢框架剪力墙结构体系

钢框架剪力墙体系是在钢框架结构的基础上，沿着柱网的纵横方向布置一定数量的剪力墙而形成的结构体系。剪力墙又称抗风墙或抗震墙，主要作用是在房屋建筑中承受风荷载或地震作用引起的水平荷载，防止结构剪切破坏，分为平面剪力墙和立体剪力墙，一般用钢筋混凝土和现浇钢筋混凝土筑成。钢框架结构是指由钢梁和钢柱以刚接或者铰接相连接而成，构成承重体系的结构，即由钢梁和钢柱组成框架共同抵抗使用过程中出现的水平荷载和竖向荷载。结构的房屋墙体不承重，仅起到围护和分隔作用。在钢框架结构中布置一定数量的剪力墙，构成灵活自由的使用空间，受力特点是由钢框架和剪力墙结构两种不同的抗侧力结构组成的受力形式，钢框架与剪力墙的相互作用力使整个钢框架剪力墙结构更加的稳固。

在钢框架剪力墙结构体系中，框架及剪力墙是相互独立的，但二者可以一起工作。钢框架承担全部的竖向荷载，剪力墙及框架协同工作，共同承担水平荷载引起的剪力。剪力墙具有较强的抗侧刚度及抗剪承载力，因此钢框架剪力墙体系可以应用于层数较多的建筑，抗震能力强。

钢框架剪力墙结构体系一个具体应用示例如图10-16所示。

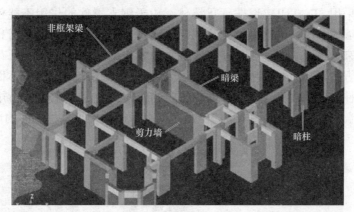

图10-16　钢框架剪力墙结构体系一个应用示例

3. 钢框架支撑结构体系

钢框架支撑结构体系是在框架结构的部分框架柱之间设置横向钢支撑而形成的双重抗侧力结构体系。框架主要是承受全部的竖向荷载，钢支撑则承受水平荷载，一般不承担竖向荷载，所以不影响结构承担竖向荷载的能力。框架支撑结构体系可分为中心支撑框架及偏心支撑框架。中心支撑框架通过支撑提高框架的刚度，但是支撑受压会屈曲，支撑屈曲将导致原结构的承载能力降低；偏心支撑框架可通过偏心梁端剪切屈服限制支撑的受压屈曲，从而保证结构具有稳定的承载能力和良好的耗能性能。

钢框架支撑体系的支撑提高了框架的承载稳定性，使结构的侧向刚度加大，能有效地减小梁柱的截面面积，达到节约钢材、节约成本的目的，体系可以采用全钢构件，便于工厂化加工生产及现场装配式施工。但是钢框架支撑体系的节点为梁、柱和钢支撑三种构件的连接，构造相对复杂；支撑的布置常会影响到房间分割中门窗孔洞的设置，在一定程度上降低了建筑布局的灵活性，而且钢支撑处无法采用墙板，只能采用现场砌筑的方式。钢框架支撑体系中的支撑件示意如图10-17所示。

### 10.2.3　3D 打印建筑和钢结构建筑的结合

1. 3D 打印建筑和钢框架结构

实事求是地讲，3D 打印建筑技术还是一种在迅速发展的技术，目前阶段仅适合于建造一些小型、体量较小或层数较低的建筑，还不能直接使用这种技术去建造高层建筑包括建造高层建筑的结构。

图 10-17　钢框架支撑体系中的支撑件

从以上几种钢结构体系来讲，钢框架结构最适合和 3D 打印建筑相结合，因为钢框架结构适合打印层数较低，体量较小的建筑，还有从结构上讲，钢框架结构中的结构柱之间非常适合于使用小型 3D 建筑打印机建造非承重墙体；而钢框架剪力墙结构体系中的剪力墙是承重墙，不宜使用 3D 打印墙体的方式建造，而其他非剪力墙体及非承重的填充墙及内墙也可以使用小型 3D 建筑打印机打印建造。而钢框架支撑体系中的情况是这样：有支撑的结构面上不能采用 3D 打印的方式打印墙体，但对于没有支撑的结构面依然可以采用 3D 打印建造非承重墙体，由于钢支撑件的作用不能使用预制墙板，就只能现场砌筑墙体。所以，钢框架结构的建筑墙体，不管是外围填充墙和还是内墙都适合采用 3D 打印来建造，当然，3D 打印建造的墙体和钢结构柱之间必须有稳固的结构连接，结构连接的方式可以采用多种不同的方式；需要进行 3D 打印的墙体面积不能太大，如果钢结构承重柱之间的跨距较大，可以在较大的跨距内使用非承重的小规格钢构件划分一下，分成几段墙体来打印。如图 10-18 所示的钢框架结构承重柱之间的墙体就可以采用 3D 打印。

图 10-18　钢框架结构建筑的墙体可以由 3D 打印建造

一个钢结构的二层别墅钢框架如图 10-19 所示，一层、二层的墙体就适于用 3D 打印建造。

钢框架结构建筑的建设方案可以是多种多样，墙体的建造也是这样，可以 3D 打印来建造，也可以直接使用预制墙体构件组装而成，也可以现场砌筑。如果使用预制墙体构件，在不是标准件情况下，还要打造模具进行生产，只有 3D 打印建造可以在现场经过简单的打印参数设置，能够完成各种不同空挡之间的非承重墙体建造，而且施工快捷，尺寸准确。

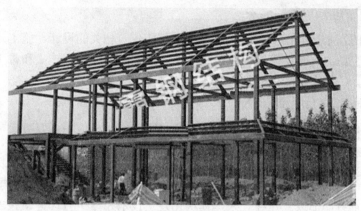

图 10-19　一层、二层的墙体可以由 3D 打印来完成

**2. 各种不同功能装饰预制性构件的 3D 打印建造**

钢结构建筑的许多功能预制构件、装饰性预制构件都可以由各种已有材料或新型材料使用 3D 打印的方法建造出来。上海盈创公司通过 3D 打印建筑技术开发由 GRG 材料构成的装饰体作品：美轮美奂的月星环球港，如图 10-20 所示。

通过 3D 打印，还可以将装饰性构件和结构层直接融合在一起，打印建造出装饰结构一体化建筑构件。盈创公司的这类 3D 打印建筑制品如图 10-21 所示。

图 10-20　盈创公司建造的月星环球港作品

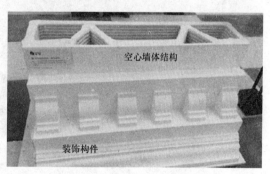

图 10-21　装饰结构一体化建筑构件

# 10.3　3D 打印建筑技术与模块化建房

## 10.3.1　模块化建筑与 3D 打印建筑的关系

模块化建筑有几个特别明显的特点：以每一个房间作为一个模块单元进行工厂预制生产和现场装配；而且房间单元模块是一个较为精细的预制单元，不仅结构、房间单元的综合功能较为完整，甚至房间模块单元的装饰装修也在工厂中完成了；模块化建筑有着很高的预制率；模块化建筑特别适合一宅一户房屋的建造。而 3D 打印建筑在目前的发展水平上，主要还是应用于打印建造小型、较小体量和层数较低的建筑房屋；3D 打印建筑也主要采用模块化的方式设计、施工；现场的组装装配过程与模块化建筑的组装过程非常类似。不同的是，3D 打印建筑的墙体打印、各种预制构件等的打印既可以在工厂完成，也可以

在现场打印完成。

模块化建筑的技术标准还不完善，而与 3D 打印建筑相关的设计、施工及验收规范和标准基本情况就是空白。这就使模块化建筑和 3D 打印建筑的设计、施工和竣工验收都必须依赖现有建筑的设计、施工和竣工验收的技术标准。

从模块化建筑与 3D 打印建筑的特点来看，二者有着非常紧密的联系，你中有我我中有你。

## 10.3.2 模块化建筑技术与 3D 打印建筑技术的结合

模块化建筑也可以采用钢结构、木结构和混凝土结构；3D 打印建筑可以采用钢结构、混凝土结构，而且很多建筑模块及构件可以用 3D 打印方式建造，甚至承重结构都可以采用 3D 打印混凝土加配筋打印而成。这样一来，模块化建筑技术和 3D 打印建筑技术可以互相结合并应用于实际建筑工程中。

1. 结合方式

几幢模块化建筑如图 10-22 所示，读者注意每张图中都使用了哪些建筑构件。

图 10-22 几幢各有特点的模块化建筑

模块化房屋中常用到的建筑模块及构件有带有门窗的墙体、套窗、单独的墙体、柱子、模块结构框架、内墙构件、外墙构件、吊顶构件、老虎窗、雨篷、雨罩、入户台阶、楼梯、门廊、门斗、阳台和飘窗等，还有许多不同功能的装饰性构件。由若干建筑构件组成的模块单元，模块单元是建筑物的组成单元，是工厂预制的集成化产品。要注意建筑构件与结构构件是不同的，后者指构成结构受力骨架的要素，如柱子、梁、板、墙体和基础等。还要注意这里讲到的建筑模块及构件的概念，这里的建筑模块是指若干个建筑构件构成的一些组合。

模块化建筑技术和 3D 打印建筑技术二者的结合方式就是在模块化建筑中应用 3D 打印建筑技术。

2. 建筑构件来源及材质多样化

对于模块化建筑所使用的建筑构件来讲，无需限定制造方式，一些构件可以使用传统模具来制作，一部分构件使用现代的制作工艺制作，一部分构件还可以采用 3D 打印方式来建造。对于这些构件的组成材质也不限定，有混凝土结构的预制件、木质结构的预制件、金属结构的构件、使用不同材料通过 3D 打印的构件。构件的种类、式样丰富多彩。图 10-23 给出了造型美观的"金属-玻璃结构的雨篷"和"入户台阶"构件，图 10-24 给出了金属-木结构的楼梯构件，在模块化建筑建造中作为预制构件可以酌情选用。

图 10-23　金属-玻璃结构的雨篷和入户台阶构件

图 10-24　金属-木结构的楼梯构件

3. 模块化建筑中 3D 打印的应用

模块化建筑中使用的许多构件都可以通过 3D 打印进行预制，如套窗、非承重的内墙构件、外墙构件、老虎窗、门廊和飘窗等，还包括各种材料的具有不同功能的装饰性构件。

如上所述，3D 打印建筑技术在模块化建筑的应用有很大的潜力。

## 10.4　3D 打印建筑技术在装配式建筑中的深入应用及规范标准

装配式建筑是现代建筑发展的主要趋势之一，随着装配式建筑中的许多支撑性技术的深入发展，以及不断出现的新技术，装配式建筑的内容越来越丰富多彩。

## 10.4.1 装配式建筑的发展与标准

装配式建筑是用工厂生产的预制构件在现场装配而成的建筑，从结构形式来说，装配式混凝土结构、钢结构、木结构都可以称为装配式建筑。

发达的工业化国家预制混凝土结构的发展，大致上可以分为两个阶段：第一阶段的生产重点为标准化构件，并配合标准设计、快速施工，缺点是结构形式有限、设计缺乏灵活性。第二阶段，则致力于发展标准化的功能模块构件、设计上统一模数，这样易于统一又富于变化，方便了生产和施工，也给设计更大自由。在第二阶段中，还广泛采用现浇和预制装配相结合的方式。在装配式建筑中常讲到湿体系和干体系，在湿体系中，建筑构件接头部分大都采用现浇混凝土，防渗性能优良。干体系中，其标准较高，接头部分大都不用现浇混凝土，防渗性能较差，但实际工程中广泛采用现浇和预制装配相结合的体系。

西方工业化国家较早地发展和推广了装配式建筑技术，如瑞典开发了大型混凝土预制板的工业化体系，大力发展以通用部件为基础的通用体系。其住宅预制构件达到了 95% 之多。瑞典建筑业实现了在完善的标准体系基础上发展通用部件和模数协调形成"瑞典工业标准"，实现了预制构件尺寸、对接尺寸的标准化与系列化。建筑业发达的法国也已推广构件生产与施工分离的技术体系。工业化国家装配式建筑业发展有一些共同点：从只强调结构预制向结构预制和内装系统化集成的方向发展；更加强调信息化的管理。

国内的装配式建筑技术也在快速发展，越来越多的新型现代建筑采用装配式结构及体系，甚至建筑业的劳动力结构都将收到较大影响。如传统的建筑岗位，有木工、水泥工、水电工、焊工、抹灰工、腻子工、幕墙工、管道工和混凝土工等，做装配式建筑后，一些墙体、楼梯、阳台等构件早已预制生产，所以现场工人的主要操作内容就改为定位、就位、安装等，这样一来，木工、水泥工、混凝土工等工作岗位需求就大幅度减少了。同时，诸如吊车司机、装配工、焊工及一些技能型强的岗位需求就迅速增加。

目前，我国在装配式建筑方面，已初步形成了"政府推动、企业参与、产业化蓬勃发展"的良好态势。基于当前我国装配式建筑产业的发展现状和趋势，迫切需要制订并实施统一、规范的评价标准，为此，住房城乡建设部住宅产业化促进中心、中国建筑科学研究院会同有关单位研究编制了《工业化建筑评价标准》。已于 2016 年 1 月 1 日正式实施。

## 10.4.2 钢承重柱间的填充墙体打印

在装配式建造房屋的过程中，大量非承重墙体都可以使用 3D 打印的方式来建造，如在钢结构的建筑中打印建造墙体，在图 10-25 所示的钢框架构造中，使用了 PC 墙板，在这种结构中适合使用 3D 打印来建造墙体，不同的两根承重柱之间就有一面封闭填充墙体，当两根承重柱之间距离适当时，设置一块墙体，并且在两根承重柱和墙体的结合部位置处，必须要有连接结构，保证墙体和承重柱之间的牢固连接。承重柱使用 H 型钢和方管型钢的情况很多，以方管型钢为承重柱的情况为例。两根方管立柱之间加焊两个凹型结构，如图 10-26 所示。

图 10-25　可以使用 3D 打印来建造墙体

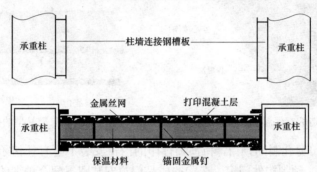

图 10-26　两根承重柱间的打印墙板

如果承重柱之间的距离较大,造成要打印的封闭填充墙体面积过大,可以在两根承重柱之间在加焊规格小材质薄的钢结构件,将打印外围护填充墙体的面积大小调整到较佳情况。

一个小型钢结构二层建筑 3D 打印墙体的情况如图 10-27 所示,墙体上的门窗可以在打印时预留。这种结构非常适合建造二层的钢结构别墅。作者在南美工作考察过一段时间,南美地区许多二层结构的房屋或别墅都使用这种结构:一楼是加固型永久性的墙体;二层采用轻质墙体的结构,当然他们没有使用 3D 打印技术。

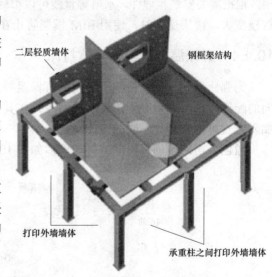

图 10-27　小型钢结构二层建筑墙体的 3D 打印

### 10.4.3　带保温层的打印墙体

3D 打印建筑是绿色环保建筑,一定是节能的,即外围护墙体的大部分是保温的。保温墙体有内保温、外保温及夹心保温的,这里仅考虑外保温和夹心保温的情况。外保温也需要在打印墙体之外,另外再增加一道工序,费事费力,外保温材料耐久性差,有开裂脱落风险。如果采用夹心保温,当墙体面积较大时,墙体重量较大,施工吊装难度增大。使用较多的情况是使用带保温层的打印墙体。

3D 打印建筑带保温层的墙体是空心墙体,这种情况下墙体构件便于加入保温材料,使墙体安装后牢固不脱落。3D 打印建筑的墙体不仅保温、耐久使用,而且重量轻。为提高打印建造保温墙体的速度,还可以在打印空腔墙体时,使用另一只喷嘴将膏状保温材料注入墙体的空腔中。

　　盈创公司 3D 打印建造的有保温层的空心墙体如图 10-28 所示。一种简易型且没有内部加强结构的保温打印墙体如图 10-29 所示。

图 10-28　打印建造的有保温层的空心墙体

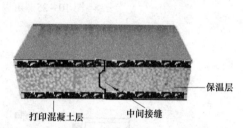

图 10-29　简易型的打印保温墙体

　　3D 打印墙体与门窗孔洞的预留,和预制打印的门窗安装不会有任何矛盾,打印的墙体为后续打印建造的门窗、预制构件门窗、选购的成品门窗安装留下配合精细的孔洞。在打印墙体中,根据需要安装预埋件,水电等管线可以很轻松地在空心的墙体中方便地布置。当建造房屋规模变大,楼层变高时,使用 BIM 模型防止在打印墙体内或墙体外部三维管线的空间冲突。

### 10.4.4　有保温层的配筋墙体打印

　　为强化结构,多数情况下使用的有保温层打印墙体是配筋墙体,墙体中配置了横向和纵向的配筋后,打印混凝土层将钢筋网浸入在其中,有保温层的配筋墙体配筋方式、保温层的加入方式可以有多种不同的设计。

　　盈创公司的配筋保温层的打印墙体如图 10-30 所示。

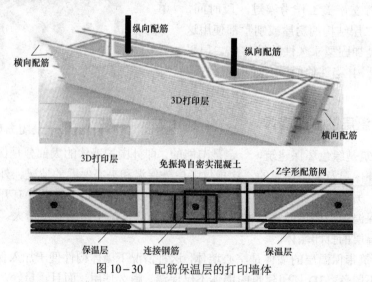

图 10-30　配筋保温层的打印墙体

## 10.4.5　喷涂型 3D 建筑打印机打印墙体

使用锚喷喷涂型 3D 打印建筑的技术。开发一种模块化轻质墙体如图 10-31 所示。为了提高强度，还可以在这种模块化轻质墙体中加入类似锚杆的金属加强筋，或金属加强筋连带金属网。图中的混凝土层不是用切片分层一层一层堆叠累积而成的，而是用喷涂方式挂上去的。

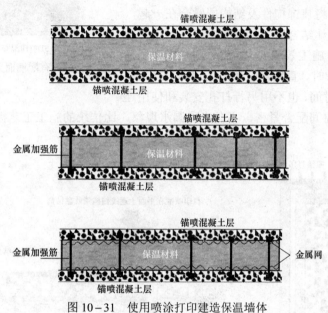

图 10-31　使用喷涂打印建造保温墙体

## 10.4.6　没有保温层的墙体打印建造

钢框架结构建筑的外围护填充墙和内墙一样，是非承重墙，但外墙和内墙的功能不同，外墙的主要用途是起围护、室内外分隔、保温、隔声作用等；而内墙的主要作用是分割和装饰。因此对内墙的打印建造工艺就简化了。对于砖混结构来讲，外墙也是承重墙，3D 打印建造的低层房屋，如果没有混凝土构造柱、梁，外墙一般都是承重墙，但内墙是否承重墙需由具体构造情况及功能而定。使用分层堆叠累积方式打印建造的无保温层墙体如图 10-32 所示。这些墙体有实心的，也有空心的。

图 10-32　使用分层堆叠累积方式打印建造的无保温层墙体

有配筋而无保温层的打印墙体如图 10-33 所示。

使用喷涂方式打印建造的无保温层墙体如图 10-34 所示,图中左侧的墙体是配筋墙体,右侧的墙体是无配筋墙体。

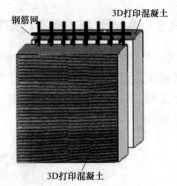

图 10-33　有配筋而无保温层的打印墙体

### 10.4.7　3D 打印的内外装一体墙

3D 打印的墙体将装饰构件及结构层融合在一起,降低人工成本;使墙体结合装饰构件的方式节约建筑施工工期和材料成本,施工效率大大提升;同时提高了建筑质量。在打印墙体时,直接将窗体嵌入墙体打印,现场免去安装门窗的时间,也不用另行打孔安装和使用连接结构,墙体和门窗间配合紧密,不会出现漏水现象,比传统的施工工艺标准和品质简单、可靠。

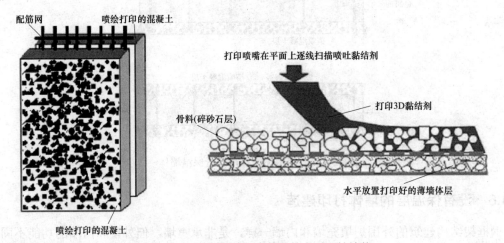

图 10-34　使用喷涂打印的配筋和无配筋墙体

### 10.4.8　各种功能装饰性构件和功能构件的打印建造

前面已经讲述了在 3D 打印建筑中,使用打印方式预制各种功能的装饰性构件,使用材料可以是多样化的。某公司在一幢别墅建造过程中,将别墅的人造石老虎窗、窗套和墙体一体化现场打印,安装后呈现无缝效果;还有一部分装饰性墙面则使用人造石材料预制而成,在工地现场采用干挂安装。这里的干挂是指:采用金属挂件将装饰材料牢固悬挂在结构体上形成饰面的一种挂装施工方法。

3D 打印建筑的主要特色之一就是:建造房屋的过程中,大量使用预制的各种材料、各种功能装饰性构件,或现场打印一部分功能性装饰构件。尤其是那些个性化很强的异性结构构件,采用打印建造的方式,会很方便。

盈创公司在承接的工程中包括一段中国古文化元素色彩浓重的冰格纹样装饰性围墙,如图 10-35 所示,围墙上的每一个冰格孔形状都彼此相异,若是采用传统方式,用 PC 构件来做,需要首先制作较多的模具,造价成本较高,而直接采用直接 3D 打印建造,很短的时间内就完成了冰格图样围墙的建造，建造成本较传统方式低得多。

在有些情况下，3D 打印建筑的外墙打印完毕后，不再加装饰层，直接采用 3D 打印留下的纹理作为建筑墙立面的装饰，加以简单的线条配饰。如果要消除 3D 打印建造的堆叠累积纹理，在打印喷嘴前面加装特殊的装置，就像人工一样可将半流质可塑性打印材料表面抹平，无打印的纹理，形成光滑的效果。对于墙体打印表面可以通过一种侧抹刀将打印的外轮廓整治平整，而内轮廓则为自由表面；也可以使用一种双侧抹刀对打印纹理表面进行处理，如图 10－36 所示。还要注意的是：打印头的设计会影响层厚和打印速度。

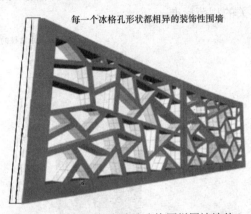

图 10－35　3D 打印建造冰格图样围墙墙体

图 10－36　使用侧抹刀对打印纹理表面进行处理

## 10.4.9　3D 打印建筑的柱、梁等承重部件

框架结构的建筑中，柱、梁和剪力墙是承重部件，3D 打印建筑可以大量地应用于打印建筑的非承重部件，也可以打印承重部件。

盈创公司使用 3D 打印建造承重的无缝方形柱，无模板成型，结构简单、施工方便，传统的结构设计没有改变，只是用 3D 建筑打印机打印了承重柱、梁的模壳，由于不使用模板进行现场混凝土浇筑，因此也就无需拆除模板，即免拆模方式。以承重柱为例，使用这种方法的实质是：首先无模板打印内有钢筋骨件的承重柱的模壳，当打印出的模壳硬化和坚固后，现场在柱的模壳内浇灌混凝土，将模壳内的结构钢筋、现浇混凝土及模壳浇筑成一个承重柱整体。对于承重梁的无模板及免拆模打印情况也是一样的。

使用这种 3D 打印方式打印承重柱模壳的情况如图 10－37 所示。

这种 3D 打印建筑工艺在建造许多承重部件的时候，可以不再使用钢模或木模进行混凝土浇灌，还可以使用打印配筋砌体的工艺建造出承重的剪力墙部件。

## 10.4.10　设计和验收规范

3D 打印建筑是一个将会飞速发展的数字化建筑新技术，因此该领域目前阶段还没有专门的设计规范和标准，也没有专门的验收规范和标准。验收的标准规范可以采用相近的现有相关的规范标准。

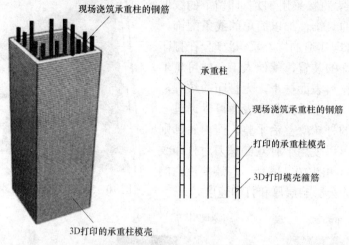

图 10-37　3D 打印承重柱模壳

如果采用配筋砌体承重柱、梁的框架结构，可参考比照《砌体结构设计规范》（GB 50003—2011）；如果采用混凝土结构，可参考比照《混凝土结构设计规范》（GB 50010—2010）；如果采用钢筋混凝土结构，可参考比照《钢筋混凝土工程施工及验收规范》（GBJ 204—1983）。而且建筑总高不超过 66m。

## 10.4.11　3D 打印工艺与现浇及预制的结合

现浇钢筋混凝土结构与预制钢筋混凝土结构材料可以与 3D 打印材料与技术在组合和构造上达到互补，在施工和性能上相互协调。现浇或预制钢筋混凝土构件可以形成框架结构，3D 打印可以形成填充墙体、剪力墙墙体、保温节能墙体，甚至是装修的地面、墙面、棚面；可以完成预制构件节点的打印"焊接"施工等。现浇或预制构件中的钢筋混凝土结构可以补偿打印过程中配筋烦琐，节点构造复杂，钢筋混凝土柱竖向钢筋框架阻碍打印等缺陷。在应用 3D 打印建筑技术的同时，使用 BIM 模型帮助协同水电气管线的三维空间位置设计、安装和施工。3D 打印与现浇及预制相结合的混合工艺如图 10-38 所示。

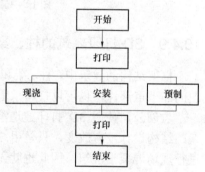

图 10-38　3D 打印与现浇及预制
相结合的混合工艺

# 第11章　3D打印建筑面临的问题和挑战

3D打印建筑技术是3D打印技术的一个分支，是一种较新的建筑数字化制造技术，是一种涉及多个学科和多种不同技术综合的交叉性技术，该技术和传统的建筑技术有着千丝万缕的联系，对于这样一种内容丰富多彩，并有着巨大潜力的技术，业内业外有着很多有争议性和有待商榷的观点、认识都是正常的。

## 11.1　3D打印建筑和传统建筑相互帮扶

3D打印建筑技术是正在迅速发展的技术，是全新的建筑数字化建造技术，在其发展过程中，总有一些观点和看法有失偏颇。正确认识该技术的特点和定位，对于深入研究该技术的理论和深入推进该技术的工程应用有着极大的意义。

### 11.1.1　关于3D打印建筑认识的误区

一些人士说：3D打印建筑技术发展了，传统建筑技术就没有空间了，什么房屋、别墅、楼房和各种建筑预制构件都可以通过3D打印来完成，好像传统建筑技术一夜之间就会退出建筑工程领域了。但也有人讲：3D打印建筑没有那么神，它只能打印一些低层建筑或小别墅，只能打印"小家伙"，传统建筑的许多技术及能够建造高层建筑的本领，3D打印建筑永远无法取而代之。还有一些错误观点认为：3D打印建筑就是使用一个大型的框架结构，在这个框架内，一次性地打印出一幢别墅、一幢房屋、一幢层数较少的楼宇，但高度不能超过3D建筑打印机框架的高度。一部分业内人士在认识上也有偏颇之处：3D打印建筑技术和传统的建筑技术是一种平行的关系，彼此并不互相包含，传统的就是传统的，房屋的数字建造技术和传统的建造技术是两条轨道，互不干涉影响。

实际上，尽管3D打印建筑技术出现并在迅速地发展着，但从目前和可预见的将来来看，它不能否定和排除传统建筑技术，它还具有很多传统建筑所不具备的功能，如：不适宜使用3D打印去建造建筑房屋的地基工程，去建造高层建筑；不适宜由打印建造较高层建筑的结构等。

当然，3D打印建筑目前还不限于打印小一些、低一些的建筑房屋和别墅，但随着技术的发展，它能建造的楼层越来越高，能建造的建筑房屋越来越大，坚固程度不输于传统建筑，这是一个必然的发展趋势。

3D打印建筑技术的内容是非常丰富多彩的，打印建筑的设备或建筑打印机的结构、大小、工作及成型工艺也是多种多样的，各种风格、大小不同、各种结构、不同成型工艺和主要功能侧重不同的3D建筑打印机将会陆续出现，目前的大型框架型3D建筑打印机仅仅是多种打印建筑设备中的其中一种。

3D打印建筑技术和传统建筑技术绝不是一种彼此平行的关系，相反地，二者可以在每一个具体的建筑工程中很好地融合，即应用了 3D 打印建筑技术，同时又使用着一部分传统的建筑技术。

### 11.1.2　3D 打印建筑技术和传统技术互相帮扶

与传统的制模、搭脚手架等复杂建筑过程相比，3D 打印建筑技术施工进度快，施工过程自动化程度高，不需要使用模板，施工人员数量少，在节省成本方面很有优势。作者在南美智利现场考察了部分小型施工队伍建造乡间别墅的过程，一个人员数量为 6～7 人的小型施工队伍，完成一幢使用面积 200m² 的二层混凝土加木结构的别墅，施工时间约 8 个月；完成一幢使用面积为 110m²，全部使用轻质材料墙体的一层别墅，耗时 3 个月。在南美，诸如智利、阿根廷、巴西等国，建筑业人工成本很贵。较多使用 3D 打印建筑技术，施工进度快，和大量使用传统建筑技术在人工成本上差距很大，这是 3D 打印建筑的巨大优势之一。

3D 打印建筑技术是一种集成了计算机设计、建模、三维反求逆向工程、3D 打印、快速成型、精细控制、软件技术和 BIM 等技术的交叉性技术，代表了一种快速、高效、自动化、机械化的数字化建筑建造新技术；很大程度上实现了节约、绿色、低劳动强度、文明施工，是一种现代生产方式，相对于传统建筑技术和模式，是一种颠覆性和革命性的技术。其实不用担忧，3D 打印建筑技术尽管为建筑行业开拓了一个极为广阔的发展空间，但在相当长的时间内还离不开和传统建筑技术的相互帮扶。

从长远的趋势上来说，3D 打印建筑将会和传统的建筑进行融合，因为这个趋势在现在已经开始逐渐露出端倪了，二者之间，你中有我，我中有你，建造一幢楼宇、别墅或房屋，使用了 3D 打印建造技术，同时也必须使用部分传统建造技术；以传统技术为主建造的建筑，同时又可以使用 3D 打印建筑技术完成建造中一部分工作。

## 11.2　3D 打印建筑技术存在的不足

3D 打印建筑技术是一种数字化的房屋建造技术，是一种正在发展且具有巨大潜力的新技术，既然是正在发展的新技术，那一定不会是完美的技术，当然会存在种种不足和在许多方面有待深入发展。

3D 打印建筑技术目前还存着一些不足：

（1）现在还不能被用来建造高层建筑和应用于大规模的建造工程。

（2）由于不能规模化生产，3D 打印建筑的建造成本还比较高。

（3）BIM 技术和 3D 打印建筑技术的融合刚刚被提上议事日程。

（4）3D 打印建筑的打印材料和传统建筑相比，品种数量还不多，还有待于继续发展。

（5）还没有大量地使用 3D 打印建造模具，用来生产许多不同材料的建筑预制构件和不同功能的装饰性构件，换言之，3D 打印建筑在建筑模具制造技术方面还有待于深入发展。

（6）在发展使用普通混凝土进行打印建造房屋方面也还在探索当中；在使用一些新的混凝土材料及使用方法的应用研究程度还不够，如直接采用免振捣自密实混凝土浇筑及空腔填充，距离较大的混凝土泵送技术还没有被应用到实际的 3D 打印建造房屋工程中。

（7）还没有把泵送混凝土技术、免振捣自密实混凝土技术 3D 建筑打印机的材料输运装置及打印头喷口的控制结合起来。

（8）在采用喷涂成型工艺打印墙体及建筑模块及构件方面还没有开始应用。

（9）目前应用在 3D 打印建筑领域的 3D 建模软件数量太少，其中有一部分是在 3D 打印领域内通用的建模软件，用在 3D 打印建筑的 3D 建模上，还需要深入研究并发掘其功能。非常有必要去开发 3D 打印建筑技术领域自己的 3D 建模软件，使用起来得心应手，价格不是很昂贵，能够为许多普通的 3D 打印建筑 3D 建模及设计人员提供价格适宜并实用的 3D 建模软件。

（10）将逆向工程（三维反求工程）方法应用在 3D 打印建筑领域的 3D 模型库方面还做的远远不够，理论研究还没有什么成果，也没有实际的工程实现案例。实际上可以系统性地通过逆向工程方法建立包括各种 3D 基本立体模型元、建筑预制构件、各种建筑模块及构件、各种功能装饰性构件和异形结构立体的 3D 模型库，支持设计工程师快捷地进行打印建筑 3D 模型的建模。

（11）在 3D 打印建筑技术发展的现阶段，应用逆向工程的方法进行房屋建造的 3D 建模的工作还做得很少。在使用激光三维扫描仪应用逆向工程方法建立 3D 模型并修改和创造性设计，逆向实现房屋打印建造有一个系统性理论，对这方面内容的研究还没有深入进行。3D 打印建筑与三维反求工程相结合的软件处理技术也没有获得同步的发展，逆向工程结合 3D 打印房屋建造技术还有极大地发展空间。

（12）3D 建筑打印机本质上是放大了的熔融沉积成型 3D 打印机，二者在一个体系内，都使用 3D 建模软件建模，都使用切片软件、上位机控制软件和主控板固件。3D 打印技术领域的发展已经为行业内人员提供了数量充足的工具，这些工具有：具有不同特色的建模软件、分层切片软件、上位机控制软件和主控板固件，3D 打印建筑技术领域的人员可以方便、直接地使用这些工具性软件，无需从头来地开发许多新的类似软件体系，但绝不排除：在工程应用实际当中继续开发一些必需的、关键性的、行业特色很强的软件。

（13）现有的 3D 打印建筑情况是：较多和直接地开发 3D 建筑打印机的控制软件来打印建造房屋。这种方式与 3D 打印技术体系拉开了距离。作者的观点是：应主要依托 3D 打印技术体系来发展 3D 打印建筑技术，而不是完全另开新路进行发展。关于这个问题，还需要业内人员深入研究，并将研究成果应用于实际 3D 打印建筑工程中去。

（14）由设计部门、施工单位、研究部门、政府的相关管理部门和行业协会协调制定 3D 打印建筑的设计、施工和验收的技术标准和规范，也包括对各种新型 3D 打印建筑材料的认证标准，形成一个系统性的国家标准、技术规范体系，促进 3D 打印建筑走向规模化应用。这方面的工作还没有真正开始，任重而道远。

（15）使用标准化方法，建立别墅、层数较少的住宅和办公室建筑、钢结构、钢筋混凝土结构中各种非承重墙体、保温墙体、建筑模块及构件的标准化生产体系；建立标准化打印建造无模和免拆模（3D 打印模壳）的钢筋混凝土结构柱、梁的标准化生产体系。这方面的工作也还没有开始。

（16）3D 打印建筑技术的 3D 模型库还没有建立起来。这个 3D 模型库包括了大量的各种不同风格、结构的别墅、住宅、办公室建筑的 3D 模型；包括各种不同功能的打印预制构件的模型、各种功能的装饰性构件模型。还包括前面讲到过的立体结构单元模型（诸如：圆台、椎体、球体、长方体、切角立方体等可以组成任何种类建筑的结构单元立体模型）。一旦建立起 3D 打印建筑的 3D 模型库，进行 3D 建模会更快捷，并可以使用结构单元的 3D 模型，建筑模块及构件的 3D 模型，就像垒积木一样快捷地建立打印目标的 3D 模型。

3D 打印建筑技术中有较为成熟的部分，也有许多不成熟的部分，因此要继续深入地研究和开发该技术，在这个广阔的领域内，有着大量需要去做的事情，有待研究者、开发者去研究、开拓，不仅仅在理论上，而且在工程实践中。

尽管 3D 打印建筑技术有这样或那样的不足，但发展潜力巨大和发展前景是非常美好的。

# 11.3  深入发展 3D 打印建筑的基本思路

通过对现有的 3D 打印建筑工程实际状况和理论的研究，3D 打印建筑技术应该如何去深入发展？结论应该是：深入发展 3D 打印建筑技术的基本思路应该是：基于 3D 打印技术的范畴深入发展，同时结合各种相关的建筑新技术突破 3D 打印技术的范畴进行发展。

## 11.3.1  基于 3D 打印技术的范畴深入发展

3D 打印建筑有自己的发展基础，它来源于 3D 打印，是 3D 打印技术的一个分支，是其在建筑领域的应用。因此 3D 打印建筑技术的深入发展应基于 3D 打印技术的范畴深入进行，而不是脱离后者去独立地发展，只有这样才能够充分地利用 3D 打印技术体系中已有的各种技术和资源，如适合于建筑建造的成型技术、3D 建模技术和较多的 3D 建模软件资源、对 3D 模型进行切片分层的软件及技术、上位机控制及软件技术、控制板硬件技术及控制板固件技术、3D 打印机的基本控制技术、3D 打印中逆向工程技术方法、3D 打印模具技术、精细的三维方向运动控制技术和打印设备的结构设计等。

如果不是基于 3D 打印技术的范畴去发展，而是完全另辟新路，就好像 3D 打印建筑技术排斥传统建筑技术一样，则发展的前景堪忧，就会自我封闭地、极大地限制了自身的发展空间。

## 11.3.2  结合相关新技术突破 3D 打印技术的范畴进行发展

基于 3D 打印建筑技术的范畴进行深入发展，是指大量使用 3D 打印技术已有的技术、方法，但并不是否定创新和开拓，同时还要突破 3D 打印技术的范畴去发展。

3D 打印建筑技术和传统建筑技术互相帮扶，要和新出现的有关建筑新技术去结合并共同发展，如装配式建筑技术、模块化建筑技术、钢结构建筑技术、轻钢结构建造技术、BIM 技术和三维反求工程技术等。

同时，3D 打印建筑技术还要解决自身发展中出现的许多重大技术瓶颈，要进行许多新的技术突破；要开发自己的 3D 建模软件、切片分层软件、上位机控制软件、现场打印设备控制主板的软件体系；要开发系列化的各种新型打印材料和 3D 打印混凝土；要研发适用于各种打印场合和打印不同建筑墙体、建筑模块及构件的 3D 建筑打印机；3D 打印建筑技术必须要尽快地进入高层建筑领域，尽管可能要实现这一点需要经历一个较长的时期；要形成 3D 打印建筑相关的国家和国际技术标准、规范体系等。

总之，3D 打印建筑技术在 3D 打印技术的基础上，同时还要突破这个基础，通过深入地理论研究和大量的建筑工程实践，解决大量的新技术开发及发展所面临的新问题。

### 11.3.3　融合新技术的绿色建筑

深圳市卓越工业化智能建造开发有限公司历时数年，研制成功了一种"空中造楼机"，应用了一系列的较新技术，如批量化生产和使用模板系统、工具式脚手架、预制钢筋骨架、高强和高流动性自密实免振捣混凝土施工、泵送混凝土自流式灌注、整体模板整层现场浇铸和吊装拆模、自动开合模机构和外墙保温饰面一体化板材与主体结构现浇同步建造技术，建造一层楼的施工工期（含内装）只需要七天，然后采用沿高度方向从下往上的逐层建造路线完成整幢楼的建造。

施工采用工厂化制造和较精细的模板系统，利用机械操作、程序控制，全现浇，一层一层地整体施工。楼层施工前，首先为该层的楼面房间安装整体式标准化模板，整体性现浇自密实免振捣混凝土，浇筑 20h 后，各个房间全部脱模，整体提升，然后进入上一个楼层的施工。

建造这种高层建筑的"造楼机"和现场全浇筑并脱模的楼层房间如图 11-1 所示。

图 11-1　"造楼机"和现场全浇筑并脱模的楼层房间

楼层房间的现浇过程中使用了许多同样的模板，这些模板是使用了"憎水性蜂窝状 PP 工程塑料模板模具开发及压注成型"方式，批量生产的。

实际上仅仅使用空中造楼机进行各楼层的全现浇，以及楼层整体使用模板组并自动合模和开模，大幅度提高了建筑的建造速度还不够；不同的建筑结构不同，如果重新建造另外一幢楼房，就要重新制造新的模具并批量制作浇铸模具；还有大量不同功能和各种材料的装饰性构件需要配合购买或制作，这些工作由 3D 打印来完成是非常适宜的，综合性地使用各种相关的新技术，来完成一幢融合了许多新技术的绿色高层建筑的建造。

## 11.4　政策的扶持和相关技术标准规范的建立

### 11.4.1　国家政策的扶持

3D 打印建筑不产生任何扬尘和建筑垃圾，可节约建筑材料 30%～60%，如果实现规模化应用，3D 打印建筑的成本会比我们传统建筑的综合成本节约 30%～50%左右，工期缩短 70%以上，还可以根据用户的需求，建造任何风格的建筑房屋。3D 打印建筑是一项利国利民的绿色环保数字化建筑建造技术，能为社会带来巨大的经济效益并同时带来巨大的社会效益，传统建筑与建筑工地的扬尘对现阶段大区域雾霾产生贡献比很可观，而 3D 打印建筑新技术的规模化应用对于我国的大气污染治理将会有很大的帮助。

目前在 3D 打印建筑技术领域，中国和发达国家的技术发展水平差距相对较小，如果我们不能大力推进发展，就会失去一个巨大的机遇，一个巨大的新兴产业和市场就会和我们失之交臂。政府部门应该尽快制定一批促进 3D 打印建筑业发展和推广的产业优惠扶持政策。应在全国形成一批研发及产业化示范基地；在政策措施上加强组织领导；加强财政支持力度，让更多的企业参与到其中并且得到实惠，促进 3D 打印建筑产业的快速发展。

对于从事 3D 打印建筑新技术的企业来讲，不管有没有政府相关政策的支持，都要不断加大研发力度，把这项建筑业革命性的技术继续向前推进，深入发展和范围越来越大的工程应用。

### 11.4.2　技术标准和规范的建立

到目前为止，3D 打印建筑还没有一套非常成熟的工艺与质量评价标准。传统建筑的整个建设过程，有一个规范化和人们非常熟悉的流程，从前期的图纸设计、审核、施工以及到后期的验收等。而 3D 打印建筑的整个建设过程，目前还没有形成类似传统建筑的标准化工艺流程。

一部分从事 3D 打印建筑的企业实实在在地将别墅、住宅、办公室房屋建筑打印出来，但是在验收方面，目前还没有专门的国家标准和相关的技术规范体系，只能按照已有相近的建筑设计、施工及验收标准、规范去比照执行。如果国家出台 3D 打印建筑的技术标准和相关规范，对于 3D 打印的建筑，它的安全和可靠性就有了一个完整的评价体系，3D 打印建筑技术的发展就会走上一条快行道。

政府有关部门、设计、施工企业和科研院所要联合起来制定 3D 打印建筑的国家或者行业标准。

## 11.5　成本核算、使用寿命及设备材料

### 11.5.1　成本核算和使用寿命

#### 1. 关于成本核算标准

在传统建筑中，有一个很完善的成本核算标准。但是，目前国内外在 3D 打印建筑的技术上还不成熟，不管是成本核算标准还是具体到某一个项目、某一类产品上，它都没有一个统一、科学的核算标准。一些企业在商业宣传中，选择性地罗列出一些成本数据，不具有科学的说服力以及代表性。所以，在这种情况下，非常迫切需要在这个行业里设立一个科学和标准的核算方法或体系，然后根据这个统一的核算标准去测算，到底 3D 打印建筑的成本是多少，这样才更有说服力。

2. 使用寿命

3D 打印出来的建筑，到底有多长的使用寿命，这不是以目前业内个别公司或者企业他们公布那些标准来判定，它应该是在一个科学和统一的标准下才能具体地估算出来。从理论上说，虽然 3D 打印建筑的寿命会比传统的建筑在使用寿命上有一定的延长性，但是，不同的建筑物造型它的使用寿命也是不一样的。目前阶段的情况是：一幢低矮和层数较少的房屋或别墅，3D 打印出来的建筑和传统建筑相比，两者之间的使用寿命时间相差不大。但随着发展，3D 打印建筑必然会延伸到高层建筑的建造过程。

## 11.5.2　打印装备和打印材料

1. 3D 打印设备

3D 建筑打印机应该是一个能够满足不同类型建筑建造需求的一个设备体系。目前使用的 3D 建筑打印机种类很少，设备制作整体技术上还比较粗糙，无论是精度还是运行速度以及效率都不高，专业的 3D 建筑打印设备这一空白，亟需填补。

2. 3D 打印材料

现在打印建筑的材料大部分都是基于传统的建材去做出改进，比如说常用的混凝土的改进，材质比较单一。相对于传统建筑材料而言，3D 打印建筑为了保证效率和有较快的施工进度，往往要求 3D 打印混凝土要有非常快的凝固速度，但这样一来就会造成一些隐患。传统建筑材料凝固的过程比较长，能够有效的释放建筑本身的内应力。3D 打印的建筑因为打印材料凝固时间过快，自身所形成的建筑内应力没有得到有效释放，时间长了，当这些内应力释放出来后，可能就会造成建筑墙壁的损伤以及建筑整体性能的降低。如何让打印建筑的打印材料能够迅速和有效地释放掉这些内应力，也是业界需要研究和解决的问题。

通过发展，形成 3D 打印建筑打印材料系列化、多样化和质量及性能能够满足实际工程需求的产品体系，还有很长的路要走。

# 参 考 文 献

[1] 张统，宋闯. 3D 打印机轻松 DIY. 北京：机械工业出版社，2015.

[2] 马义和. 3D 打印建筑技术与案例. 上海：上海科学技术出版社，2016.

[3] 李志国，等. 3D 打印建筑材料相关概念辨析. 天津建设科技：2014，（24）3.

[4] 何关培，等. 如何让 BIM 成为生产力. 北京：中国建筑工业出版社，2015.

[5] 丁烈云，等. BIM 应用施工. 上海：同济大学出版社，2015.

[6] BIM 第一维度 – 项目不同阶段的 BIM 应用. 中国建筑工业出版社，2013.

[7] 中国机械工程学会. 3D 打印未来. 北京：中国科学技术出版社，2013.

[8] 美国 James Floyd Kelly 著. 邓路平译. 3D 打印就这么简单. 北京：人民邮电出版社，2014.

[9] 杨继全，冯春梅，等. 3D 打印面向未来的制造技术. 北京：化学工业出版社，2014.

[10] 徐旺. 3D 打印从平面到立体. 北京：清华大学出版社，2014.

[11] 土木在线. 图解钢结构工程现场施工. 北京：机械工业出版社，2015.